中国城市规划学会学术成果

U0324578

乡村振兴战略下的小城镇

彭震伟 主编

同济大学出版社

图书在版编目(CIP)数据

乡村振兴战略下的小城镇 / 彭震伟主编. -- 上海：
同济大学出版社,2019.11
ISBN 978-7-5608-8790-6

Ⅰ.①乡… Ⅱ.①彭… Ⅲ.①小城镇—城市规划—研
究—中国 Ⅳ.①TU984.2

中国版本图书馆 CIP 数据核字(2019)第 233324 号

乡村振兴战略下的小城镇
主编 彭震伟

责任编辑 丁会欣　　责任校对 徐春莲　　封面设计 陈益平

出版发行　同济大学出版社　　www. tongjipress. com. cn
　　　　　（地址：上海市四平路 1239 号 邮编：200092 电话：021-65985622）
经　　销　全国各地新华书店
制　　作　南京月叶图文制作有限公司
印　　刷　江苏凤凰数码印务有限公司
开　　本　787 mm×1092 mm　1/16
印　　张　27
字　　数　540 000
版　　次　2019 年 11 月第 1 版　　2019 年 11 月第 1 次印刷
书　　号　ISBN 978-7-5608-8790-6

定　　价　98.00 元

会 议 背 景

2017年10月,习近平同志在党的十九大报告中指出,要高度重视"三农"工作,强调农业、农村、农民问题是关系国计民生的根本性问题,提出坚持农业农村优先发展,实施乡村振兴战略。

作为新时代下实施国家战略的新路径,小城镇特色化发展和乡村振兴将实现双轮驱动、协同发力,以促进小城镇发展为抓手助力乡村振兴战略,带动乡村资源要素的有效整合和合理开发,搭建乡村人才、技术和资金的流通机制。

在实施乡村振兴战略、实现城乡融合发展的过程中,小城镇建设是重要的着力点和支撑点,通过建设特而强、聚而合、精而美、活而新的各类小城镇,有利于推动经济转型升级和新旧动能转换,有利于充分发挥城镇化对乡村建设的辐射带动作用,加快实现农业强、农村美、农民富。

鉴于上述背景,为了准确把握国家乡村振兴战略的内涵,深入推进在此战略背景下小城镇的整体发展,2018年10月13日至14日在湖北省武汉市召开了2018年中国城市规划学会小城镇规划学术委员会年会,暨"乡村振兴战略下的小城镇"专题研讨会,会议由中国城市规划学会小城镇规划学术委员会主办,华中科技大学承办,《小城镇建设》杂志协办。

会 议 主 题

年会主题：乡村振兴战略下的小城镇

具体议题：

（一）小城镇与乡村振兴；

（二）小城镇与乡村规划的理论探索；

（三）小城镇与乡村产业的特色化发展；

（四）小城镇与乡村的公共服务；

（五）小城镇与乡村风貌的特色营造；

（六）小城镇与乡村的安全和防灾；

（七）小城镇与乡村的基础设施建设及融资；

（八）小城镇与乡村的历史文化保护和发展；

（九）小城镇与乡村的治理和制度创新；

（十）小城镇绿色发展与绿色规划设计技术；

（十一）小城镇（市）规划、建设和管理的国际经验；

（十二）"特色小（城）镇"与乡村振兴；

（十三）其他。

举 办 单 位

主办单位：中国城市规划学会小城镇规划学术委员会

承办单位：华中科技大学

协办单位：《小城镇建设》杂志

序一

实施乡村振兴战略是党的十九大提出的新发展理念指导下的我国现代化经济体系的重要组成部分,"产业兴旺、生态宜居、乡风文明、治理有效、生活富裕"的 20 字乡村振兴总要求已然明确,但乡村振兴战略实施的路径却需要深化研究。

1978 年我国的经济体制改革首先从农村开始,其改革的重点就是释放出大量农村的各类发展要素,并不断拓展到农村以外的地区,大力推动了我国城镇化的发展。由于当时我国的城市发展在各方面均非常薄弱,尚处于恢复发展阶段。在经济发展总体实力较弱、城乡户籍分隔和城市基础设施建设滞后的背景下,农村所释放出来的数量巨大的各类发展要素尤其是大量剩余劳动力难以在城市中得到有效地消化,因此,发展小城镇就成为当时我国城镇化发展的最佳政策选择。而今,要实现乡村的振兴发展必须要实现乡村发展要素的再集聚,从乡村外部注入各类发展要素,并实现乡村本土发展要素资源与外部要素资源的高度融合和优化组合。因此必须要建立健全城乡融合发展的体制机制和政策体系,推进城乡要素的平等交换和公共资源的均衡配置,推进城乡基本公共服务均等化。从我国城乡人居环境的层级体系看,小城镇作为连接城乡区域的社会综合体,无疑是构建城乡融合发展体系的重要节点。1998 年 10 月中共中央十五届三中全会就已经明确作出了"发展小城镇,是带动农村经济和社会发展的一个大战略"的顶层设计。无独有偶,20 世纪末欧盟在构建其空间发展格局时,也特别强调城镇和乡村要构成一个区域整体,乡村地区的城镇具有区域经济发展引擎的重要功能。因此,欧盟提出了构建新型的城乡关系——城乡合作伙伴关系的政策框架。

　　中国城市规划学会小城镇规划学术委员会2018年会紧扣国家乡村振兴战略的主题，结合小城镇规划学术委员会成立30周年庆典，以"乡村振兴战略下的小城镇"为主题开展研讨和交流，来自全国相关高等院校、科研院所、规划设计机构以及小城镇规划管理部门的300多位代表参加了该年会，研讨和交流的议题涉及小城镇与乡村规划的理论探索、小城镇与乡村的经济及产业发展、小城镇与乡村的人口和城镇化、小城镇与乡村的土地和空间、小城镇与乡村的绿色规划及风貌特色营造、小城镇与乡村的设施及防灾、小城镇与乡村的历史文化保护和发展、小城镇与乡村的治理和制度创新等。该年会共有应征投稿的论文199篇，经过国内小城镇发展与规划领域专家的严格审查，遴选出26篇具有较高学术质量的优秀论文，收录到本论文集中，分为小城镇与乡村规划的理论和模式、小城镇与乡村的产业与人口、小城镇与乡村的空间规划和研究、小城镇与乡村的文化保护和发展、小城镇与乡村的建设和治理等五大主题。为了配合小城镇规划学术委员会的成立30周年庆典，学委会还组织了首届全国小城镇研究论文竞赛，论文集中有17篇为获奖论文。这些收录的优秀论文均聚焦乡村振兴战略下的小城镇发展，其中既有小城镇与乡村发展的理论探索，也有不同区域小城镇与乡村规划、建设、管理的不同模式与路径等的实践探讨。通过这些论文，也可以看到中国辽阔地域的小城镇在乡村振兴战略指引下发展的不同路径、不同模式。我们衷心希望小城镇规划学委会年会聚焦"乡村振兴战略下的小城镇"主题的研讨和本论文集的出版，能为我国小城镇在乡村振兴国家战略指引下的发展提供一些可借鉴的经验，并希望能够引起更深入的研究与交流。

彭震伟

中国城市规划学会小城镇规划学术委员会　主任委员

同济大学建筑与城市规划学院　教授　博士生导师

2019 年 9 月 30 日

序二

  1988 年 12 月，在重庆建工学院召开的学术会议上，我们在城市规划学术委员会(当时城市规划学会还只是个学术委员会)下成立了小城镇规划学术小组。直到 1991 年 7 月，在山东海阳举行的一次学术活动上，小城镇规划学术委员会正式授名，我是第一任主任委员，当时挂靠的单位是湖北省城市规划设计研究院。从 1988 年至今，一转眼已经 30 年了！我大约当了十几年的主任委员，其后是浙江大学的王士兰教授，在王教授的领导下学委会有了显著的发展壮大；现在主任委员是同济大学的彭震伟教授，在彭教授领导下学委会从线下到线上，并有了自己的会刊《小城镇建设》，这让我非常高兴！

  在各成员的长期努力下，借着这些年国家对小城镇发展重视的东风，学术委员会发展越来越壮大，会员数量增多，活动越来越丰富，影响力越来越大。当时的活动都是"三自"式的，即"活动自立、人员自主、经费自筹"。为了开展活动我们必须以成员的无私奉献为支柱，积极主动去争取上级领导部门的指导和支持，争取当地政府或主持单位的财力和劳力上的支援。30年成长不易啊！从小到大，当初这个小平台已经变成全方位交流的大舞台，这是所有人努力的结果，我衷心地感谢所有成员的努力！衷心感谢这 30 年来支持、支援过我们学术委员会开展活动的各级政府和单位！谢谢大家！！我个人还要特别感谢耿虹教授，她从成立之初就是我们学术委员会的副主任委员，长期积极为学会服务，30 年来从未间断，在我任主任委员期间，耿老师是我的得力助手，帮我做了大量工作。谢谢耿老师！

  30 年来小城镇规划学术委员会学术交流主要以规划设计方法和城镇建设管理经验交流为主；现在，小城镇规划的学术圈范围越扩越大，对小城镇的研究越来越广泛，专题内容越来越深入。"小城镇，大学问"，通过参加每次的学术会议,让我学到更多更新鲜的知识。更让我欣慰的是越来越多年轻的在校研究生甚至本科生们参与我们的学术交流,小城镇的大学问研究后继有人!

30年来,城市规划的技术手段的更新已经使城市规划工作人员可以越来越简单地作出更多的分析研究。当年我们做"六图一书"的总规时,各种资料收集基本靠双腿跑,数据分析基本靠手工算,图纸基本都靠尺规作图手工上色,但总的说来一个规划设计周期也最多只有年余。而现在能做厚厚一大本成果,承载的内容越来越多,一方面说明我们对城市的认识,对规划的研究越来越深;另一方面也是我们资料获取更容易,分析工具更进步,制图手段更方便的结果。但相应的规划设计工作时间和繁重程度却是成倍的增加,一个总体规划一年多能批下来已是快的,动辄两三年是通常的。像砖一般厚重的一套规划成果是设计人员呕心沥血的结晶,但是又有几个人去看呢?很多地方除了全本的规划成果之外还要编制简本(通常是只要文本和图纸),以便平时管理使用,既然简本能满足规划管理了还要那么厚的全本干什么?一套成果至少70%是说明书内容,需要那么多说明吗?在座的城市规划编制和管理的行家都明白,说明书的主要内容大部分是摘抄来的,抄县志、抄上位规划、抄五年规划、抄政府工作报告、抄案例、抄规范,辛辛苦苦的分析、研究掩盖在大量的文献摘抄之中,设计人员的辛苦工作得不到体现。我很赞同现在大城市编制总体规划时单独编制专题研究报告的做法,完全可以把小城镇规划重要的问题以专题研究报告的形式让各专业专家来研究,研究结论再统一体现到规划中来,以专题研究报告来取代说明书。这样的好处是专题研究报告可以根据各城镇的不同发展要求、面临问题自由选择,使得规划能切实解决需要解决的问题,不空谈。

1994年开始实行的《城镇体系规划编制审批办法》(1993年开始编的),明确了城镇体系规划在城市规划中的地位和作用。记得当时觉得这样一来我们的小城镇规划能在县市域城镇体系规划的框架下开展,将更加有序更加方便。因为城镇体系规划已经对域内的城镇作出了整体有序、合理匹配、有机联系、互相推动的动态发展的科学安排,确定了各城市(城镇)的互相关系,并从全局出发对人口和用地规模作出了预测和分配。有了这些前置的条件,我们就可以简化小城镇规划的很多程序了,重点关注在与城市发展有密切关系的空间布局上和发展的阶段上(近期建设规划)。自从我66岁退休以来,虽然我已不再参加具体城市规划设计工作,但我了解,小城镇总体规划的编制程序,尤其是县一级的,程序一步也没有减少,城镇体系虽然对区域内的城镇做了定位、规模上的研究和确定,但没有哪一个的总体规划不是又从头研究一遍的,而且大多还要突破城镇体系规划的限定,总想发展得快些、大些。这是为什么? 这些问题只能让给工作在一线的同志们去思考、去解决了。

现在城市规划的法定地位越来越受重视,规划类型也越来越多,特色小镇、减量规划、海绵城市、双修规划、生态红线等等新名词不断涌现。现在各地要求各城市编制规划基本上是按照大城市的规划模式,小城市也照着干,否则就是规划编制不完善,还要受批评! 其实小城镇和大城市在发展历程、规模结构、产业特色等方面都有很大区别,大城市规划能采用的新规划类型、新的规划编制和管理方法,即使是先进的,也还是要适合小城镇的特色才行。比如一个县城编制控制性详细规划,按现在流行的规划方法是给它做导则式的控规,但是导则式的控规在实际管理中需要的管理人员素质,以及实施过程中作调整时需要的设计力量等等是小县城的规划管理部门具备的吗? 因此我们应该针对小城镇的特点为它量体裁衣,制定规划清单。至于清单上到底应该有哪些规划就要因城而异了,我主张应该编制一些能确实解决小城市发展现实问题的规划。

我们总说"三分规划七分管理",规划管理非常重要,规划管理规章制度的制定,规划管理人员的素质,都是城市建设好坏的重要环节。众所周知,我国的小城镇绝大多数规划管理水平都比较低,怎样才能提升小城镇城市规划管理水平呢? 最近我看到住建部下发的《关于开展引导和支持设计下乡工作的通知》,给出了下乡服务一年以上放宽职称评定条件等优厚待遇,鼓励设计人员下乡驻村、驻镇服务,这是一个很好的政策,实施效果如何还有待观察。但城市规划管理是个长期连续的工作,短期的支持可能成效有限。现在一些大的综合性设计咨询公司利用网络平台进行的规划后台支持服务,我看倒能解一时之急,但根本的关键还是培养扎根于小城镇的规划管理人才。希望能有更多很好的政策吸引人才,同时让现有的管理人员有更多的机会深造,健全管理机构,科学制定规划管理规章制度。

30年,是而立之年,小城镇规划学术委员会进入发展的鼎盛时期,而我已是耄耋之年,能见到各位新老朋友很是高兴,絮絮叨叨把平时所思与大家唠叨一番,如有不当请大家批判指正!

最后希望我们小城镇规划学术委员会在各位委员和广大成员的努力下继往开来,为我国城市规划作出更多更大的贡献!祝各位新老朋友,身体健康,事业顺利!

白明华

小城镇规划学委会原主任委员、华中科技大学教授

(本文为白明华教授在小城镇规划学术委员会成立30周年庆典上的发言)

目录

CONTENTS

二、小城镇与乡村的产业与人口

三、小城镇与乡村的空间规划和研究

四、小城镇与乡村的文化保护和发展

五、小城镇与乡村的建设和治理

一、小城镇与乡村规划的理论和模式

基于社会生态系统视角的乡村聚落韧性评价

——以河南省汤阴县为例[*]

岳俞余[1]　高　璟[2]

(1. 重庆市江北区观音桥街道办事处

2. 上海同济城市规划设计研究院有限公司)

【摘要】　在当前"乡村振兴"战略的背景下,如何应对我国乡村聚落环境污染、经济衰退、人口流失、社会结构瓦解等问题,实现乡村聚落的可持续发展成为当下乡村振兴的迫切目标。本文通过对韧性理念及乡村聚落韧性的研究,以适应性循环理论为基础,提出基于社会生态系统视角的乡村聚落韧性的实证分析框架。本文以河南省汤阴县非城镇建设区内的乡村聚落为研究对象,构建汤阴县乡村聚落社会生态系统发展演变的评价体系,通过对汤阴县5个典型乡村聚落30年来各个关键指标的演变趋势研究,判断乡村聚落各个子系统的发展演变阶段与路径,研究外部干扰下汤阴县乡村聚落韧性特征和相对韧性值,从而提出韧性乡村聚落的培育策略。

【关键词】　乡村聚落韧性　社会生态系统　适应性循环理论　汤阴县

1　乡村聚落韧性的研究意义与背景

　　中国是一个乡土社会[1],然而改革开放后成千上万的乡村聚落被人为

＊　本文原载于《小城镇建设》2019 年 1 期(总第 356 期)。

　　国家自然科学基金项目"基于生态安全的小城镇群落空间格局优化机制与规划途径研究:以长三角地区为例"(批准号:41771567)。

　　本文获"2018 年首届全国小城镇研究论文竞赛"一等奖。

地终结,似乎都宣告着乡村的衰落及乡土社会的分崩离析。进入 21 世纪之后,这一趋势更加明显,2005 年至 2015 年十年间中国消失了 90 多万个乡村聚落[2]。据《国家人口发展规划(2016—2030 年)》预估,至 2030 年中国常住人口城镇化率将达到 70%,这意味着更多的乡村人口将离开乡村,城镇化进程下的乡村衰退将成为一种客观的必然[3]。在这种剧烈的社会变迁过程中,乡村聚落是反映乡土社会深刻变革的主要空间和集中体现,担负着承载农业生活和调节社会文化的重要作用[4]。中国的乡村聚落不仅不会终结,而且还会成为判断中国城镇化发展质量的重要标尺。

2004—2018 年,中央"一号文件"连续 15 年聚焦"三农"(农业、农村、农民)问题,党的十九大会议更将实施"乡村振兴"战略提高到国家战略层面,提出要实现乡村产业兴旺、生态宜居、乡风文明、治理有效、生活富裕的乡村振兴战略总要求。健康发展的乡村聚落将成为乡村振兴战略的重要支点。社会各界已公认,单纯依靠政府主导的补贴扶持形式,难以触及乡村聚落发展的内生机制,并不能实现乡村聚落的真正振兴。韧性理论的引入为乡村聚落发展提供了新的研究思路,以此指导乡村聚落规划将更有效地促进乡村振兴与乡村可持续发展。只有培育具有韧性的乡村聚落,不断提升乡村聚落面对外界干扰抵御、适应和转型的能力,才能实现乡村振兴与乡村可持续发展。

2   乡村聚落韧性的概念界定

韧性是指一个系统遭遇外界干扰时,维持稳定的能力,或者在固有平衡被打破时适应、转型的能力[5]。Mcintosh 等认为,乡村聚落韧性是乡村聚落在演变成城镇聚落或者消亡前能够处理和适应外部变化并可持续发展的能力。[6]

根据适应性循环理论,在外力干扰下乡村、乡村聚落发展阶段可以划分为快速发展、平稳发展、衰败和重构几个阶段[6]。这个发展过程不是绝对的、固定的周期,但一般乡村聚落大体沿着这样四个阶段不断发展。在外力干扰下,若乡村聚落具有良好的韧性,将快速度过衰败阶段,进入重构阶段,或者进一步完成重构进入新一轮的快速发展阶段,呈现出螺旋式上升发展的趋势;若乡村聚落缺乏韧性,那么它将困于衰败阶段,难以完成系统重构,最终走向衰亡。

韧性理念的发展经历了从工程韧性到生态韧性,再到社会生态韧性的重要拓展[7]。通过对三种不同的韧性观点进行总结和对比发现,社会生态韧性抛弃了对平衡状态的追求,强调持续不断地主动适应和调整,其最终目的是系统在多尺度上的可持续发展,而非追求某个尺度下某一固定的稳定状态[8],这样的观点更加适用于乡村聚落的研究。

因而,本文中韧性理念是指社会生态韧性,即认为韧性是"系统在遭遇外界干扰下能够主动抵御(系统维持)、适应(系统逐渐变化)或者转化(系统重构)的能力"[9],它不等同于系统的稳定性,而是强调系统不断主动发展的能力,是社会生态系统在应对外部干扰时主动抵御、适应及转化的能力,强调系统的恢复力、适应性和可变性。

3 乡村聚落社会生态系统分析与评价的理论框架

乡村聚落是乡村地域人类与自然相互作用关系最为紧密的区域[10],在这里,人类通过行动改变自然环境,环境又把人类对其产生的影响反馈给人类。Schouten 等在研究荷兰乡村聚落韧性时,指出乡村聚落是包含自然生态、经济生产和社会生活为一体的社会生态系统。[11]自然生态系统为经济生产和社会生活子系统提供了必要的物质基础和发展空间。社会生活系统通过人类生活活动不断消耗自然资源,侵占生态空间,改变自然生态系统的生态景观;通过劳动力配置、社会制度和社会组织的改变影响经济生产系统的经济活动。经济生产系统则通过农业集约化、专业化改变生态系统的生物多样性和空间多样性,同时经济生产子系统生产的产品和服务直接服务于社会生活子系统。乡村聚落内部三个子系统之间不是相互独立发展的,而是彼此交织、相辅相成的,共同构成了这个变量众多、机制复杂、开放式的乡村聚落社会生态系统[11]。

对于社会生态系统韧性的评价,本文借鉴了韧性联盟提出的 RATA

(The Resilience, Adaptation & Transformation Assessment)评估框架。
2010 年韧性联盟提出了《社会生态系统韧性评估：从业者手册》2.0 版本①，
展示了 RATA 框架的 5 个步骤（系统构建、系统动力分析、探索系统与更高
层级或者更低层级的互动、研究系统治理、基于评估的行动），为社会生态系
统的韧性认知和评估提供了重要思路（图 1）。

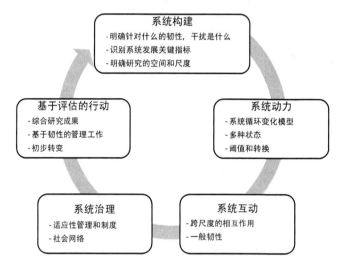

图 1　RATA 评估框架的 5 个步骤

4　汤阴县乡村聚落韧性评价的系统建构

4.1　汤阴县乡村聚落的基本情况

汤阴县隶属河南省安阳市，地处中原腹地，自古就是南北交通要冲，具
备独特的区位优势，东邻油城濮阳，西接煤城鹤壁，南望省会郑州，北靠古都
安阳（图 2）。

汤阴县素有"豫北粮仓"之称，境内包括丘陵和平原（包括泊洼）两种地
貌类型，平原占比达到 71.4%。同时受农业劳作半径的影响，造就了汤阴县

---

① 资料源于韧性联盟官方网站：https://www.resalliance.org/resilience-assessment。

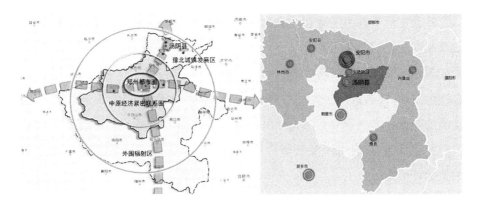

图2　汤阴县在河南省和安阳市的区位图

乡村聚落的均质分布。平原地区聚落密度高,规模相对较大;丘陵地区聚落规模相对较小。近年来,人口流动成为乡村聚落社会结构变迁的主要动力,部分乡村人口向城镇转移,大量乡村劳动力在城乡之间季节性迁徙。

4.2　汤阴县乡村聚落社会生态系统构建

　　汤阴县乡村聚落社会生态系统划分为社会生活、经济生产、自然生态三个子系统,在城镇化和社会政治制度变迁的干扰下,其系统内部要素变化如图3所示。

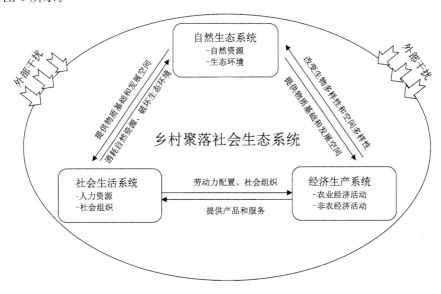

图3　乡村聚落社会生态系统

社会生活子系统主要包含各种人力资源和社会组织,在城镇化和社会政治制度变迁这两个主要外部干扰下,人力资源大量外流、社会组织多元化程度弱是汤阴县乡村聚落社会生活子系统缺乏韧性的表征,相应地,人力资源适度流动、社会组织多元化发展是汤阴县乡村聚落社会生活子系统韧性发展的表征。本文选取劳动力外出比作为量化外力作用下人力资源演变评价的关键指标,社会组织发展指数作为量化外力作用下社会组织发展演变的关键评价指标。

经济生产子系统主要包含各种农业经济活动和非农经济活动,若二者的多样性良好则表示经济生产子系统韧性发展,若二者的多样性差则表示经济生产子系统缺乏韧性。本文选取农业活动多样性指数和非农活动多样性指数作为量化汤阴县乡村聚落农业经济活动和非农经济活动在外力下演变的关键评价指标。

自然生态子系统主要包含各种自然资源和生态环境,土地集约利用度低、生态空间被大量侵占是自然生态子系统缺乏韧性的表征,相应地,土地集约利用度高、生态空间合理调整是自然生态子系统具有韧性的表征。最后选取土地利用集约度作为量化外力下汤阴县乡村聚落自然资源演变的关键评价指标,选取生态空间类别和面积作为外力下生态环境发展变化的关键评价指标(图4)。

外部干扰	城镇化		社会政治制度变迁	(家庭联产承包责任制、农业税费改革和户籍制度改革)

	子系统	系统要素	干扰下要素发展变化	韧性特征	要素发展变化的关键指标
乡村聚落社会生态系统发展	社会生活系统	人力资源	人力资源外流	人力资源适度流动	劳动力外出比
		社会组织	社会组织组成单一、组织能力弱化	社会组织多元化发展	社会组织发展指数
	经济生产系统	农业活动	农业经济活动多样性增强或减弱	农业经济活动多样性好	农业活动多样性指数
		非农活动	非农经济活动多样性增强或减弱	非农经济活动多样性好	非农活动多样性指数
	自然生态系统	自然资源	土地资源粗放利用	土地资源集约利用	土地利用集约度
		生态环境	生态空间被侵占	生态空间合理调整	生态空间类别和面积

图4 汤阴县乡村聚落社会生态系统关键指标

5 汤阴县典型乡村聚落韧性的分类评价与基本判断

汤阴县非城镇建设区内共有 218 个乡村聚落,根据地形地貌、区域位置、人均纯收入选取 5 个典型乡村聚落——南张贾村、部落村、小贺屯村、南阳村、岳儿寨南村,其中涉及丘陵、岗地、平原三种地貌及其过渡地带,分布跨越东、中、西 3 个区域。本文首先对这 5 个聚落的社会生活子系统、经济生产子系统和自然生态子系统进行核心要素评价,判断其相对韧性,根据三个子系统的韧性对 5 个聚落的韧性进行排序,最后对汤阴县乡村聚落韧性的发展状况提出基本判断。

5.1 社会生活子系统的社会韧性评价

5.1.1 核心要素测度

人力资源要素的核心表征为劳动力外流状态的测度。就 5 个乡村聚落 1983—2015 年的劳动力外出比作对比,发现其演变过程可以划分为三种路径:第一种,南张贾村与部落村劳动力外出比先升高后降低,意味着这两个聚落的劳动力经历了大量外出后又回到本聚落的过程,并且目前其常住人口中劳动力本地化都处于一个较高水平,即其劳动力在回流后已实现重构,即将进入新的快速发展阶段。第二种,岳儿寨南村的劳动力外出比一直呈现增长趋势,但从近十年的增长速度来看,岳儿寨南村劳动力外出比的增长速度有放缓的趋势,在实地调研中也发现有少部分返乡创业的劳动力,证明其劳动力正在进行重构。第三种,南阳村和小贺屯村的劳动力外出比一直呈现增长趋势,尤其是在农业税取消之后的近十年里呈现持续快速增长的趋势,并且均已超过 65%,结合实地调研情况,两个聚落本地劳动力基本为女性和 50 岁以上男性,基本没有返乡创业人员,可见由于劳动力的大量外流,南阳村和小贺屯村的人力资源发展经过衰败阶段,已陷入贫穷陷阱(图 5)。

根据 1983—2015 年 5 个乡村聚落的社会组织发展指数演变,可以看出:2005 年之前由于家庭联产承包责任制的实施,农村集体经济走向衰败,各聚落均呈现社会组织弱化的趋势;但在 2005 年之后的 10 年,乡村聚落社会组

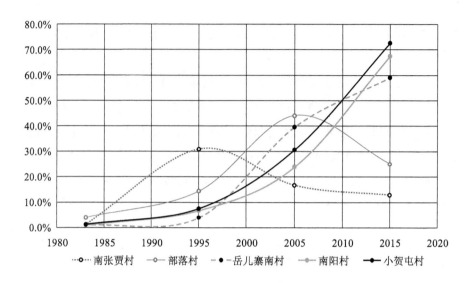

图5 1983—2015年5个乡村聚落劳动力外出比发展演变趋势

织呈现出衰败和多元的两极分化(图6)。小贺屯村和南阳村随着城镇化进
程的加快,乡村公共服务设施供给出现困难,大量社会主导型社会组织没

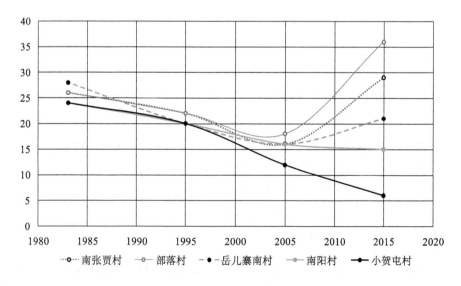

图6 1983—2015年5个乡村聚落社会组织发展指数演变趋势

落,例如,中小学拆并、村医减少、传统宗祠空间废弃、宗族组织解体;同时大量精英阶层的流失,导致社会组织发展难以为继,组织能力愈加弱化,进入衰败阶段。而部落村、南张贾村以及岳儿寨南村随着城镇化进程的加快,逐渐出现城乡之间人口、资金的双向流动,一些返乡人群开始积极加入聚落社会经济建设、空间管理等公共事务,出现了以新一代村民为主体的新型农村合作社,甚至出现了一些新兴的政府-社会主导型的社会组织,例如部落村的村民房产监管小组。可见,这三个聚落的社会组织已经历或正在重构阶段。从社会组织发展指数来看,目前部落村社会组织发展最多元、组织能力最强,南张贾村次之,岳儿寨南村再次之。

5.1.2 社会韧性小结

根据前文的比较,可以对 5 个聚落的社会生活系统发展演变进行总结(表1)。根据适应性循环理论,乡村聚落发展阶段可以分为快速发展、平稳发展、衰败和重构 4 个阶段,其中重构阶段可以分为 4 种路径,每个阶段和路径其韧性值是在不断变化的,形成了不同的乡村聚落发展演变阶段与路径对应不同的相对韧性值。

表 1 乡村聚落发展阶段及路径与韧性基本判断的对应关系

乡村聚落发展阶段及路径	韧性描述	相对韧性值
乡村聚落快速发展阶段	高	5
乡村聚落平稳发展阶段	较低	3
乡村聚落衰败阶段	低	2
乡村聚落重构阶段(长期处于)	较低	3
乡村聚落重构阶段,即将进入新的循环	较高	4
乡村聚落重构阶段,即将进入贫穷陷阱	低	2
已陷入贫穷陷阱	最低	1

由此可知,部落村社会韧性最好,南张贾村社会韧性次之,岳儿寨南村社会韧性一般,南阳村社会韧性较差,小贺屯村社会韧性最差(表2)。

表2 5个乡村聚落社会韧性基本判断

	基于人力资源判断演变阶段及路径	相对韧性值1	基于社会组织判断演变阶段及路径	相对韧性值2	社会韧性
南张贾村	快速发展阶段	5	即将进入快速发展阶段	4	4.5
部落村	快速发展阶段	5	快速发展阶段	5	5.0
岳儿寨南村	重构阶段	3	重构阶段	3	3.0
南阳村	贫穷陷阱	1	即将进入贫穷陷阱	2	1.5
小贺屯村	贫穷陷阱	1	贫穷陷阱	1	1.0

综上，在城镇化和社会政治制度变迁的外力下，乡村聚落社会生活子系统不韧性的特征是人力资源大量外流，社会组织衰败。具有社会韧性的部落村和南张贾村能够抵御这样的外力干扰，并适应这样的外部干扰，最终实现人力资源和社会组织的重构，维持令人满意的生活水准，并可持续发展。

5.2 经济生产子系统的经济韧性评价

5.2.1 核心要素测度

在农业经济活动多样性指数上，1983—1995年，由于家庭联产承包责任制的推行，乡村聚落农业活动的多样性普遍上升；1995—2005年农业活动的多样性普遍略有下降，这是由于机械化规模化种植提高了种植效率，解放了部分劳动力，同时外出务工和非农经济活动带来的高收入吸引剩余劳动力开始转移，农业劳动力的流失导致农业经济活动趋于单一。2005年后城镇化进程进一步加速，城乡间人口、资金互动更加通畅，但由于聚落自身韧性的差异，出现多样性升高和急剧降低的两极分化——部落村、南张贾村和岳儿寨南村农业活动多样性开始增强，呈现出重构和新一轮快速发展的趋势，而南阳村和小贺屯村农业活动多样性呈现继续降低的趋势(图7)。

对非农经济活动而言，小贺屯村非农经济活动极度不活跃，1983—2015年间均无工业，除零售外也无其他第三产业，因此不考虑小贺屯村非农经济活动的演变过程，可以认为小贺屯村的经济韧性最差。对其他4个乡村聚落1983—2015年的非农经济活动的类型和从业人员数量进行分析，明显可见历年来部落村和南张贾村的非农经济活动多样性指数都要比南阳村和岳儿寨南村高，前两者的非农经济活动发展相对更加活跃(图8)。

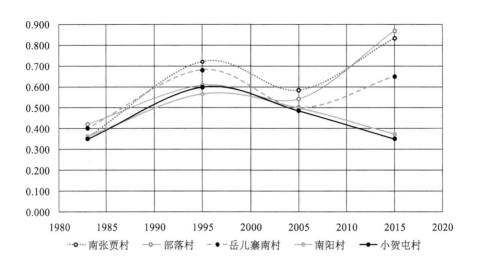

图7　1983—2015 年 5 个乡村聚落农业活动多样性指数发展演变趋势

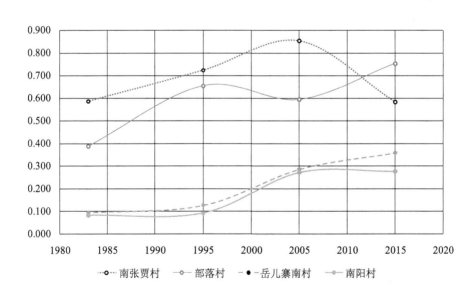

图8　1983—2015 年 4 个乡村聚落非农活动多样性指数发展演变趋势

5.2.2 经济韧性小结

根据经济生产系统中农业活动和非农经济活动多样性演变过程的比较,得到 5 个聚落经济生产子系统的发展评价(表 3)。农业活动是汤阴县乡村聚落最主要的经济活动,非农经济活动是乡村聚落经济差异化发展的主要表现,因此在经济韧性评价时对两个方面赋予相同的权重。根据适应性循环理论,可以对 5 个乡村聚落的经济韧性进行初步判断:部落村经济韧性最好,南张贾村次之,岳儿寨南村经济韧性一般,南阳村经济韧性较差,小贺屯村经济韧性最差。

表 3　5 个乡村聚落经济韧性基本判断

	基于农业活动判断演变阶段及路径	相对韧性值 1	基于非农活动判断演变阶段及路径	相对韧性值 2	经济韧性
南张贾村	快速发展阶段	5	重构阶段	4	4.5
部落村	快速发展阶段	5	快速发展阶段	5	5.0
岳儿寨南村	重构阶段	3	稳定发展阶段	2	2.5
南阳村	贫穷陷阱	1	稳定发展阶段	2	1.5
小贺屯村	贫穷陷阱	1	贫穷陷阱	1	1.0

综上,在城镇化和社会政治制度变迁的影响下,乡村聚落经济生产子系统缺乏韧性的特征表现为农业经济活动单一,非农经济活动多样性差。经济韧性最好的部落村,在城镇化和社会政治制度变迁的影响下,不管是农业经济活动还是非农经济活动都朝着多样性提高的方向发展,展示出适应这些外力干扰的能力,为人们提供令人满意的经济收入和多样化的工作机会。

5.3　自然生态子系统的生态韧性评价

5.3.1 核心要素测度

在本文中,自然资源的发展演变主要关注土地资源的集约利用,尤其是建设用地的集约利用。从 1983—2015 年 5 个乡村聚落土地利用集约度的演变过程中可以看出,2005 年之前 5 个聚落都呈现出土地利用集约度下降的趋势,但在 2005 年之后,部落村和南张贾村随着人口回流和聚落空间的有效治理,土地利用集约度得到有效提升(图 9)。可见部落村和南张贾村的自然生态子系统处于重构阶段。2005 年后,随着汤阴县城镇化进程的加速和户籍制度的改革,岳儿寨南村土地利用集约度下降速率变缓,处于衰败阶段后期,有进入重构阶段的趋势;而南阳村和小贺屯村土地利用集约度进一步大幅度降低,已进入衰败之后的贫穷陷阱。

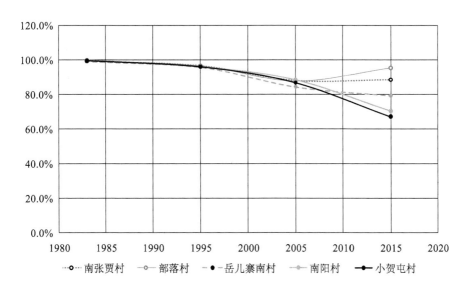

图9 5个乡村聚落1983—2015年土地利用集约度演变过程

通过对5个乡村聚落土地利用集约度演变情况的分析可以判断,南张贾村和部落村自然生态系统已进入重构阶段,岳儿寨南村自然生态子系统已进入衰败阶段,南阳村和小贺屯村自然生态子系统已进入贫穷陷阱。

就生态环境要素而言,典型乡村聚落内生态环境主要是指农田、沟渠水系和林地三类生态空间。对比5个乡村聚落1983年和2015年的生态空间数量占比,可以看出5个乡村聚落的农田都呈减少趋势,而水系和林地则呈现差异化发展(图10)。结合1983年和2015年的卫星影像图来看水系和林地的发展演变①,以南张贾村为例,1983年聚落内部有大量水系但林地极少,2015年水系面积大幅减少,但林地面积显著增加,二者总和略有增加,这一变化来自南张贾村正在大力推行园林绿植产业,因而聚落内部开始引导大

---

① 1983年汤阴县乡村聚落卫星影像图源于美国地质调查局(USGS)图片数据库,目前仅解密了冷战时期(1947—1991)的卫星照片。2015年汤阴县乡村聚落卫星影像图源于谷歌地图。

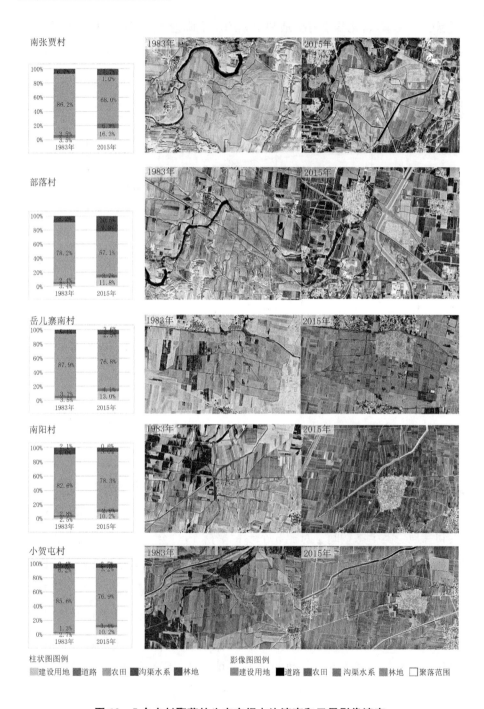

南张贾村

部落村

岳儿寨南村

南阳村

小贺屯村

柱状图图例
■建设用地 ■道路 ■农田 ■沟渠水系 ■林地

影像图图例
■建设用地 ■道路 ■农田 ■沟渠水系 ■林地 □聚落范围

图10　5个乡村聚落的生态空间占比演变和卫星影像演变

面积种植林木,因此,可以推测南张贾村聚落内部自然生态系统正在经历重构阶段。

综上,基于生态环境的发展演变来看,南张贾村自然生态系统处于重构阶段,部落村即将进入快速发展阶段,岳儿寨南村和小贺屯村处于衰败阶段,南阳村处于贫穷陷阱。

5.3.2 生态韧性小结

根据自然生态系统中自然资源和生态环境的发展演变,判断出 5 个聚落自然生态子系统的发展演变阶段和路径,并初步判断部落村生态韧性相对较好,南张贾村生态韧性较好,岳儿寨南村生态韧性相对较差,小贺屯村和南阳村生态韧性最差(表 4)。

表 4　5 个乡村聚落生态韧性评价

	基于自然资源判断演变阶段及路径	相对韧性值 1	基于生态空间判断演变阶段及路径	相对韧性值 2	生态韧性
南张贾村	重构阶段	3.0	重构阶段	3.0	3.0
部落村	重构阶段	3.0	即将快速发展阶段	4.0	3.5
岳儿寨南村	衰败阶段	2.0	衰败阶段	2.0	2.0
南阳村	衰败阶段	2.0	贫穷陷阱	1.0	1.5
小贺屯村	贫穷陷阱	1.0	衰败阶段	2.0	1.5

在城镇化和社会政治制度变迁的影响下,乡村聚落自然生态子系统不韧性的特征表现为土地资源的粗放利用、生态空间大量被侵占,例如南阳村就面临这样的问题。生态韧性较好的部落村,在外力干扰下,通过聚落内部调整,实现土地资源集约利用、生态空间合理调整,为人们提供维持发展的自然资源和令人满意的生态环境,从而实施自然生态系统的韧性发展。

5.4 汤阴乡村聚落韧性的基本判断

乡村聚落社会生态系统中社会韧性、经济韧性和生态韧性是同等重要的[12],因此对其权重赋予相同的值,从而得到 5 个乡村聚落韧性的基本判断:部落村 > 南张贾村 > 岳儿寨南村 > 南阳村 > 小贺屯村(表 5)。

表5　5个乡村聚落韧性的基本判断

聚落名称	社会韧性	经济韧性	生态韧性	乡村聚落韧性
南张贾村	4.5	4.5	3.0	4.0
部落村	5.0	5.0	3.5	4.5
岳儿寨南村	3.0	2.5	2.0	2.5
南阳村	1.5	1.5	1.5	1.5
小贺屯村	1.0	1.0	1.5	1.2

本文认为,在城镇化和社会政治制度的干扰下部落村发展最具有韧性,能够适应外部干扰并转型发展。它通过劳动力的适度流动和社会组织的多元化发展实现社会生活系统的重构,通过丰富农业经济活动和非农经济活动的多样性实现经济生产系统的重构,通过土地资源的集约利用实现自然生态系统的重构,从而维持令人满意的生活水准,并保证整个乡村聚落系统可持续发展的能力。

而在相同的外界干扰下小贺屯村发展韧性最差,劳动力的大量外流和社会组织的衰败反映了其社会生活系统的衰败,农业经济活动的单一和非农经济活动的缺乏反映了其经济生产系统的衰败,土地资源的浪费反映了其自然生态系统的衰败,各个子系统的衰败导致小贺屯村难以为村民提供令人满意的生活环境和工作机会,从而影响小贺屯村的可持续发展。唯有通过培育聚落内部的韧性,促进系统重构,才能实现小贺屯村的可持续发展。

6　结语

乡村聚落韧性评价的目的在于更有针对性地提出培育乡村聚落的策略与方法。尤其系统衰败和重构阶段是培育系统韧性的最佳时机[8]。因此,在城镇化和社会政治制度变迁的外部干扰下,应致力于提高汤阴县处于衰败或重组阶段的乡村聚落的韧性,通过重塑乡村聚落社会网络、加强乡村聚落人才培养、促进产业多元融合发展,推进乡村聚落进入新的循环,从而达到培育韧性乡村聚落的目标。

参 考 文 献

［1］费孝通. 乡土中国［M］. 北京：人民出版社,2008.

［2］许家伟. 乡村聚落空间结构的演变与驱动机理［D］. 开封：河南大学,2013.

［3］赵民,游猎,陈晨. 论农村人居空间的"精明收缩"导向和规划策略［J］. 城市规划,2015,39(7)：9-18.

［4］赵晨. 超越线性转型的乡村复兴——高淳武家嘴村和大山村的比较研究［D］. 南京：南京大学,2014.

［5］岳俞余. 基于韧性理念的汤阴县乡村聚落发展研究［D］. 上海：同济大学,2018.

［6］Mcintosh A, Stayner R, Carrington K, et al. Resilience in Rural Communities Literature Review［R］. New England：Centre for Applied Research Insocial Science,2008：3-6.

［7］邵亦文,徐江. 城市韧性：基于国际文献综述的概念解析［J］. 国际城市规划,2015(2)：48-54.

［8］沃克,索尔克. 弹性思维：不断变化的世界中社会-生态系统的可持续性［M］. 北京：高等教育出版社,2010.

［9］Meerow S, Newell J P, Stults M. Defining Urban Resilience：A Review［J］. Landscape & Urban Planning,2015(11)：38-49.

［10］石翠萍. 乡村社会-生态系统体制转换影响因素及稳健性［D］. 西安：西北大学,2015.

［11］Schouten M A H, Van der Heide M, Heijman W. Resilience of Social-ecological Systems in European Rural Areas：Theory and Prospects［C］// 113th EAAE Seminar. Belgrade,Serbia：European Association of Agricultural Economists,2009.

［12］Heijman W, Hagelaar G, Van der Heide M. Rural Resilience as a New Development Concept［C］// 100th Seminar of the EAAE. Novi Sad,Serbia：Sebian Association of Agricultural Economists,2007：383-396.

基于促进小城镇发展的大都市郊区
土地综合整治研究[*]

叶凌翎¹　刘　静²

（1. 东京大学新领域创成科学研究科

2. 上海市建设用地和土地整理事务中心）

【摘要】　快速城镇化进程中,我国城镇出现土地的后备资源紧缺与粗放利用并存的现象,为促进城乡、区域之间的土地要素流转、缓解城市用地困境、实现土地要素优化配置,全国各地开展了土地整治工作,土地整治的内涵随着大都市发展理念的演变而不断深化。目前,郊区土地综合整治已经成为大都市发展空间供给的主要途径,其对农村低效、散乱工业用地以及村庄聚落的整理过程,亦是整治对象所在的小城镇的镇域空间重构的过程,会对小城镇发展的各个方面产生影响。本文基于土地综合整治与小城镇发展的既有研究,得出结论——大都市郊区土地综合整治是以此过程中小城镇的空间变化为媒介,影响小城镇在产业、人口、社会和环境等四个层面的发展,并建立了大都市郊区土地综合整治对小城镇发展影响的理论框架。

【关键词】　土地综合整治　小城镇发展　空间布局　土地权益

＊　本文原载于《小城镇建设》2019年1期(总第356期)。

国家自然科学基金项目"基于生态安全的小城镇群落空间格局优化机制与规划途径研究:以长三角地区为例"(批准号:41771567)。

本文获"2018年首届全国小城镇研究论文竞赛"二等奖。

1 引言

快速城镇化进程中,我国城镇出现土地的后备资源紧缺与粗放利用并存的现象,为促进城乡、区域之间的土地要素流转、缓解城市用地困境、实现土地要素优化配置,全国开展土地综合整治工作。同时,土地整治的内涵随着大都市发展理念的演变而不断深化。目前,郊区土地综合整治已经成为大都市发展空间供给的主要途径。

由于大都市郊区土地综合整治对农村低效、散乱工业用地以及村庄聚落的整理过程,也是整治对象所在的小城镇的镇域空间重构的过程,即土地综合整治过程中,小城镇空间在各个层面产生的变化会对小城镇的发展产生影响。因而,如何扩大土地综合整治对小城镇发展影响的正面效应、降低土地综合整治带来的负面效应、在保证国家农业生产安全和大都市空间供给的同时促进小城镇发展,是在制定土地综合整治方案的过程中不可忽视的问题。

因此,在推进土地综合整治工作之前,应首先明确小城镇发展受空间变化影响的作用机制、小城镇空间在大都市郊区土地综合整治作用下的变化路径,进而推演得出有益于促进小城镇发展的土地综合整治逻辑。

2 相关概念界定

2.1 土地综合整治

土地综合整治是指基于对耕地的严格保护、统筹城乡用地和建设新农村的战略目标,借助一系列工程、生物等措施,合理再配置现有土地利用结构和空间区位,使土地有效利用面积得到充分挖掘[1],对山、田、水、路、林、村等综合对象进行整治[2],以实现土地利用的社会、经济和环境效益最大化以及土地的持续利用。在实践中,土地综合整治以乡村和小城镇为基本整治单元,进行全域规划,全域设计[3],具体内容包括整治农用地、工矿仓储用地和农村建设用地、开发未利用地和复垦土地[4]。

2.2 小城镇与小城镇发展

由于土地综合整治的本质是土地资源和空间权益的再配置,其主要影响对象则是空间权益变动所涉及的利益相关主体,由于小城市与小城镇在行政层面属不同的利益层级,在土地综合整治过程中,空间权益变动对二者的影响机制不可一概而论。因此,本文中所指的小城镇是指依据国家规定经行政部门批准的、具有镇建制的建制镇行政单位,研究的空间范围为小城镇的行政地域全域,包括小城镇的城镇化地区和农村地区。本文中所指的小城镇发展,是指小城镇的经济产业、人口规模及结构、社会服务水平和环境发展等各个方面的变化表征及变化路径。

2.3 土地发展权

由于土地资源的空间固定性,其总量是有限的,而为了缓解人口增长和城市发展土地资源有限的矛盾,国家要从宏观层面代表全社会利益,对土地资源进行调控,以及在必要环节调节和干预人地关系[5],如《中华人民共和国土地管理法》(下文简称《土地管理法》)规定,城市市区的土地属于国家所有,农村和城市郊区的土地,除由法律规定属于国家所有的以外,属于农民集体所有。同时,土地使用权的转让,以及土地发展权的赋予,只有在土地利用总体规划的用途管制下才能进行,并且国家还会通过一系列调控政策对土地产权进行制约。

伴随着快速推进的城镇化进程,土地用途转换和土地开发建设强度提高给土地发展权的享有者带来了巨大的经济利益。为防止土地所有者或土地用益物权享有者滥用土地发展权,国家通过建立空间管制体系对土地发展权进行合理分配,例如以城乡规划、土地利用总体规划、主体功能区规划等空间规划为制约条件,土地所有者及土地用益物权享有者只能按照法定规划,获得包含建设许可权、用途许可权和强度提高权等在内的一系列土地发展权。[6]

3 小城镇空间变化对小城镇发展的影响路径

小城镇的空间是小城镇发展的载体,小城镇空间在不同层面的变化会对小城镇的发展产生一定的影响。小城镇在空间布局、空间品质、土地发展权和土地收益等四个层面转变会影响小城镇的产业发展、人口发展、社会发展和环境发展。

3.1 产业发展

小城镇的空间布局、空间品质和土地发展权均会对小城镇的产业发展产生影响。

其一,对于小城镇第一、第二、第三产业而言,产业集聚度、产业用地的生产力以及产业空间结构影响产业的生产效率。产业生产效率与产业集聚度和土地生产力的高低呈正相关,产业生产效率与低产出、高能耗产业所占用的空间比例呈负相关。

其二,产业空间布局的变化影响产业规模。在某一产业所有企业生产效率不变的假定条件下,若该产业的空间规模减少,则其产业生产的总规模减少。

其三,小城镇享有的土地发展权及其空间环境品质影响小城镇的产业结构。一方面,享有土地发展权的小城镇有权将一定规模的农用地转换为建设用地,用于招商引资,则其第二、第三产业所占比重有所提升。另一方面,由于高价值区段的产业对产业空间的规模及品质有所要求,享有土地发展权的小城镇可以提升产业空间的开发强度以扩大产业空间的规模,并通过高质量的空间环境吸引优质产业进入城镇,提高小城镇高价值区段产业所占比例,改变产业结构。

3.2 人口发展

在小城镇空间布局和空间环境品质变化的作用下,小城镇人口的规模、空间分布和构成会相应发生改变。

首先,小城镇产业用地的用途转换和小城镇空间品质变化均会对小城镇的人口规模与人口构成产生影响。不同用途的产业用地,其单位面积所能提供的工作岗位不同,所吸纳劳动力的种类也不同,因而产业用地的用途转换直接影响小城镇的劳动力数量以及劳动力结构,进而影响其人口规模与人口构成,影响程度与外来劳动力占所有劳动力比重呈正相关。同时,空间环境品质会对大都市的居民产生拉力或推力,优质的环境会吸引居民前往居住,恶劣的空间环境会使居民产生排斥并迁出小城镇,进而影响小城镇的常住人口规模。此外,在优质的空间环境品质吸引小城镇以外的居民进入城镇居住后,小城镇的人口构成也更为多元化。

其次,在生活空间布局变化的作用下,小城镇人口空间的分布发生改变。生活空间是容纳小城镇常住人口的载体,生活空间的位置与规模的转变必然使小城镇人口的常住地点与集聚规模随之改变,从而影响小城镇的人口空间分布。

3.3 社会发展

在小城镇空间布局重构、土地发展权价值转移以及土地收益转变的作用下,小城镇居民生活水平的不平衡程度以及农村居民收支结构有所改变。

首先,小城镇生活空间布局的重构,尤其是城镇化社区与乡村社区空间关系的改变,影响了小城镇城乡居民享受城镇服务的等值化程度。城镇化社区人口集聚度高,因而服务设施配置的成本相对较低,其服务水平较好,而乡村社区公共服务设施的配套能力相对不足。如乡村社区远离城镇化社区,乡村社区的居民则无法享有与城镇化社区居民同等的公共服务条件,反之,乡村社区的居民可与城镇化社区居民共享城镇公共服务。另外,小城镇在利用土地发展权进行土地用途转换和开发强度提升获得土地收益后,以一定形式将部分收益返还给在农村居民点用地整理过程中利益受损害的居民,即农村居民通过土地综合整治平台将原本无法交易的宅基地使用权和房屋所有权换得收益,缩小其与城镇社区居民之间的财产数量和支出能力差距。

其次,小城镇居民的收入与消费结构受小城镇空间变化影响。容纳不同规模劳动岗位的产业空间重构对部分居民的收入产生作用,土地用途转换后,该产业空间所能提供的岗位数量增多,则可被吸纳的农村剩余劳动力数量多,农村居民的工资性收入增加,反之,原本拥有较多工资性收入的居民会失去这一部分收入。同时,土地发展权和土地收益的变化影响农民收入。农村居民享有其所在农村集体经济组织的收入分红,农村集体享有的土地收益的变动与其分享的土地发展权价值的方式与份额,影响其成员(即农民)的收入。另外,生活空间重构影响原农村社区居民的消费需求,农村社区城镇化的过程等同于农民生活城镇化的过程,即其原本享有的自给自足的生活方式转变为依靠交换获得日常必需品的生活方式,其消费支出有所变化。

3.4 环境发展

在土地综合整治的作用下,小城镇的环境发展主要受到小城镇的空间品质、生态空间布局和土地发展权的影响。其一,小城镇空间环境品质的提升即等同于小城镇人居环境品质的良好发展。其二,小城镇的生态格局影响小城镇的自然景观风貌。破碎的生态空间使小城镇的自然景观风貌质量降低,反之,系统、完善的生态空间能够保持小城镇的自然景观风貌水平。其三,小城镇享有土地发展权,即享有对现有空间改造的权力,尤其是对建成环境改造的权力。通过土地发展权的运用,小城镇的建成环境风貌也相应发生改变。

4 大都市郊区土地综合整治对小城镇空间影响的主要层面

土地与地上空间密不可分,土地综合整治的过程即为对土地及地上空间产生作用的过程。本文认为,大都市郊区土地综合整治的实施对小城镇空间上的影响体现在小城镇空间布局、空间品质、土地发展权三个层面。

4.1 空间布局

大都市郊区土地综合整治,在土地重划过程中改变小城镇乡村地区土地的用地性质,从而改变小城镇的生产、生活和生态空间布局。第一,通过腾退乡村地区零星、分散的工矿仓储用地,复垦包含工矿仓储用地和农村居民点用地在内的建设用地,以及对农田进行重新划分,小城镇的工农业生产空间的碎片化程度和集聚度发生改变,小城镇低效产业用地规模减少。第二,通过整理农村居民点用地、引导农民集中居住,农民的生活地点与聚居模式与土地综合整治之前不同,小城镇的生活空间的碎片化程度和集聚度也产生变化。第三,土地综合整治项目中包含对乡村地区农田、河网水系、林地等生态用地的整理和重划,因而土地综合整治同样作用于小城镇的生态空间布局。

4.2　空间品质

在本文中,空间品质包含空间环境品质与土地生产力品质。土地综合整治中土地重划环节对小城镇的空间环境品质产生影响,工程建设环节对小城镇的空间环境品质与土地生产力品质均产生作用。

首先,在土地重划实施后,土地用途的改变影响小城镇的空间环境品质。由于空间所承载的功能不同——如生活居住功能、工业生产功能、农业生产功能、生态功能,这些空间所产生的污染物种类和污染排放量均不相同,其对环境产生负面影响的程度大相径庭。土地用途的改变使空间的功能发生变化,相应地,该空间对自身及周边空间环境品质的影响程度在土地综合整治前后也产生改变。

其次,农村社区工程建设改变农村社区的空间环境品质,农用地工程建设改变小城镇农业生产用地的土地生产能力。一方面,农村社区工程建设通过改造农村社区的建成环境作用于人居环境品质。另一方面,农用地工程建设则通过改善农业规模化、现代化生产所需的基础设施条件,提升农用地的农业生产水平。

4.3　土地发展权

土地资源的再分配即土地发展权的再分配。在大都市可开发建设用地资源紧缺的情况下,大都市行政主体通过一系列空间管制手段——收紧年度新增建设用地指标、编制城乡规划划定城市建设空间边界、编制土地利用总体规划控制建设用地规模等等,使大都市的各级行政单位对所辖土地进行开发建设的权力受到限制。对现状建设用地进行整理复垦,意味着对建设用地后备资源的补充,将这部分资源再次投入开发建设,则等同于将相同规模土地的土地发展权赋予相关行政主体。

在土地综合整治项目中的土地重划工作完成后,释放出的建设用地资源在大都市的行政区域内进行重新分配,即同等规模土地的土地发展权将统筹分配至大都市的各级行政主体。其中，一小部分比例的土地发展权将分配给土地综合整治项目的基层实施主体——小城镇政府。一方面，土地发展权将用于安置住房用地的开发建设；另一方面，小城镇政府可获得土地发展权带来的土地增值收益，弥补土地综合整治项目实施所需的资金及在生产用地重划后失去的收入来源。其余的土地发展权将分配至大都市土地用途转变及强度提高后增值收益最高的地区，通常为城市各级中心区域及产业园区。土地综合整治中因建设用地资源减少而产生损益的利益相关主体(如小城镇和农村集体经济组织)应与土地发展权的使用主体共享土地发展权价值。

5　基于促进小城镇发展的大都市郊区土地综合整治

5.1　土地重划

大都市郊区土地综合整治的首要内容是对现状用地进行重划，依据土地利用总体规划的空间规划目标，通过土地复垦和土地开发等手段，改变土地综合整治对象的土地利用性质，调整土地利用布局。进行土地重划之后，进行土地综合整治的地区建设用地总量大幅减少。土地重划的对象主要分为农村居民点用地、工矿仓储用地和农用地三类。

根据农村居民点用地所在区位、现状规模和发展潜力等现状条件，通过农村居民点的异地搬迁和在地整理对郊区的农村居民点用地进行重划。异地搬迁的农村居民点在空间上分布零散，其整理过程是将土地整治项目区内的现状居民点用地复垦为耕地，并在该农村居民点所属的小城镇镇区或中心村周边集中开发新的居民点用地，新建居民点用地的规模小于原有居民点用地规模的总和。在地整理的农村居民点用地一般规模较大，闲置宅基地数量较多，该类整理是通过腾挪闲置宅基地，减少人均宅基地面积，并将节余的农村集体建设用地复垦为耕地。

工矿仓储用地重划是通过整理土地综合整治项目区内的低效、零星工业用地，清退大多数在这些工矿仓储用地上进行生产的低产出、高能耗的企业，引导生产规模较大、效益较好的企业集中迁入工业园区，并对整理完成的建设用地进行复垦。

农用地重划的内容分为两部分：一是为了提高农业生产水平，依据农业布局规划和高标准基本农田①规划重新划分田块，使每块农用地的形状与规模更适合农业的现代化作业，并确定田间道路布局和灌排布局。二是从营造大地景观和梳理生态空间的角度，调整农用地地类中包含的耕地、园地和林地的规模比例和地理空间布局，并疏通河网水系。

5.2 工程建设

除土地整理之外，土地综合整治还通过在土地上进行工程建设以提升土地品质。工程建设按对象类型分为农村社区工程建设，农用地工程建设和其他工程建设。农村社区工程建设是通过梳理农村道路、完善农村基础设施建设和公共服务设施配套，整理美化农村社区的公共活动空间。农用地工程建设内容包括土地平整、灌溉与排水设施建设、田间道路建设、农田防护与生态环境保持等，是通过对现状农用地实施土地平整、减量建设用地的复垦，加强灌溉与排水、田间道路铺设等农田基础设施建设、农田防护与生态环境保持等工程措施，以提高耕地质量，对高标准基本农田指标进行落地，有效引导耕地集中成片，便于实现规模经营[7,8]，改善农用地的生态环境和生产能力，为农业生产的规模化、机械化和现代化打下物质基础。另外，土地综合整治过程中还通过生态、工程等手段提高自然水系的质量。

5.3 土地权益调配与补偿

土地综合整治过程中，在实施土地重划时涉及对土地资源的再分配，以及相关的土地权益和建筑物权益的变动。土地综合整治通过设计相关的分配与补偿制度，合理分配节余资源，并保证土地综合整治实施过程中涉及的利益相关主体的权益不受损害。

（1）土地资源再分配

在土地重划实施完成后，大都市郊区大量的建设用地被复垦为耕地，大都市全域建设用地总面积减少，大都市的建设用地资源有所节余。大都市

---

① 高标准基本农田：一定时期内，通过农村土地整治建设形成的集中连片、设施配套、高产稳产、生态良好、抗灾能力强，与现代农业生产和经营方式相适应的基本农田。

的行政主体通过相关制度设计将节余的建设用地资源重新分配,以应对城市发展过程中的空间增长需求。由于大都市郊区建设用地资源的稀缺性,这些资源会以新增建设用地指标的形式投入土地投入产出效益较高的地区。

(2)土地权属变动与补偿

土地重划过程中,农村居民点用地、工矿仓储用地和农用地的整理均影响到该土地、地上物的所有权及用益物权享有者的权益。

第一,因土地综合整治的范围是大都市郊区,土地重划的对象土地中的大部分为农民集体所有,土地综合整治的实施主体要对该过程中土地性质转换对农民集体带来的损失进行补偿。如农村集体经济组织收入的主要来源是村属厂房及商铺的租金和村属企业的生产经营收益,将农民集体所有的建设用地复垦为耕地后,农村集体经济组织的收入渠道减少,土地综合整治对农民集体的补偿应包含这一部分损失。

第二,土地综合整治的实施主体要对土地重划过程中涉及土地的使用权人进行补偿,补偿对象主要为两类——享有宅基地使用权的农民和获得工矿仓储用地使用权的企业。

第三,土地综合整治的实施主体要对土地重划过程中涉及的地上物(主要为建筑物)的所有者和使用权享有者进行补偿,涉及的相关权利主体分别为农民房屋的所有者(农户)、工矿仓储厂房所有者(农民集体)以及厂房使用权享有者(生产企业)。

第四,土地重划过程中农民享有的农地承包经营权将进行流转。因农用地重划需要对田块进行重新划分以及农业生产基础设施的铺设,农民享有的农地经营收益有所变动,为在保护农民利益的同时实现农业规模化生产,在土地整理实施之前一般将散落在农户手中的农地承包经营权流转至农民集体或农业合作社,并制定相关的经营利润分配机制。

土地综合整治过程中权益变动涉及的利益相关主体有农民集体、农户和企业,给予企业补偿的形式一般为一次性现金补偿,给予农民集体和农户的补偿形式较多,实际操作中存在补偿土地和房屋相关权益(如异地宅基地使用权、宅基房所有权、商品房住宅所有权、经营性物业的经营权等)、补偿现金、按土地贡献比例给予股份和给予一定福利保障(如医疗保险和养老保险)等方式。

(3) 其他权益补偿

除了土地及地上房屋相关权益的转移及补偿外,土地综合整治还需补偿利益相关主体在项目实施的过渡环节受到的额外利益损失。如农户在安置房未交房时迁出宅基地,土地整治项目的实施主体需要补偿农户在安置房交房前产生的住房支出,以及在引导企业迁入工业园区的过程中,需要补偿该过渡期间企业因停工停产所产生的损失。

6 结论

土地综合整治通过土地重划、工程建设以及对土地资源和相关权益的再分配,改变小城镇的生产、生活、生态空间布局,改善小城镇空间环境品质和土地生产能力,将土地整治过程中的建设用地资源节余以土地发展权的形式分配给小城镇行政主体,并对小城镇利益相关主体的土地收益产生影响。上述小城镇空间属性的变化将作用于小城镇产业、人口、社会和环境发展(图1)。基于此,为了丰富土地综合整治的内涵,在保证大都市经济社会发展以及生态文明建设的同时,在推进土地综合整治工作的过程中,可根据

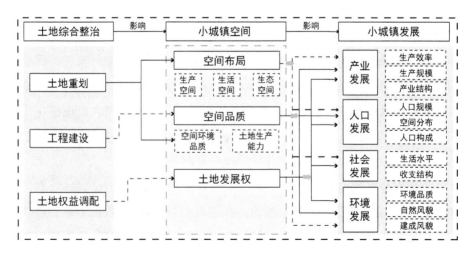

图1 基于促进小城镇发展的大都市郊区土地综合整治

实施土地整治的小城镇的具体需要,适当调整其中土地重划、工程建设以及土地权益调配的路径与机制,促进小城镇与大都市的同步发展。

参 考 文 献

［1］李卫江,尤琳.对上海市郊区土地整理有关问题的思考[J].资源开发与市场,2000(04):242-244.

［2］刘彦随.科学推进中国农村土地整治战略[J].中国土地科学,2011(04):3-8.

［3］任佳.我国土地整治立法思考[J].中国土地,2013(03):16-18.

［4］张勇,汪应宏,包婷婷,等.土地整治研究进展综述与展望[J].上海国土资源,2014(03):15-20.

［5］Steven N. S. Cheung. The Strueture of a Contract and the Theory of a Non-Exelusive Resouree[J]. J. Law Eeon, 1969(04):12.

［6］林坚,许超诣.土地发展权、空间管制与规划协同[J].城市规划,2014,38(01):26-34.

［7］庄少勤,史家明,管韬萍,等.以土地综合整治助推新型城镇化发展——谈上海市土地整治工作的定位与战略思考[J].上海城市规划.2013(06):4-7.

［8］龙花楼.论土地整治与乡村空间重构[J].地理学报,2013(08):1019-1028.

31

培育新乡村共同体

——台湾地区"农村再生"的经验研究[*]

李雯骐[1]　　徐国城[2]

（1. 同济大学建筑与城市规划学院

2. 中国文化大学都市计划与开发管理学系）

【摘要】 乡村社会的基本属性是建立在血缘及地缘之上的熟人社会网络，这也决定了乡村相较于城市而言具有更明显的"自组织"特征。中国大陆地区快速的城镇化进程对传统意义上乡村内部的"共同关系"造成了巨大冲击，但当下乡村振兴战略的实施为乡村共同体的重塑提供了契机。中国台湾地区比大陆地区的城镇化进程要早，亦经历过乡村社区解体的历程，但在进入城市化高度发展阶段后，重新审视乡村价值并改变治理方式，通过"社区营造"和"农村再生"等政策计划，使乡村彰显出自下而上的勃勃生机，其在乡村内生力的塑造和乡村社区共同体的培育方面值得大陆学习。本文以乡村共同体作为理论框架阐释台湾地区"农村再生计划"的机制特点，并以台北市郊共荣社区为典型案例，深入解析"在农村再生的过程中，农村居民、政府部门及社会资本等如何协力建构乡村共同体，促进社区发展"。最后对如何培育大陆地区乡村社区中的共同体提出了若干思考建议。

【关键词】 乡村振兴　乡村共同体　农村再生　台湾地区

＊ 本文原载于《小城镇建设》2019 年 1 期（总第 356 期）。

致谢：感谢同济大学建筑与城市规划学院城乡规划系张立副教授对本研究的支持及对本文初稿的指导。

本文获"2018 年首届全国小城镇研究论文竞赛"三等奖。

1 引言

农业大国的国情决定了我国历次重大改革主要从农村开始,而随着城镇化水平的不断提高,对乡村问题的认识也经历着不断的深化调整:从2005年十六届五中全会上提出的"社会主义新农村"到以浙江安吉县为样本推广的"美丽乡村建设",再到2017年提出"乡村振兴战略"成为新时代"三农"工作的总抓手;进一步地,2018年中央一号文件《中共中央国务院关于实施乡村振兴战略的意见》对实施乡村振兴战略进行了全面部署,并将坚持农民主体地位、坚持乡村全面振兴作为基本原则之一,强化了乡村振兴战略中的人本意识和社会协作参与的重要意义。可见,对乡村问题的关注实则蕴含着深刻的社会转型意义,而"乡村振兴"作为国家战略,需要全社会的共同参与,需要建立起符合乡村发展规律、科学合理且行之有效的乡村共同体。

在国家乡村振兴路径的探索之中,借鉴发达国家和地区的经验,形成具有中国特色的乡村振兴之路,是未来几十年我国乡村规划和建设发展的方向[1]。而其中,我国台湾地区在进入城市化高度发展阶段后,重新审视乡村价值并改变治理方式,通过"社区营造"和"农村再生"等政策计划,使乡村彰显出自下而上的勃勃生机和多样化的发展特点,其在乡村内生力的塑造和乡村社区共同体培育中的探索经验值得深入研究学习。综上,结合台湾地区现行的"农村再生计划"实践,本文试图探讨以下问题:乡村振兴作为全社会共同参与的行动,各方力量的投入如何建构起有效的共同体作用于乡村发展?在这一过程中,如何确保农民的主体性地位以及充分发挥其自治力量?乡村规划的角色和工作内涵又会发生怎样的转型?

2 乡村振兴背景下的新乡村共同体建构

德国社会学家滕尼斯最早将"共同体"的概念阐释为:在基于自然因素(血缘和地缘)和文化因素(宗教和认同共识)所形成的共同体模型中,人的交往模式依靠"本质意志"联合[2]。而在村庄中这种关系体现得最为密切。这一规律同样符合于中国传统乡村社会，即费孝通先生所总结的"差序格局"，在乡村中"社会关系是逐渐从一个个人推出去的，是私人联系的增加，社会范围是一根根私人联系所构成的网络"。乡村社会的基本属性是建立在血缘及地缘之上的熟人社会网络，是依托内部个体与个体、群体与群体之间的对话关系和"默认一致"的意志诉求所建立的"共同体模型"。这也决定了乡村相较于城市而言具有更明显的"自组织"特征，因而当乡村规划作为外部手段介入时，需要充分注重对乡村社会自组织规律的认识。

而随着城镇化的快速发展，乡村人口的更迭流失与城市要素的流入弱化了传统意义上乡村内部的"共同关系"，使得乡村熟人社会内部的共同价值认同、同质性社会需求及利益结构亦随之发生分化[3]。然而另有学者指出，社区共同体仍然是正常的现代社会的基本资源[4]，而村落共同体要在现代社会保持活力，更需要通过谋求社区外联系、外力量对社区的介入而发展社区[5]，而不是再指望把社会重新"部落化"为一个个孤立的、自我的单位[6]。因而笔者认为，当下社会各界对于乡村问题的共识提供了在新语境下重塑乡村社会结构的契机：即外部力量与内部成员组织相结合，共同完成系统的乡村建设活动，建构新型的"乡村共同体"。

因此，在乡村社区的营造过程中，内部成员之间归属感的修复和内生性力量的培育是构成共同体的基础，并逐步形成乡村社区基层自我管理及协调的自组织系统。与此同时，以政府部门、外界机构、专业人士等构成的外部资源作为推动力量，通过集体行动的方式助力乡村建设。而对于乡村永续的发展来说，尤为关键的是促进乡村内部自主力量的形成，并逐渐使乡村社区具备自力更生、持续运作的能力。

综上，本文所指的乡村共同体拓展于传统乡村社会基于血缘及地缘的共同体概念，将其范围进一步扩大为基于集体行动共同作用于乡村发展的行动者集合，而由此乡村振兴战略实施的本质可理解为"整合内外力量，重建新乡村共同体"（图1）。

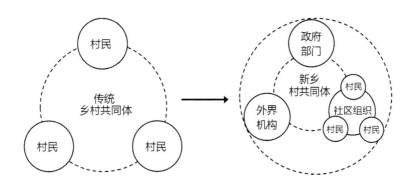

图1 传统乡村共同体向新乡村共同体的模式转变

3 基于新乡村共同体的"农村再生"机制特征

台湾地区农村发展政策的演变历程折射出农村管理由"政府主导"向"民众参与"、由"单一目标"向"综合诉求满足"的管理范式转变[7]。1994年的"社区总体营造"开启了通过自下而上促进社区居民共同参与地方事务的模式先河,并将具有社区向心力的共同体意识在全社会推广;2010年"农村再生计划"出台,延续了社区营造政策中的乡村发展协力伙伴的编制方式[8],构建"农村社区—地方政府—地区行政主管部门"双向并行的推动机制(图2)。以下从农民主体、政府支持和外部效应三个方面予以阐释。

3.1 农民主体:社区赋权、自主自治

农村再生的精神在于社区自主,村庄"农民"作为计划主体承担如下义务:共同参与乡村社区事务、自主研拟社区发展计划和自行维护乡建成果,因而"农村再生"中新乡村共同体的培育以强化内生发展力量为先行基础。

3.1.1 培根教育厚植认知基础

农村地区普遍面临人口老龄化、知识水平不高、缺乏专业技术指导的现实瓶颈,因而人力资源培训、提高认识是培养共同意识的基础。农村再生相关办法规定,农村社区在拟定农村再生计划前,需先接受四阶段共92小时

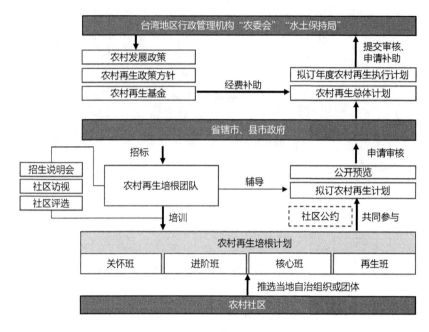

图2　农村再生计划执行机制

(2017年后调整为68小时)的培根计划课程教育。参与人数根据社区规模而定,而授课内容则循序渐进从政策宣导、认识社区、技术辅导到凝聚共识拟定社区发展愿景,包含核心课程及自选课程,后者为社区根据自身发展特点,自主申请所需的专题课程(表1)。

表1　培根计划各阶段课程内容(原92小时)

班别	核心课程	自选课程
关怀班 (6hr)	农村再生计划及相关内容介绍(3hr)	农村发展案例分享 初步社区议题工作坊
进阶班 (26hr)	社区资源调查与社区地图制作(3hr) 农村发展课题与对策或农村优劣势分析(3hr) 农村营造经验观摩研习(8hr) 社区组织运作实务与讨论(3hr) 共计17hr	农村营造概念及各项发展实务介绍 认识社区防灾 农村文史资料调查 气候变迁与低碳社区 农村营造操作技巧与方法 生态社区概念与实务 政府资源寻找及运用

（续表）

班别	核心课程	自选课程
核心班 (36hr)	社区愿景分析及具体行动方案规划(3hr) 社区计划实务操作讨论及辅导(3hr) 农村美学(3hr) 农村再生社区公约(3hr) 社区雇工购料或活化活动实作(12hr) 共计24hr	社区防灾规划 农村社区产业活化 农村多元发展规划 农村再生条例相关子法规介绍 农村再生计划初步讨论 低碳社区实践方法
再生班 (24hr)	农村再生计划讨论及修正(3hr) 社区会议召开技巧实务操作(3hr) 社区计划现场实做辅导(12hr) 共计18hr	其他与农村再生相关课程

资料来源：台湾地区行政管理机构"农委会"2010年发布的农村再生相关办法。

对于农村社区而言,培根计划不仅是对村民教育启蒙的开始,更是长期的辅导与陪伴。共同授课的形式提供了成员内部互动沟通的契机,在交流讨论中逐步凝聚社区共识,形成对自身家园的认同感,并培养社区自主发展意识,辅以培根团队的指导,将自主意识进一步系统化为发展计划。从调研的社区情况来看,社区成员的个人能力在培根的过程中得到显著提升,因而培根教育的价值体现在:凝聚社区共识、培植在地人才、协助找回乡村的生命力与价值。

3.1.2 在地组织凝聚内生力量

农村再生相关办法要求,再生计划须经社区居民共同讨论研究后,经由在社区立案组织自发提出及研拟计划书,这也决定了农村社区必须在共识基础上自发地成立村民组织,以之作为乡村集体行动的决策领导核心,同时也是乡村社区内部共同体的具象体现。初步调研发现,多样化的村民组织是台湾地区乡村社区的共有特点,而其中立案组织主要分为行政体系下里长(或村长)所带领的法定基层自治组织,以及由村民团体自发参与、组织形成的社区发展协会两种类型。二者或择其一或合作共存,在组织社区会议、汇总村民意见、"农再"计划的推进和后续经营维护中起到关键作用。此外,社区组织通过内部资金积累机制创立社区发展基金,以供公共支出及照顾社区弱势群体所用。因而在社区成长过程中,在地组织通过积累参与公共事务的能力与资源,不断凝聚强化乡村建设的内生动力,带领社区走上独立运作。

3.1.3 社区公约形成自治规约

从治理的角度来看,共同体的形成不仅是凝聚乡村社区内部团结的精神纽带,同时也是一种自组织机制,通过制定团体规则和集体监督机制走向"永续经营"。农村再生计划对于共同体自治规律的认识亦是如此,对农村的公共设施、建筑物及景观,村民可共同制定社区公约一同管理维护,建立内部规范以形成自主管理。

在农村再生计划中,总结乡村社区内生力量的促成规律为:以培根教育提升基本认识和营建能力、以村民组织凝聚共识带领集体行动、以社区公约形成自治制度,使农村社区从零散到具备集体行动能力,完成了对"人"的意识改造和共同体精神的培育。

3.2 政府支持:配套补助、陪伴成长

以台湾地区行政管理机构"农委会""水土保持局"为牵头、县市政府相配合的相关机构,在农村再生计划机制中主要起到资金、技术支持和引导审核计划、协助社区发展的作用。

3.2.1 经济支援,专款专用

"农村再生"计划设置再生基金专款专用,分十年编列1 500亿元(新台币)补助农村计划,于农村社区提出年度执行计划并得到审核后,由水土保持局直接下发至农村社区。因而资金的补助作为外部力量提供乡村发展的原始"共有财",也极大地鼓励了社区共同体的促成。值得一提的是,再生基金的补助类型有一定的限制:对于社区可自立营造的部分,鼓励村民雇工购料自主完成施工;而需要高度专业与技术性的工程项目,则由社区提出发展愿景、公部门规划协助完成。因此,在乡村公共设施改善建设过程中,可以看到乡村民间智慧与"空间学科背景的专业机构"的高度融合,其合力营建的成果也是"出自乡土"的(表2)。

表2 农村再生基金补助项目

整体环境改善	基础设施建设	文化保存及生态保育	产业活化
闲置空间再利用、意象塑造、环境绿美化及景观维护等设施	自用自来水处理及水资源再利用设施	传统建筑、文物、埤塘及生态保育设施	产业资源调查

（续表）

整体环境改善	基础设施建设	文化保存及生态保育	产业活化
人行步道、自行车道、社区道路、沟渠及简易平面停车场	污水处理、垃圾清理及资源回收设施	水土保持及防灾设施	产业辅导培力
公园、绿地、广场、运动、文化及景观休闲设施	网络及资讯之基础建设		产业人才培育及观摩研习活动
农村社区老旧农水路修建	照顾服务设施		农村社区产业促销及推广活动

资料来源：根据农村再生相关办法第12~14条整理所得。

3.2.2 引导发展，软硬兼顾

社区环境是由物质环境、制度环境及文化环境三方面耦合而成[9]。对于硬件环境的完善，结合政府、专业机构及社区团体分别承担公共物品的建设与维护，而对于软体环境的营造，是政府协力作用的体现。依据农村发展特色与文化资产，政府部门充分发挥平台效益，协助社区组织农村宣导和乡村体验交流活动，在人力支援、物资筹备及活动推广辅助方面，对农村社区开展休闲农业和乡村旅游及社区公共活动给予支持，共同营造地方发展特色。调研信息显示，继培根课程之后，各级政府在农村社区间积极开展农业相关的培训交流会，为社区提供源源不断的知识动力。

3.3 外部效应：跨部门、跨领域、跨社区的多样合作

如果说农民主体和政府支持建构起来的乡村共同体是1.0架构的话，2017年"农村再生"计划则进入到2.0架构。其主要特点是：扩大多元参与、强调创新合作、推动友善农业及强化城乡合作等四大主轴[10]。在政府领导层面，扩大不同单位的分工合作，各司其职指导农村不同方面的发展；在社会参与层面，鼓励创新与跨领域合作的全民参与，导入更多外部专家提供咨询协助，持续陪伴农村社区成长；在区域发展层面，不再局限于单一社区，更加强调横向整合与联合农村社区共同发展。由此完成了"农村再生"下，内外合力的新乡村共同体架构（图3）。

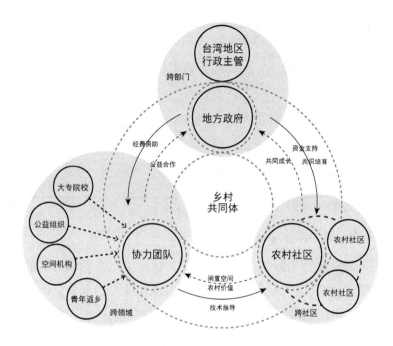

图 3 "农村再生"下的新乡村共同体架构

4 新乡村共同体实践——新北市三芝区共荣社区的案例

　　新北市三芝区共荣社区(八贤里)是台湾地区北部传统的农业社区,土地面积 2.1 平方公里,常住人口不到 300 人,在土地休耕政策后面临农地抛荒、环境破坏严重的问题。自 2005 年起由"水土保持局"辅助社区参与"农村再生"培根教育,在社区原居民"能人"的带动下组建社区组织,不断凝聚自生力量营造共同体意识,大力恢复了社区生态环境并荣获金牌农村称号,其农村再生工作取得了显著的实践效果,新乡村共同体得以成功建构。

4.1 农村社区再生过程

4.1.1 核心成员带动组建社区组织、培育内部力量

　　为配合推动农村再生计划,在原有发展协会之外,由退休返乡教师等当地知识分子先后筹组成立"三芝区关怀社区协会"及"八连溪农村再生促进会",成为社区行动核心成员。初期积极宣导并广泛动员村民参与培根教

育,发展内部共识、带领村民进行社区资源调查、共同商讨社区发展议题及撰写农村再生计划(图4、表3)。在推行友善耕作的过程中,核心成员往往自发以自家农田为优先实验对象,进一步扩大其示范作用,建立内部信任。

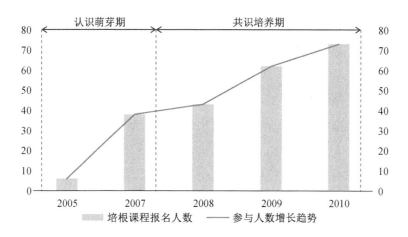

图4　共荣社区培根教育参与情况
资料来源:《共荣社区农村再生计划》。

表3　三阶段培根教育代表性课程

培根年度	代表性课程	授课单位
2008	自然农法的经营理念与实务操作	淡水大屯溪幸福农庄经理
2009	农产品有机生产与验证管理	农委会农粮署农业资材组
2010	农村文化资产认识	南投县桃米社区

　　除立案组织外,社区依不同功能成立了多元化工作坊,如社区联合组织八连溪里山工作坊、友善耕作产销合作社、无毒生产工作坊等,对分区发展项目进行分工协作、自主管理。因而以协会为中心,有效整合了各类自治组织团体并发挥其长,促进与激活更多在地民间创意。在社区营造过程中,社区协会每周组织开展村民会议,制定月度工作计划并公示,经由农村居民共同监督提议,持续培育内部发展动力。

4.1.2　循序渐进推进社区工作,分阶段扩大共同体

　　共荣社区再生计划的推进过程反映了乡村再生和乡村共同体建构具备

阶段性、动态调整的特征。在社区初拟发展愿景时,利用开放式问卷调查汇集社区居民诉求,并制定近期、中期及远期的发展目标,将农村再生按步骤有序推进。其行动逻辑依次为：农民培根教育—土地净化与生态复育—整体环境改善—有价值的历史文化保存—推动无毒生产和有机耕作—成立农夫学堂持续推广教育活动,设置农夫市集消费据点促进农民增收,至最后一阶段结合八连溪上下游社区共同开展里山生态村计划。前期重点投入于基础设施和物质环境的改善,政府资金及"水土保持局"、顾问公司等专业机构介入辅导村民营造技术和工程规划。其中雇工购料部分大多由社区成员自主施工完成(如闲置空间改造、灌水沟渠的修缮与维护等),使在地村民各司其长,也增加了社区融入感;后期逐步进入深化阶段,主要涉及既有农业产业的活化、改良耕作技术、挖掘乡村的生态价值等。社区进一步成为研究和教学活动场所,大专院校等学术团体走入农村,共同学习和指导农村生态环境守护;地方政府则委托相关工作室协助社区办理知识经济活动(生态及农事体验营等),同时以制作纪录片、绘本等方式扩大社区宣传通道。

4.1.3 形成跨域整合,逐步走向独立自主、永续经营

随着工程项目的减少和自身发展的成熟,社区逐渐脱离政府的资金协助,进而凭借社区组织的自治能力举办对外活动,如培训在地解说员、社区自行开展行销、推广活动等。而社区的发展目标则不局限于昙花一现的参访热潮或乡村旅游的引入,而是努力践行联合国的"里山倡议",期许人与土地的友善共存,通过凝聚永续发展的共识,结合三生一体的长远目标进行规划,使农村社区具备持续发展的魅力。

在呈现阶段性再生成果后,共荣社区的实践也成为社区模仿学习的典范,因而社区成员在促进会及三芝乡关怀协会的带动下,主动将经验推广,协助八连溪上下游社区共同发展,在水源保护、封溪护养、友善耕作、农作物产销通路等议题上,建立合作共享机制,将目标和价值进一步扩大,促成以八连溪为主轴、以八连溪农村再生促进会为联系纽带的跨域农村社区共同体,同时也形成社区间居民互助合作的友好关系。

4.2 新乡村共同体的促成规律透视

共荣社区经过十余年持续的农村再生努力,成功构建了稳定的新乡村

共同体发展模式(图5)。更为重要的是,社区组织逐步减少了对政府部门及社会资本的需要,培养了强烈的社区共识及认同感,村民参与乡村公共事务的自觉性与主动性也大大提高,建立了可持续发展的社区自治治理机制。其乡村共同体的促成规律可从以下不同层面进行剖析。

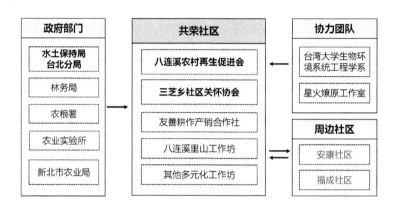

图5 共荣社区乡村共同体关系

4.2.1 农村社区层面——内生力量培育

共荣社区的再生经验显示,从"人"入手、凝聚社区农民共识是建立乡村共同体的基础,通过阶段性集体行动不断培育的内生力量将贯穿社区发展的全过程,而成功的共同体构建将会最终导向社区走向独立自主共治。通过核心成员的动员征召,农村居民不再只是各自独立的角色,而是转换成为参与农村再生运作的领导者、规划者或实践者等互相影响且具有高度联系的内部网络,透过社区组织进行群体决策,因而乡村建设的成果凝聚了社区居民的共识。

4.2.2 政府部门层面——外部力量推动

政府由治理角色转型为参与农村再生运作的协同者,在不同阶段根据社区发展的需要,提供不同方式的辅助支持。以水土保持局为主要部门,动态地调动各部门及外界团队的技术资源,推动农村持续成长,因而政府与农村社区表现为长期的"伙伴关系"。

4.2.3 协力团队层面——社会资本协助

评判社会资本介入是否有利乡村发展一个标准,是看其能否转化为乡村发展的内生动力。共荣社区在农村再生计划中对社会资本的引入主要体现在对村民营造技术的培训、复杂工程项目规划和新型耕作方式的指导,避免了财团法人的介入及外包规划工程的负面影响,社会资本以协力和辅助的方式嫁接在乡村内生发展的循环过程中,从而为乡村带来整体水平的提升。

4.2.4 外部效应层面——社会效益增值

乡村共同体的构建有效地促进了社区全方位的再生,也影响了附近社区起而效仿,形成了良好的带动效益,建立了跨社区的合作机制。此外,乡村社区也产生了学术研究、生态体验、休闲农业等外部经济效益,进而逐步提升了社会对乡村价值的认识。

5 对大陆乡村振兴战略实施的启示

5.1 重塑认知价值,培育新乡村社区共同体

乡村振兴强调乡村村民的主体性,村民认识到自身对村庄社区资源和事务具有决策和支配权具有重要意义。目前乡村规划公众参与机制尚不完善,导致村庄居民有改善村庄环境的强烈意愿,但由于体制的不健全与政府的强势干预而无法有效参与[7],因而首先要完善乡村治理架构,让村民自主提出社区发展愿景,切身参与到乡村的营造建设中,在实践中学习和提升农村建设方法并逐步培养本地人才。

台湾农村再生经验也显示,应充分重视对乡村村民的认知教育和乡建意识的动员,由此对村民打开乡建工作的大门,并激发社区成员将民间智慧与生活经验融入社区公共事务的营造过程中,以培养乡村社区的新共同体精神。

5.2 构筑开放性的乡村建设平台,促进多方合作

乡村建设是涉及多方面和多个领域的系统性工程,促进乡村内部社区新共同体形成、引导其良性发展,需要来自外部力量的支撑。片面地只依赖和强调村民、政府或其他社会力量中的某一方,都不能完成整个社区营造的建设过程[11]。地方政府在乡建初期应当起到关键的政策动员和村民教育作用,在社区发展逐步成熟的条件下,搭建开放的乡村建设平台,吸纳社会组

织、专家学者和技术团队等协助和推动乡建活动的开展,结合各界力量构建有效运作的乡村共同体。其次,通过在资金、人力、技术上的扶持,促进社区间的互动交流,营造一个良好的外部环境。

5.3 转换规划师的角色,从蓝图绘制到协力参与

对于乡村社区来说,乡村规划是空间技术手段,更是一次乡村社区运行机制的变革。在以农民为规划主体的前提下,规划师或建筑师的角色和工作内容都面临着转换。首要的是认识到乡村社会所特有的"自组织"特征,每一个规划决策都影响着公共利益的分配和社会关系的转变。因而以规划师为代表的社会机构应当建立与基层民众的交流互动,把乡村的提升计划与当地村民的自我身份认同联系在一起,触发乡村社会的家园意识觉醒[12]。在搭建价值认同的基础上,为乡村社区的规划建设提供咨询与辅助计划,与本地村民形成合作亦分工的"伙伴关系",以沟通者和协力者的身份介入乡村建设规划。

6 结语

乡村规划不只是一个制定并执行规划的过程,还是一个全社会共同参与并实现乡村活力再生的过程。当我们回顾并深刻认识乡村社会的发展时,其本质是紧密联系的自治群体,乡村建设活动也就是一场基于在地关系的乡村共同体建构。本文在传统乡村共同体理论基础上,结合台湾地区"农村再生计划"的机制特点,提出了构筑"新乡村共同体"的设想,并探讨了在台湾农村再生的语境下,以农村社区为主体的内生力量如何与以政府部门、外界协力团队等构成的外部推动力量相互结合,并作用于乡村的成长过程中,从而实现新乡村社区共同体的构建。台湾地区的"农村再生"实践,为大陆地区乡村振兴中新乡村共同体模式建构提供了探索经验。

参 考 文 献

[1] 张立.乡村活化:东亚乡村规划与建设的经验引荐[J].国际城市规划,2016,31(6):1-7.

［2］徐浪.生命经验的交换——关于乡建的独白［J］.城市中国,2017(7)：54-63.

［3］方冠群,张红霞,张学东.村落共同体的变迁与农村社会治理创新［J］.农业经济,2014(8)：27-29.

［4］毛丹.村落共同体的当代命运：四个观察维度［J］.社会学研究,2010,25(1)：1-33,243.

［5］Gene F. Summers. Rural Community Development［J］. Annual Review of Sociology, 1986(12)：347-371.

［6］J. Boissevain. J. Friedl, eds. Beyond the Community：Social Process in Europe ［M］. The Hague：Department of Educatioral Science of the Netherlands, 1975.

［7］刘钊启,刘科伟.乡村规划的理念、实践与启示——台湾地区"农村再生"经验研究［J］.现代城市研究,2016(6)：54-59.

［8］蔡宗翰,刘娜,丁奇.台湾地区乡村规划政策的演进研究——基于经济社会变迁视角［J］.国际城市规划,2016,31(6)：30-34.

［9］陈剩勇,于兰兰.网络化治理：一种新的公共治理模式［J］.政治学研究,2012(2)：108-119.

［10］台湾地区行政主管部门农业委员会.农村再生 2.0 创造台湾农村的新价值［EB/OL］.（2017-03-06）［2018-06-08］. http://www. coa. gov. tw/ws. php? id=2506098.

［11］周颖.社区营造理念下的乡村建设机制初探［D］.重庆：重庆大学,2016.

［12］施卫良.乡村规划在社会动员当中的作用［J］.小城镇建设,2013,31(12)：34. doi：10. 3969/j. issn. 1002-8439. 2013. 12. 006.

［13］余侃华,刘洁,蔡辉,等.基于人本导向的乡村复兴技术路径探究——以"台湾农村再生计划"为例［J］.城市发展研究,2016,23(5)：43-48.

［14］刘健哲.台湾村民参与农村再生问题之探讨［J］.台湾农业探索,2015(4)：1-5.

［15］许远旺,卢璐.中国乡村共同体的历史变迁与现实走向［J］.西北农林科技大学学报(社会科学版),2015,15(2)：127-134.

［16］申明锐,张京祥.新型城镇化背景下的中国乡村转型与复兴［J］.城市规划,2015,39(1)：30-34,63.

［17］刘明德,胡珂.乡村共同体的变迁与发展［J］.成都大学学报(社会科学版),2014(3)：20-28.

［18］张晨.台湾"农村再生计划"对我国乡村建设的启示［C］//中国城市规划学会.多元

与包容——2012中国城市规划年会论文集(11.小城镇与村庄规划).北京:中国城市规划学会,2012.

[19] 刘健哲.农村再生与农村永续发展[J].台湾农业探索,2010(1):1-7.

[20] 周志龙.台湾农村再生计划推动制度之建构[J].江苏城市规划,2009(8):9-12,8.

后生产主义时代比利时乡村空间发展特征、机理与对中国乡村规划的启示*

赵立元

（东南大学建筑学院）

【摘要】 本文首先简要回顾了欧洲发达国家乡村从生产主义向后生产主义转型的背景和内涵。然后，以比利时弗拉芒地区典型村镇为例，从微观角度总结后生产主义时代欧洲乡村空间的发展特征，包括多样化的乡村产业空间、友好平衡的生态空间、鲜明的乡村性特征与地方特色、完善高水平的公共设施建设、丰富多样的乡村空间功能和有机交织的城乡空间关系。进一步，从宏观角度解析内在的实现机理，认为经济社会发展阶段变化、福利国家政策作用的延续、促进农业农村发展的引导政策、利于城乡要素双向流动的产权制度和分权化的管理体制五个方面的因素共同促成了城乡融合发展的局面。最后，结合比利时乡村空间发展经验，基于我国现实基础，从乡村规划的角度提出改进的建议。

【关键词】 乡村规划 空间发展特征 后生产主义 比利时 弗拉芒地区

1 引言

党的十九大提出实施乡村振兴战略，实现城乡融合发展成为国家明确

---

* 本文原载于《小城镇建设》2019 年 3 期（总第 358 期）。
本文获"2018 年首届全国小城镇研究论文竞赛"鼓励奖。

的政策导向,乡村规划也成为城乡规划研究和业务拓展的热点领域。

欧洲工业化和城镇化已有两百多年历史,积累了丰富的经验和教训,实现了高水平现代化和城乡融合发展。在 2012 年,时任中国副总理李克强和欧盟委员会主席巴罗佐签署《中欧城镇化伙伴关系共同宣言》,提出要在立足国情基础上汲取欧洲现代化国家的科学理念与先进经验,在城乡一体化发展等数十个领域加强中欧之间的合作交流[1]。欧洲国家在城乡发展方面的经验无疑对中国有重要借鉴价值,既有研究已关注到其在乡村社区建设、小城镇发展、特色小镇政策等领域的有益探索[2-5],然而当前欧洲城乡融合发展局面的实现并非没有波折,而是经历了由生产主义向后生产主义的转型。

20 世纪 90 年代初至今,后生产主义成为欧洲乡村研究的重要概念。有学者认为从 20 世纪 80 年代开始,西欧发达国家开始从生产主义转向后生产主义[6],对于其概念内涵、特征有很多的讨论和争论[7-9]。近年来国内学者也尝试将该概念应用于中国的乡村研究,认为中国东部发达地区,特别是大城市周边乡村,以旅游村庄发展为标志也出现了后生产主义的转向[10-15]。不过,国外后生产主义语境中的乡村研究多是对发达国家乡村发展趋势的宏观叙述,如何将其接入中国语境尚有距离。国内研究则聚焦在某些特定类型村庄,对我国乡村的总体性变化认识明显不足,对后生产主义概念内涵的把握也存在偏差。另外,从城乡规划角度可以从欧洲经验中学习到什么以支持我国的规划实践也需要更细致研究。

鉴于此,本文首先回顾欧洲乡村从生产主义向后生产主义的转型过程,尝试总结后生产主义的核心内涵;然后,以比利时弗拉芒地区为例,从微观角度总结后生产主义时代欧洲乡村空间的发展特征,并从宏观角度解析其实现机理;最后,借鉴比利时乡村发展经验,对我国乡村规划的改进提出建议。

2 从"生产主义"到"后生产主义"的欧洲乡村

因为战争对生产力的破坏,"二战"结束时欧洲几乎所有国家都出现了粮食、纺织品等基本生活物资的短缺,战时国家间的军事封锁造成的食物恐慌也让欧洲国家意识到粮食自足的战略意义。因此,从 1945 年开始欧洲各国都采纳了农业现代化发展路径,粮食自给自足成为国家绝对优先目标,通过农业机械化、规模化经营,增加化学肥料和农药使用,提供农业补贴、粮食最低收购价格保障等政策,不断增加粮食和纤维的产量,解决国家的物资匮乏问题。但是从 20 世纪 70 年代开始,该路径的负面影响开始显现,大量肥料和农药使用带来了严重的环境污染和生态退化问题,对农业的大量补贴产生了很大财政压力,另一方面却是粮食的过量生产[6,16]。在此背景之下,欧洲国家开始探寻不同的农业发展路径,有学者将前述"现代化"的农业发展概括为生产主义的,并提出向一种更加注重生态、健康、安全和环境友好的后生产主义路径转变,这在英国和北欧较早被注意到,之后在西欧发达国家被广泛接受并进入实践层面[17,18]。

乡村发展的后生产主义概念自 20 世纪 90 年代开始在欧洲广泛使用,然而,对生产主义与后生产主义的概念,学者们并未达成共识,不过对其内涵特征有一些代表性的总结,如 Ilbery 认为生产主义农业的特征是集约化、集中化、专业化,而后生产主义农业的特征是松散化、分散化和多样化[7];Wilson 从意识形态、参与主体、食物管理、农业生产力、农业政策、农场技术、环境影响七个维度辨析了两者的差异[8];Evans 从五个范畴分析后生产主义乡村的特点,包括食物生产从注重数量到质量的转变、农业多样化与非农就业人数的增加、通过农业环境政策实现松散化和可持续的农业、农业生产模式分散化、环境控制和政府支持农业重构[19]。对后生产主义概念的批判也有很多,包括其概念设定是英国和西北欧国家、它只关注了农业而忽视了林业和农地利用问题、概念界定模糊、缺乏实证证据等等,但也有学者认为后生产主义的概念有重要意义,并实证了其在农业之外的可用性[9]。

通过追根溯源和有关研究的梳理,本文认为欧洲语境中的乡村后生产主义转型,实际上意味着一种系统性的发展范式变化,是乡村区域发展的一种高级状态。它不仅意味着农业生产方式的变化——从追求最大产出的规模化、机械化、化学化、科技化农业向重视适量产出、多样性、生态友好的农业转型,更加意味着对乡村空间多功能转变的正视、对乡村社会人口结构变化的积极回应。同时,它还隐含着一种环境观的根本转变,从把自然环境视为纯粹的被人类剥夺、消费的外在客体或经济要素,转向把人类作为自然环境的一环来看待。无疑,对于新时代的中国乡村发展,这种转向同样是必须的。

3 比利时弗拉芒地区概况与研究对象

自 20 世纪 90 年代开始,尤其在西欧,这种乡村发展的后生产主义概念已经从理念进入了真实的政策系统,并且深刻地改变了这些国家的城乡空间。比利时是西欧发达国家,面积约 3 万平方公里、人口 1.1 千万,城镇化水平高达97.3%,全国分为三个大行政区,分别是南部的瓦垄大区(法语区)、北部的弗拉芒大区(荷兰语区),以及位于中部的布鲁塞尔首都大区。因为被弗拉芒大区包围,通常布鲁塞尔大区也被算入弗拉芒地区,该区域是欧洲人口密度最大的地区、城乡融合发展水平很高,是已经进入后生产主义时代的典型区域。

本文选择弗拉芒地区布鲁塞尔、鲁汶、布鲁日三个城市影响下的 10 个典型村镇,以及鲁汶到马赫伦运河沿岸的乡村地区作为案例。研究方法方面,首先借助笔者在比利时天主教鲁汶大学一年的交流学习机会,通过对案例地区的日常观察、生活体验和对居民的少量访谈,主要从乡村产业空间、生态空间、乡村特性与地方特色、公共设施建设、乡村空间功能及城乡空间关系六个方面总结其发展特征;然后结合对大学专业研究人员的访谈和文献阅读,理顺这些特征实现的内在机理。

4 后生产主义时代弗拉芒地区乡村空间发展特征

4.1 多元化的乡村产业空间

当前弗拉芒的乡村呈现出多元化的产业发展特征。农业以种植业和畜牧业为主,其中种植业以种植谷物、蔬菜、水果的中等规模家庭农场为主(几公顷到数十公顷不等),整个生产过程从播种、田间管理、收获到加工存储几乎完全机械化(图 1a);因为有大量草地,畜牧业很发达,生产的优质畜牧产品不仅满足本国需要,奶酪、牛肉等还有很多向外出口。需要说明的是,有学者认为后生产主义时代农业生产导致了国家粮食生产不足而须依赖进口的问题[20],但从笔者与当地专家的交流中得知,本国粮食自给度不高的主要原因并不是农业生产方式变化导致的,而是因粮食种植收益偏低,农民倾向让农地处于休耕状态,这并不是土地产出能力退化而是藏粮于地。

服务业是弗拉芒乡村地区最重要的产业,大部分村镇都有面向游客的宾馆、餐馆、结合农场的酒吧及拓展活动场地等消费性场所,游客在农场中运动、社交、品尝地方啤酒,同时还能亲近田园风光(图1b);另外有一些生产性服务业在乡村地区分散布局,如艺术家私人工作室和企业办公室。

乡村地区还保留有一些工业,大都是传统的、对环境影响比较小的制造业,最为典型的是啤酒酿造厂,比利时有数百个知名精酿啤酒品牌和数千个小型啤酒酿造作坊,绝大部分都位于乡村区域,以传统工艺酿造各具特色的地方啤酒(图1c);另外,乡村地区也有一些建材工业为农村住宅建设提供必需的材料。

a 规模化玉米田　　　　b 与农场结合的民宿　　　　c 乡村中酿酒厂

图1　弗拉芒乡村地区典型多样化的产业发展

4.2　友好平衡的生态空间

弗拉芒地区的乡村的生态空间保护很好,具体表现在三个方面。首先,整个乡村区域保留有大量自然空间如大片的天然低洼地、成规模的森林公园和密集的天然水系,这些自然空间为生态系统的自我修复提供了充足空间(图2a)。其次,农田中间或者边缘会保留野生动物的栖息地,通常是一片灌木丛或有少量乔木的树林,野生动物可以在其中繁衍生息,在农民使用农业机械在田间作业期间,这里还可以成为野生动物的庇护所,田野中经常见到鹰、猫头鹰、雁、野鹿等野生动物,说明食物链很完整(图 2b)。另外,在聚落内部也为动物保留了很多空间,村镇中常见为蝙蝠、蜻蜓、蜜蜂等设置的人工设施(图 2c)。

a 干净清澈的水道　　　　b 农田中保留非生产用地　　　c 村镇内为昆虫保留空间

图 2　弗拉芒乡村地区典型生态空间

因为乡村生态系统中植物多,所以区域空气质量很好,又因为生态系统食物链很完整,有效地抑制了害虫的数量,进一步减少了化学药物的使用,实现了生态系统的良性循环。

4.3　鲜明的乡村性特征与地方特色

弗拉芒乡村区域的村镇总体上保留了中世纪以来的格局,空间组织基本上都是以教堂、市政厅为中心,教堂广场既是集会场所也是贸易集市,广场周边散布餐馆、酒吧、食品店、银行、理发店等,居民住宅围绕这些基本要素向外扩展。

众多的聚落镶嵌在广袤的农田和树林中,田园牧歌的特征非常鲜明。建筑样式重视保持低地国家民居的特有立面和屋顶式样,只是在聚落最外围的少量新建住宅,形态会有一些实用性改造和前卫设计,但色彩、高度等保持统一的建筑话语,维持着整体的特色风貌(图 3a)。

此外,弗拉芒地区乡村还很重视历史遗产的保护,除了自中世纪就已存在的教堂,经常会在村庄中看到被保护起来的历史悠久的断壁残垣、旧水坝和风车等遗迹,有历史事件发生的村庄还会专门设置纪念碑,这些细节的工作为维护乡村聚落的个性、记录各个村庄的发展历史有很大作用(图 3b、3c)。

a典型村镇景观

b被保护的历史遗产

c村镇中的纪念碑

图3　弗拉芒地区聚落景观和历史遗产

4.4　完善且高水平的公共设施建设

弗拉芒乡村区域有完善高水平的公共设施(图4)。道路交通方面,区域内轨道交通网络密集,主要市镇都有轨道交通串联;乡村区域的公路、运河和自行车慢行系统建设水平高且通达性非常好;城乡公共交通系统完善、线路密集,基本每个居民点都有很好的可达性。

a村镇中交通系统

b村镇市政管线系统

c村镇垃圾分类回收

图4　弗拉芒地区典型村镇的公共设施

镇村公共服务设施也很完善,教堂、医疗卫生、教育(幼儿园和小学)在每个市镇和规模稍大的村庄都会配备,市镇政府所在地基本都设有文体中心、体育馆、图书馆等公共设施,品质与大城市差距很小。市政基础设施包括上下水、电力、网络、燃气、垃圾分类收集处理等都与大城市标准基本相同。

4.5　丰富多样的乡村空间功能

当前弗拉芒乡村区域除产业发展、生态涵养、历史教育与社区归属感营造功能外,还有其他多样的功能,如居住、运动休闲、教育等等。因为公共设施完善,居民生活在乡村地区和城市中并没有太大落差,且因为生态环境优越、亲近自然,中产阶级更倾向在城市工作但在村镇居住(图5a)。

另外,因生态公园众多且慢行系统完善,乡村还是居民体育运动的重要场所,日常随处可见跑步、骑行、划船的市民,游泳、滑冰、马术等竞技运动也很多在乡村地区开展(图5b)。

乡村还是重要的教育场所,学校会经常组织中小学生到乡村认识大自然,农场也会邀请家长带着孩子参加果园开放日,让孩子们到农场参观,认知食物如何生长、从农场进入超市和家庭餐桌的各个环节,在这个过程中孩子会体悟与自然世界的相处方式(图5c)。

a 典型乡村民居　　　　b 乡村划船和骑行的人　　　　c 乡村果园开放日

图 5　弗拉芒乡村地区空间多功能使用

4.6　有机交织的城乡空间关系

弗拉芒地区的乡村和城镇空间紧密交织,城镇紧密嵌入在乡村的图底之中,从城镇到乡村并没有明显的跳转,城镇空间自然渗透进乡村,乡村一些功能空间也会和城镇互相交融,两类空间大都是无缝衔接。

例如,鲁汶市环城道路的东南角有一个修道院农场,同时也是城郊公园,该农场生产燕麦、土豆和饲养奶牛,农场旁的湖中有大量的野生鸟类,湖边的树林还有很多的野生动物和昆虫,城市居民的住宅和后花园紧挨着这片农场,一路之隔就是城市大型体育场馆和大学研发空间,不论是功能上和景观上都没有泾渭分明的城乡分割(图6)。

图 6 　鲁汶市周边城乡融合的典型区域

5　后生产主义时代弗拉芒城乡空间融合发展的实现机理

在后生产主义时代，比利时弗拉芒地区的乡村空间在多个方面实现了良好的城乡融合发展，本文尝试从核心驱动、牢固基石、推动力量和重要保障四个方面来分析其实现的内在机理（图7）。

5.1　核心驱动：经济社会发展阶段变化带来的居民需要变化

在20世纪70年代比利时国民经济社会发展阶段演进所带来的居民需求变化，是城乡空间融合发展的核心驱动力量。从"二战"结束到1973年石油危机之前，整个欧洲都在快速恢复，比利时也在这段时期达到了很高的现代化水平，工业发展从追求规模效率的"福特主义"进入强调个性化生产/消费的"后福特主义"时代。

生产力的提高增加了居民闲暇时间和收入水平，形成了一个数量很大的中产阶级。新兴城市中产阶级对居住环境改善的需求强烈，同时，家庭小汽车的普及则大大破解了居住/工作的时空限制，最终城镇人口大量向乡村迁移。随着数量越来越多的城镇中产阶级进入乡村，彻底改变了乡村社会

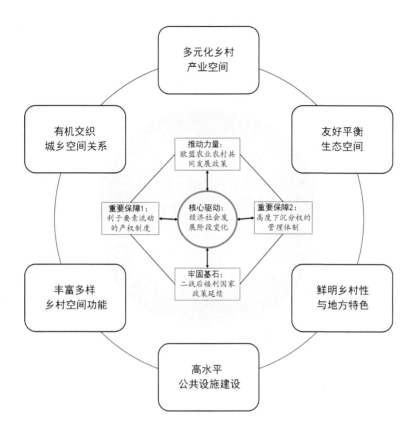

图7 后生产主义时代比利时城乡空间融合发展实现机理

的人口结构,人们对乡村田园牧歌的想象最终超越了乡村农业生产的优先地位,乡村空间的生态化、地方特色、多样利用等成为人们重点关注的内容。

5.2 牢固基石:"二战"以来福利国家政策作用的延续

和大多数西欧国家类似,"二战"后比利时也采取了福利国家政策,凯恩斯主义的政府干预渗入经济社会生活的方方面面[21],其中比较重要的有:①国家基础设施,特别是道路交通系统向广大乡村腹地延伸,该行动大大改善了村镇公共设施服务水平;②政府提供住房补贴,鼓励国民到郊区、乡村地区建设住宅;③高度重视社会公平,法律设定最低小时工资,形成了公平的分配制度,该政策帮助大部分家庭成功进入中产阶级行列;④福利国家强大的工会,通过谈判将工人工作的时间限定在一个比较低的水平(30～40小时/周),人们有了大量的闲暇时间,进一步增加了人们寻找休闲空间的需要。福利国家的有关政策为中产阶级的形成、各种非农业活动进入乡村提供了物质基础,同时为人们工作生活在区域上的分离提供了时间和财力基础,中产阶级群体进入乡村腹地成为普遍现象。

5.3 推动力量:促进农业和农村共同发展的引导政策

比利时政府施行的是欧盟共同农业政策(Common Agriculture Policy),这个政策所追求的目标是后生产主义所倡导的,包括可靠的粮食生产、自然资源可持续管理和区域均衡发展,为了实现这三大目标,政策设定了两大支柱。

第一大支柱主要针对农业发展,具体包括国家直接支付和市场支持两方面。其中国家直接支付是强制性的,按政策,政府30%的直接支付需用于支持农民保护永久性草地、生态重点区和作物多样性。例如,农民保护自然环境和生物多样性可以获得补偿;农业作物多样性,要求10公顷以上农场要种植两种以上作物,30公顷以上农地需种植三种以上作物,且每种作物的最大和最小比例都有要求;面积大于15公顷的农场中还必须预留5%的不开发生态重点区域。另外,国家还有2%的农业资金用于直接支持鼓励40岁以下的青年农民参与农业生产。市场支持部分,侧重对生产者支持和危机应对,包括出口退税、学校牛奶与水果计划,以及危机储备基金、加强合作支持等。

第二大支柱是面向农村综合发展的,要求国家农村发展项目优先用于六个方面,包括促进乡村地区知识传播创新;农业科技推广和技术转化;促进食物链完善,重视动物福利管理;恢复、保护与强化农林生态系统;提升资源效率,支持低碳发展;促进社会融合、经济发展及减少农村贫困[22]。

通过这些既包括农业发展又包括农村发展的政策实施,后生产主义乡村发展思想所倡导的生态环境友好、多样性、创新、低碳和社会包容性等理念,在比利时乡村地区就获得了实实在在的财力、市场、人力和社会支持。

5.4 重要保障:利于城乡要素流动的土地产权制度和分权化的管理体制

弗拉芒城乡空间的融合发展还紧密依靠两项重要的制度保障。

第一项保障是有利于城乡要素双向流动的产权制度设计。因为弗拉芒地区施行土地私有制,农村资产可以在市场上自由交易,城镇居民可以到乡村购买住房或购地建房。这客观上促使大量个人投资和消费需求发生在乡村地区,维持了村镇社区的人口数量和经济活力。外来居民通常收入高、对生活品质要求也高,建造的农宅质量更好,对乡村景观保护的意愿也更为强烈,提供给地方的税收更充足,还能够更好地解决村镇基础设施的日常维护费用。

第二项保障是高度分权化的市镇行政管理体制。弗拉芒地区有悠久的分权自治传统,尽管在 1977 年前后经历了一次大规模的镇村合并,但在不到600 万人的区域内依然还有多达 300 多个市镇,也就是说每个市镇平均仅 2万人,绝大部分市镇在 1 万人以下。

每个市镇都有完整的行政管理机构,负责行使辖区的规划建设管理权力。因为辖管人口少,市镇政府在管理内容方面可以非常专业和精细,行政部门对辖区内的任何建设活动都有详细的方法和程序;居民绝大多数建设活动都要按照法规获得政府的环境许可,新建项目和部分改建则必须提供设计图纸并通过审核,修缮活动也要遵照法律规定进行申报审核。依赖高度下沉式的行政管理制度,尽管土地产权私有并可自由交易,但村镇各项建设尽在政府的掌控中,能够自上而下地保证乡村整体风貌、空间格局不被无序建设破坏。

6 对当前我国乡村规划的建议

随着我国国民经济社会的发展,乡村也正从生产主义的食物生产空间向后生产主义的多功能空间过渡,现实中,建设"更像乡村的乡村"已然在很多大都市边缘区成为共识。前述分析表明,弗拉芒地区的乡村在后生产主义时代实现了城乡融合发展,当然,需要意识到它的很多条件是当下中国所不具备的,例如相对丰富的人均土地资源、高成本的交通系统、覆盖全部国民的高福利政策等。但是,从乡村规划的角度我们依然能够从中窥探到一些可以改进的方面。

6.1 乡村规划编制的内容方面，可以从宏观和微观两个层面增加考虑

6.1.1 乡村空间宏观区域层面规划

①乡村规划需要在它所在的大区域中开展，不能寄希望于在村庄内部完全解决其自身发展问题；②必须将区域生态平衡问题纳入规划内容体系，并置于优先位置；③乡村规划要增加生物多样性保护的内容，为野生动物争取栖息权利，维持乡村区域的生态链完整性；④将乡村区域自然水网系统规划作为宏观层面规划的专项内容。

6.1.2 微观层面的村落内部规划

①要将建筑风格的总体把控纳入微观规划当中；②在全部的村庄，而不是仅在历史文化名村中突出村落历史文化遗产、纪念性空间的保护和彰显；③修建性规划需具体到单体的建筑设计；④村庄整治项目中不建议去本地居民化，避免过度旅游开发，要更加重视乡村振兴过程中的社会修复内容。

6.2 乡村规划建设管理方面，要下沉管理权限和深化审核内容

①乡村规划设计方案的审核要下沉到乡镇层面，要尽快推行农村社区规划师制度；②在下沉乡村规划建设审核权力的前提下深化政府审核内容，审核工作要具体到单体建筑的设计层面（包括高度、形态、色彩等内容），增加建筑图纸审核事项，考虑到我国农民收入水平的限制，可以由政府部门向建筑设计公司或高校购买一些建筑设计方案供村民选择，或者请建筑师公益性介入，为村庄空间布局和形态保护、住宅空间设计等提供指导。

6.3 规划师要呼吁更多支持性政策

①在农村住房使用权方面进行改革，应允许农村闲置住宅使用权出让以及城市居民到乡村长期居住，鼓励城乡要素双向流动；②国家的涉农政策应当从单一的支持农业现代化政策向综合性的农村发展政策拓展，明确乡村不仅是农业生产空间，更加是生态保护、居住和非农就业的多功能空间，国家应当为乡村生态保护、社会发展投入更多资源；③乡村基础设施建设应进行区域化改善，全面升级乡村的公共设施，缩小城乡服务能力差距；④国家应为整个社会创造更多的闲暇、实行更加公平的分配制度，帮助更多人有时间、有财力到乡村去，这应当被看作是社会发展与文明进步的重要内容。

参考文献

［1］陈彦.城镇化：中国与欧洲［M］.北京：金城出版社,2013.

［2］夏宏嘉,王宝刚,张淑萍.欧洲乡村社区建设实态考察报告(一)——以德国、法国为例［J］.小城镇建设,2015,33(4)：81-84. doi：10.3969/j. issn. 1002-8439.2015.04. 016.

［3］夏宏嘉,王宝刚,张淑萍.欧洲乡村社区建设实态考察报告(二)——以丹麦、瑞典为例［J］.小城镇建设,2015(5)：95-99.

［4］张洁,郭小锋.德国特色小城镇多样化发展模式初探——以 Neu-Isenburg、Herd-ecke、Berlingen 为例［J］.小城镇建设,2016, 34(6)：97-101. doi：10.3969/j. issn. 1002-8439. 2016.06. 207.

［5］陈奕嘉.欧盟精明专业化政策对特色小镇建设的启示［J］.小城镇建设,2018,36 (05)：25-31. doi：10.3969/j. issn. 1002-8439. 2018.05.004.

［6］Leeuwen E V. Urban-Rural Interactions［M］. Heidelbeg：Physica-Verlag HD，2010.

［7］Ilbery B, Bowler I. From Agricultural Productivism to Post-productivism［M］//Il-bery B, editor. Geography of Rural Change, 1998：57-84.

［8］Wilson G A. From Productivism to Post-productivism and Back Again? Exploring the (Un) changed Natural and Mental Landscapes of European Agriculture［J］. Transactions of the Institute of British Geographers, 2001, 26(1)：77-102.

［9］Mather A S, Hill G, Nijnik M. Post-productivism and Rural Land Use：Cul de sac or Challenge for Theorization? ［J］. Journal of Rural Studies, 2006, 22(4)：441-455.

［10］王常伟,顾海英.生产主义？后生产主义？——论新中国农业政策观念的变迁与选择［J］.经济体制改革,2012(3)：64-68.

［11］王鹏飞.论北京农村空间的商品化与城乡关系［J］.地理学报,2013 (12)：1657-1667.

［12］张京祥,申明锐,赵晨.乡村复兴：生产主义和后生产主义下的中国乡村转型［J］.国际城市规划,2014,29(5)：1-7.

［13］王萍.发达国家乡村转型研究及其提供的思考［J］.浙江社会科学,2015(4)：56-62.

［14］丁紫耀.后生产主义乡村的发展研究［D］.金华：浙江师范大学,2015.

[15] 王瑞璠,王鹏飞. 后生产主义下消费农村的理论和实践[J]. 首都师范大学学报,2017(1):91-97.

[16] Cloke P J, Marsden T, Mooney P. The Handbook of Rural Studies[M]. London: SAGE Publications Ltd, 2006.

[17] Woods M. Rural: Key Ideas in Geography [M]. London: Routledge, 2010.

[18] Almstedt A, Brouder P, Karlsson S. et al. Beyond Post-Productivism: From Rural Policy Discourse to Rural Diversity [J]. European Countryside, 2014, 6(4): 297-306.

[19] Evans N, Morris C, Winter M. Conceptualizing Agriculture: A Critique of Post-productivism as the New Orthodoxy[J]. Progress in Human Geography, 2002, 26 (3): 313-332.

[20] 叶齐茂. 发达国家郊区发展系列谈之五比利时:以比利时都市区为例[J]. 小城镇建设,2008,26(9):51-61. doi: 10.3969/j. issn. 1002-8439. 2008.09.011.

[21] Ryckewaert M. Building the Economic Backbone of the Belgian Welfare State: Infrastructure, Planning and Architecture 1945-1973[M]. Rotterdam: OIO Publishers, 2011.

[22] 张天佐,张海阳,居立. 新一轮欧盟共同农业政策改革的特点与启示——基于比利时和德国的考察[J]. 世界农业,2017(1):18-26.

基于市镇联合体的法国小城镇发展
实践及对我国的启示*

孙　婷

（苏州科技大学建筑与城市规划学院）

【摘要】 市镇联合发展是具有法国特色的互惠互利发展模式。多个城市与多个城镇、多个城镇与村镇之间组成的联合体，可以补充甚至代替单一市镇的部分职能，同时帮助单个市镇完成无法承担的地区发展规划或社会发展事务。联合体模式体现了多方参与、共同决定的地区规划思想。近年来，巴黎中心城及周边小城镇组成的大都会区面临新一轮城镇更新，市镇联合体为多个小城镇的发展提供了合作平台，共同实现多个发展项目，建立多种公共机构为社会发展提供保障。法国市镇联合体为中国小城镇的发展提供了一种新的思路，即在地区层面上建立一种合作机制，以此实现多个市镇、村镇的共赢。

【关键词】 小城镇发展　市镇联合体　法国

1　法国市镇联合概念

　　"市镇联合体"（Intercommunalité）①是法国独具特色的区域管理机制。

---

　　* 本文原载于《小城镇建设》2019 年 3 期（总第 358 期）。

　　本文法国市镇联合体相关数据，来源于 https://www.iau-idf.fr/

　　① 法国行政区划分为五级，最小的行政单位是市镇（commune）。法国目前包含 13 个大区（région），95 个省（département），322 个区（arrondissement），4 055 个选区（canton）和 35 416 个市镇（commune），行政划分统计至 2017 年，不包括海外地区。

　　本文获"2018 年首届全国小城镇研究论文竞赛"鼓励奖。

20 世纪 60 年代,多个城市与多个城镇、多个城镇与村镇之间组成的联合体,在法国迅速发展起来,补充甚至代替了单一市镇的部分职能。20 世纪末,法国全面推动"市镇联合模式",将共同承担发展项目以及共享资助的多个市镇、村镇联合起来,实现居住、就业、公共交通、经济、环境等方面的合作,体现"利益联合"概念,塑造地区互利共生的发展环境。

目前,法国 90% 以上的市镇被涵括在联合体系中。总体而言,有三种市镇联合模式:城市联合体、聚集区联合体、村镇联合体,作为国家层面的行政机构,它们负责地区公共性项目规划及建设管理,从更高的区域层面促进城市发展,改善当地民生[1]。

2 市镇联合体的成因与类型

法国地方政府由大区、省、市镇三级构成。市镇是法国最小也是最古老的行政区域①,一般情况下一个市镇只对应一个乡村或者镇。实际情况中,市镇的人口、土地规模层次不一。由于法国人对市镇有强烈的归属感,尽管经历多轮行政区划改革,但市镇并未进行大规模缩减和归并,使得法国市镇总量规模过大,2017 年达到 3 万多个。20 世纪初,市镇发展出现行政边界逐渐模糊情况,考虑到行政体系在短期内无法改变,城市规划管理者将若干个具有相同发展特征的市镇视为统一整体,统筹规划,打破边界的束缚[1]。因而,某种程度上来讲,市镇联合模式也是一种替代归并和消除过多市镇行政边界的区域管理模式。单个市镇仍独立存在并保留部分权利,但多个市镇在某些领域可以基于统一发展框架或合作平台进行协作。

法国人口密度相对较低,在当前市镇中,人口规模超过 1 万的只有 1 000 多个,因而大多市镇的人口规模较小。这些市镇难以独立承担一定规模的地区级公共服务设施,也无法独立地实现市政设施的建设与管理,如给排

---

① 具体权力包括起草城市规划文件,发放建筑许可证;管理托儿所、日托中心、老年家庭,协助省政府为穷人服务(医疗救助);维护市镇道路;废物收集和公共卫生;协调城市交通、建设、开发和管理游艇港口;开放工业区,协调商贸活动(在一定条件下);建设和管理贷款图书馆、音乐学校、博物馆等。

水、垃圾处理、环境卫生治理等[2-3]。市镇联合模式的出现,融合多方资源与能力,共同面对发展中的问题与需求,实现高效合作。当前法国有以下三种市镇联合①的类型:

(1) 城市联合体(CU, Communauté Urbaine)。行政边界范围内总人口数超过 50 万,同时,至少包含一个人口多于 5 万的城市。法国马赛、里尔、南特、波尔多等大城市及其周边市镇建立了此类城市联合体。

(2) 聚集区联合体(CA, Communauté d'Agglomération)。行政边界范围内包含 5 万至 50 万人口的居民聚集区,同时包含至少一个已达到 15 000人的中心城。

(3) 村镇联合体(CC, Communauté de Commune)。该联合体更适合乡村地区,依托当地生活中心建立更大范围的村镇合作。该联合体规模更小,行政边界范围内包含至少 45 000 居民,普通乡村城镇与工业化村镇均可形成村镇联合体。

3 市镇联合体框架下的城镇规划与管理

自 2001 年以来,联合体模式在区域空间整治、经济发展等方面发挥协调作用,优化地区人居环境;在住房、交通、文化、医疗以及大型设施建设和管理等方面发挥引导作用[4]。市镇联合的空间规划则体现在两个层次上,一是区域协调规划(联合体层面的《国土协调纲要》),二是地方城市规划。从本质上看,市镇联合是一种合作性质的组织框架,在构建统一发展目标的前提下,将具有相似发展特征的邻近市镇、村镇联合起来,通过联合体机构处理涉及多方共同利益的城镇规划与建设管理,从区域层面协调市镇建设与社会发展。

3.1 市镇联合体的规划职责

城市联合体范围内,多个市镇将部分职能权利转移到联合体层面上,市镇

---

① 联合体,法语即"communauté",是法律体系中的一个概念,指拥有共同财产的人群集体。在法国的城市发展历程中,联合体存在于如下一些领域:宗教组织领域、行政权力领域(军队、贵族)、地方领域(居民联合体、城市联合体、外省联合体)、职业领域(行业联合体)、教育领域(大学联合体)或私人领域(家族联合体、相邻联合体)等。

联合机构主要负责空间整治、经济活动区建设、公共设施服务、卫生、能源、环境保护等职责。具体运营模式上,城市联合体通过与私立机构、企业合作的形式,共同运营城市公共服务设施。城市联合体内下设多个分支机构,除涉及城市建设方面外,这些机构还提供心理咨询、司法帮助等基本社会服务①。

聚集区联合体必须履行空间整治、经济活动区建设、社会住宅、社会发展与经济政策制定、犯罪预防等市镇职能。在其他六项基本职能方面,法律规定必须承担其中三项进行区域协同管理,涉及城市道路和停车场规划建设、卫生管理、水资源、环境保护、文化与体育设施建设、社区利益保护等。聚集区可以获得国家、大区以及省市层面的补贴,按照不同市镇的人口、居民纳税情况进行税收分配。村镇联合体的基本职能包含空间整治与经济活动区建设,在其他六项基本职能方面,只选择其中一项进行协同管理(表1)。

表 1　市镇联合体的职能

职能		城市联合体	聚居区联合体	村镇联合体
必须履行的职能		(1) 空间整治 (2) 促进经济发展(建立经济活动区) (3) 公墓、屠宰场建设与管理 (4) 水资源及环境保护 (5) 生活环境保护、垃圾处理、空气污染 (6) 噪声污染防治、能源管理	(1) 空间整治 (2) 促进经济发展(建立经济活动区) (3) 社会住宅建设 (4) 社会发展与经济政策制定 (5) 犯罪预防	(1) 空间整治 (2) 促进经济发展(建立经济活动区)
			六项内选择三项: (1) 道路和停车场建设 (2) 水资源及环境保护 (3) 生活卫生管理、垃圾处理、空气污染防治 (4) 能源管理 (5) 文化和体育设施建设与管理 (6) 保护社区利益	六项内选择一项: (1) 生活卫生管理 (2) 保护和改善环境 (3) 住房和生活环境政策 (4) 公路建设 (5) 文化体育建设与管理、小学与幼儿园的教学设施建设与管理 (6) 社会活动组织
可选择的职能		无		

1999年,奥尔良市镇联合②出现雏形,由最初的市镇工会逐步发展为联

---

① 如南特(Nantes)城市共同体包含了24个市镇,52 336公顷土地,58万居民。城市共同体由24个市理事会中选出的113个代表组成团体领导,设有2 300个分支服务机构。

② 前身为1964年12个市镇组成的奥尔良城镇工会,主要负责城镇污水处理、生活垃圾处理和消防三类城镇事务。

合体,建立独立的税种,通过新宪章确定主要发展目标及各个城镇的互助关系。2002 年,正式成立市镇联合体[5]。目前,奥尔良市镇联合体包含 22 个市镇,总人口达到 27.3 万人。各个市镇将垃圾收集与处理、水资源净化、道路建设与维护、绿地保护等事项建设与管理权力移交到联合体,进行统筹协调。在一个行政辖区内无法解决的事务,特别涉及流动人口管理、河道污染处理、空气污染治理、住宅计划、特殊河流保护等,也都由市镇联合体集中负责处理。此外,近期发展中面临的大型轨道交通网络及相关大型项目的建设,在市镇联合体协调下,多方合作也在逐步推进。

3.2 市镇联合体的管理机构与税制保证

市镇合作的法定机构是"市镇联合机构"EPCI(Etablissements Publics de Coopération Intercommunale)或称为"公共管理联合体"。联合体运营得到参与合作的各市镇财政支持,以及通过收取当地居民和商业活动的部分税收,形成自己的税收体系[6]。

1999 年市镇间合作的公共机构 EPCI 实行税费改革,实行市镇联合体制定的单一营业税(TPU),各个市镇所缴纳的税率相同,其他地方税费由市镇自行决定①。之后,为鼓励商业金融联合发展,法律鼓励由原来的单一营业税(TPU)向独特的专业税收(FPU)转变。新的税收政策包括制定一个统一的税收比率,在市镇联合体基础上收取地方企业的产业税。至 2013 年,超过 50%的市镇联合体开始采取 FPU 的专业税收形式。

4 巴黎大都会区市镇联合体与城镇发展

巴黎大都会区包含了大巴黎都市区以及其周边的郊区,截至 2018 年共计 515 个城镇,31 个联合体。大巴黎中心城区由 131 个市镇组成,分布在 12 个区,包含 11 个市镇联合公共机构(EPCI)。外围郊区包含 384 个市镇,有 20 个联合体公共机构(由 1 个城市联合,15 个聚集区联合和 4 个市镇联合组成)。自 2016 年以来,大巴黎 1 500 个地块的城市更新(主要涉及住房、公共

---

① 如地区企业向所在市镇缴纳的税率多少由每个城市自己决定。

设施以及经济园区建设)、公共交通系统调整、大巴黎快线网络(RGPE)建设①以及新型交通工具引导的机动性项目均依托所在市镇的联合体实现地区间的紧密合作。

4.1　市镇联合体框架下的城镇更新

市镇联合体在城镇更新中不仅体现在经济上给予资助,也可以是大型项目的运营者,在具体的操作过程中,依照各个市镇的发展特点,侧重点各有不同,但在推动市镇更新中共性表现在以下几个方面:

(1) 在与国家或合作伙伴协商中,大巴黎的市镇联合体权重比单独的城镇更重,更能捍卫地方利益,影响政府决策并加速项目的实施。

(2) 大巴黎市镇联合体的作用还体现在财政方面,能够通过财政干预来支持那些由于资源不平衡发展最不利的地区。

(3) 支持跨界地区发展。如果一个街区位于两个不同的市镇,这个街区可以与联合体单独签署发展协议,联合体承诺投资,并负责协调两个市镇共同支持该街区的发展。

(4) 当联合体聚集了足够的规模与资源的时候,不同于常规行政部门,他们可以进行专业知识的共享,组织经验交流,利用良好实践,建立职业化培训网络。

(5) 这种互利共生的关系有利于帮助相对困难的街区,获得外部资源[7]。

大巴黎市镇联合体的建设项目促进了市镇本身的更新,这些项目涉及地块往往超过所在行政边界,成为现有市镇发展的外部延伸,这些项目从精细化的合作角度实现了城市更新的细致化过程。很多项目是为了共同解决那些由于大型基础设施或者历史遗留带来发展分裂或分割的问题。这种联合意在共同的市镇战略和目标下,采用新的方式进行协商,并解决超越城市边界的发展连贯性问题。联合体包含了利益相关者的共同关注,可以进一步统筹社会力量,促进协同效应。

---

① 具体方案是突破现在巴黎所在的"法兰西岛"的限制,通过修建高速铁路和提高塞纳河的航运功能,将法国首都向西北延伸100多英里(1英里约等于1.6公里),连通北部海港城市勒阿弗尔,使巴黎真正成为国际大都会。

4.2 市镇联合体框架下的社会生活保障①

4.2.1 居住与就业

在住房层面,大巴黎市镇联合体重点关注青年住宅、社会住宅、贫困人口住宅的建设,从市镇联合体层面上,分配住房比例规划布局,通过各项措施,保证社会住宅的建设、分配、后期维护和管理。青年住宅则更多关注刚刚毕业、事业正在起步阶段的青年。此外,居住改善还包含了由于地区城市更新,特别是在大型项目建设下,部分拆除住区的再安置问题,涉及住宅回购、售出、补偿、产权变更、新住宅的分配等相关问题。

联合体还在就业指导、社会融合等方面提供专职服务。这些服务依靠多种市镇联合公共机构与计划,如就业指导中心(MdE②)、地区融合计划(PLIE③)、公众利益组织(GIP④)等。就业指导中心(MdE)负责在共享土地发展地区,减少不同城镇的文化差别以及行政边界带来的障碍,围绕城镇建设项目,创造就业机会[8]。公众利益组织(GIP)专门为16~25岁的年轻人群制定人生计划,解决在社会生活中遇到的问题,通常涉及住房、就业培训、健康、交通出行、日常生活等各个方面。地区融合计划(PLIE)负责帮助那些需要重新回归就业岗位、适应就业环境的居民,以及那些长期失业人群、领取政府最低收入保证金居民,同时对由于健康、家庭等原因就业困难人群、社会边缘人群给予特殊帮助。

4.2.2 关怀性教育、健康与犯罪预防

在市镇层面无法解决的关怀性教育,也可以在市镇联合体层面实现,这

---

① 社会生活保障涉及几大类的问题:居住与生活(habitat et cadre de vie),经济发展(développement économique),就业与融合(emploi et insertion),关怀性教育(réussite éducative),健康与关怀(santé et accès aux soins),市民与犯罪预防(citoyenneté et prévention de la délinquance).

② MdE,根据2005年1月18日社会凝聚规划法建立,就业机构旨在确保地方当局,就业中心之间围绕就业展开的各类的行动计划或项目合作。这类就业机构专为26岁以下的青年设置,由地方委员会及公共就业机构领导的共同负责。

③ PLIE是地方层面上一项实施公共干预的工具,目的是通过适应和个性化的整合途径促进最弱势群体就业或者恢复就业,是一项协调公共政策以促进就业和资源汇集的机制。PLIE在当地政府与各组织机构协调的基础上,建立一种就业的政策机制。这类受益人往往包括:长期被排斥的人(长期失业,申领就业补助的人);与家庭破裂,无家可归,疾病困扰等;社会边缘化的个体;地区机构(市镇当局,社区,总理事会等)。

④ 公共利益组织是法国的实体组织机构,可以通过公共合作或者与私人合作形成。通过汇集不同合作伙伴的资源,以实现共同感兴趣的目标,这种合作大部分代表公共利益。

些教育并非传统的知识性教育,而是帮助居民,特别是青少年更好地融入现代社会生活。自2005年起,大巴黎市镇联合体实施关怀型教育项目,希望在成长过程中遇到问题的青少年能够获得关怀性教育帮助,健康成长[9]。这类项目以单独个体学生为关注对象,帮助解决学生的社会生活、教育、健康等问题。项目在联合体层面建立专业组织,由教育顾问、社会教育专家、家庭顾问、社会健康专家等组成,这些项目也与国家与地区的教育机构保持联系,以实现多方合作。

在健康层面主要关注特殊类型的健康问题,包括毒品、心理疾病、肥胖、缺乏亲密关怀等。尽管不同联合体在实施上有所差异,但大多依托基本健康项目建立各类健康组织,从个体关怀的角度出发,对个体的健康问题有针对性地进行特殊关怀。同时,更关注青春期阶段人群,建立家庭健康组织、青少年社会与学校组织等,从根本上预防今后可能出现的社会问题。

在预防犯罪方面,调用社会力量,以基础性预防为出发点,保证社会秩序和生活安定[10]。支持司法帮助中心、家庭调解中心、受害者帮助中心、妇女帮助中心等组织的建立,聚集联合体范围内各类专业人员参与各种中心建设,解决社会冲突,预防犯罪产生。同时,通过市镇预算支出,统计分析与数据开发应用,建立图示化的犯罪数据分析中心;建立犯罪事实监控体系,进行相机布点设置,从技术层面对犯罪情况进行监控与管理。

5　市镇联合体对中国小城镇发展的启示

市镇联合体机构虽然是国家层面的行政机构,但在具体操作中是介于传统行政机构与社会组织的一种模式。从地区层面保证社会各类人群的公共利益,体现社会公平性,并调动各方力量,实现多方面的人文关怀。对于中国城市来说,建立小城镇区域层面的联合组织或协调发展模式,也将有利于各个小城镇的建设与社会发展。

5.1　联合形式的区域治理实体

法国三级空间规划体系由大区级空间规划(《大区国土规划与发展纲

要》《国土规划指令》)、市镇联合体协调规划(在这一层级上编制《国土协调纲要》),以及市镇空间规划(《地方城市规划》、地方发展的实施方案)构成[11],作为法国基层治理单位的市镇,为克服自身市镇发展的孤立,以联合的形式形成合力,成为区域协调治理的实体,摆脱治理困境,解决地方公共问题。通过整合多方市镇的治理能力,回应了区域治理的基本问题,形成了独具法国特色的地方治理主体,从城市合作、城镇合作,到村镇合作满足不同尺度区域发展需求。

中国城市规划所对应的空间发展权的安排长期存在行政疆界的壁垒,不同行政单元和层级的空间政策参差不齐,不利于区域资源协调配置。因而,有必要打破行政壁垒,建立满足发展需要,不同尺度的区域空间政策协调框架。市镇联合体作为法国空间政策特色经验,不同市镇、村镇通过缔结协议的方式,保障跨边界的空间政策实施。基于此,我国的县-镇-村的规划形式,也许不仅限于行政划分的"一个市县一套规划",也可能是破除行政限制,在社会、经济联系紧密,甚至重大设施为基础的若干市县或者若干重要联系村镇实现地区层面的空间协调规划,并以此为上位协调性规划,建立市县或村镇的基础蓝图。

5.2 多层次合作的协商治理理念

法国的市镇规划经历了由上层控制管理到下层协商为主的治理转变。20世纪60年代,省政府负责市镇规划的编制与实施,80年代则交给市镇政府负责。21世纪以来,市镇规划体现了多方协商合作为主的治理理念。市镇联合体建立不同层次的合作机制,小城镇也可以和附近的城市组成联合组织,实现资源整合、统筹规划;开展大型设施建设,在解决城市交通、公共交通、文化遗产保护区等方面也具有重要的作用。在联合体层面,对具有相似发展特征或具有共同目标的城镇进行统筹规划,在地区层面协商制定实施措施、内容和方法,相比较省、大区层面,联合体内部的协商更加行之有效。联合体更体现出独立项目运作的特征,由于可以与运营商进行具体项目合作,多方参与,因而可以更直接地解决地区就业问题,满足社会需要。

中国大型基础设施的建设往往由重要城市作为引导,周围的小城镇很少参与,而小城镇同样面临无法实现与承担大型基础设施的问题,却无法打破行政等级及地区管辖边界的问题,统筹考虑,对带动小城镇发展所起到的作用有限。小城镇或村庄规划往往由政府直接主导,开放商或者运营商直接参与的框架模式也未建立,协商治理的理念还在初步阶段[13,14]。

5.3 共享设施模式下小城镇发展

法国市镇发展具有与城市同等要求的公共设施配置,但人口规模相对较低,部分市镇数量与国内村镇人口等级相似,在这种情况下,部分教育设施,如小学、中学、高中;特殊教育设施,如音乐学院、体育学院等;部分公共设施,如特殊类型医院、分类型图书馆、博物展览馆等,均无法在一个市镇实现建设管理与后期维护,这些公共服务设施提供的社会生活已成为必不可少的一部分,市镇联合体根据人口分布与城镇发展特征,合理分配公共设施的建设指标,统筹安排建设项目与资金支持,尽可能地满足所有人群的基本需求。

大城市往往有较多的就业机会,并能吸引周边小城镇的人群,为区域内人口流动而产生的居住、就业、教育、医疗、交通等问题,提供解决的途径[15]。联合体框架的建立,统一协调人的需求,重新建立社会网络关系,而不受地理边界的限制。共享经济成为近年来中国发展的重要引导,联合体模式下的公共设施共享模式,为中国部分村镇发展提供了一种新的思路,大量的村镇需要为居民提供更为完善的城镇设施,但人口规模相对较低,发展资金有限往往成为阻碍[16,17]。村镇联合体的运作模式,可以集中多个乡村的力量,有助于实现更高层次生活的需求。

5.4 联合体层面的社会人文关怀

社会保障是一个系统性工程。市镇联合体为公民参与管理提供实践平台.公民也应不再是公共事务的旁观者和清谈者,而是活跃且有效的公共行动者[18]。联合体关注的不仅是城镇物质层面建设,更注重社会生活网络重塑,实现无形的人文教育与体贴入微的关怀,体现在重点关注传统教育与卫生医疗之外,对青少年的身心健康帮助、18~26岁青年融入社会的帮扶,以及对弱势群体的关心。在联合体层面,成立多种社会组织,招募专家与学者进行多重辅导;对弱势和特殊人群,从根本上减少潜在的犯罪可能,保证城镇生活的安宁。对于已经出现的纠纷、犯罪,建立技术性监控体系,对受害人给予司法帮助和救济,帮扶这类人群重新返回社会生活。相比较而言,近年来尽管中国实施了多项社会保障措施,但针对个体性关怀,还需相关法律与保障体系的建立,实现从人群特征出发,"以人为本"的城镇规划[19]。

参 考 文 献

[1] 刘健.法国城市规划管理体制概况[J].国外城市规划,2004,19(5):1-5.

[2] 丁煌,上官莉娜.法国市镇联合体发展的历史、特点及动因分析[J].法国研究,2010(1):76-82.

[3] 郁建兴,金蕾.法国地方治理体系中的市镇联合体[J].中共浙江省委党校学报,2006(1):23-29.

[4] 喻锋,张丽君.法国空间规划决策管理体系概述[J].资源管理,2010(9):6-12.

[5] 詹成付.走近奥尔良市镇联合体[J].中国民政,2004(7):22-23.

[6] Association des Directeurs Généraux des Communautés de France. L'intercommunalité au service de l'urbanisme: pour un usage pertinent de l'espace [EB/OL]. (2011-6-9)[2018-10-12]. https://www. adgcf. fr/upload/billet/110609-040626-actecolloque-urba-interco. pdf.

[7] Institut d'aménagement et d'urbanisme. Les coopérations souples de projet,un outil du grand paris de demain [EB/OL]. (2019-2-18) [2019-2-25]. https://www. apur. org/fr/nos-travaux/cooperations-souples-projets-un-outil-grand-paris-demain.

[8] 张丽萍.法国的社区级公共服务机构[J].宁波大学学报(人文科学版),2008,21(7):34-37.

[9] Institut d'aménagement et d'urbanisme. Intercommunalité mode d'emploi,2014-2020 [EB/OL]. (2016-7-26) [2019-2-25]. https://en. calameo. com/books/003241768938f1cc2179c.

[10] Institut d'aménagement et d'urbanisme. Vers de nouvelles restructurations intercommunales en grande couronne [EB/OL]. (2014-11-14) [2019-2-25]. http://www. iau-idf. fr/nos-travaux/publications/vers-de-nouvelles-restructurations-intercommunales-en-grandecouronne. html.

[11] 蔡玉梅,何挺,张建平.法国空间规划体系演变与启示[J].中国土地,2017(7):32-34.

［12］Institut d'aménagement et d'urbanisme. Intercommunalités et politique de la ville en Île-de-France［EB/OL］.（2010-6-23）［2019-2-25］. http：//www. iau-idf. fr/gou-vernance. html♯. filtre-intercommunalites.

［13］周芳珍. 全球城市周边乡村地区规划探索——以上海市嘉定区乡村建设规划为例［J］. 小城镇建设，2017，35（12）：31-37. doi：10. 3969/j. issn. 1002-8439. 2017. 12. 004.

［14］镇列评，蔡佳琪，兰菁. 多元主体视角下我国参与式乡村规划模式比较研究［J］. 小城镇建设，2017，35（12）：38-43. doi：10. 3969/j. issn. 1002-8439. 2017. 12. 005.

［15］宁越敏. 小城镇是乡村与城市之间的桥梁［J］. 小城镇建设，2017，35（11）：107.

［16］赵万民，冯矛，李雅兰. 村镇公共服务设施协同共享配置方法［J］. 规划师，2017，33（3）：78-83.

［17］蔡宇超. 新型城镇化背景下的村庄规划发展道路初探［J］. 小城镇建设，2017，35（9）：48-54. doi：10. 3969/j. issn. 1002-8439. 2017. 09. 007.

［18］上官莉娜. 整体治理视野下的法国市镇联合体［J］. 江汉论坛，2012（7）：82-85.

［19］杨超，陈玲. 以人为本视角下的小城镇规划思考［J］. 小城镇建设，2017，35（11）：57-64. doi：10. 3969/j. issn. 1002-8439. 2017. 11. 005.

乡村振兴战略下的镇村联动规划初探

——以韶关市武江区江湾镇镇村联动试点规划为例

李淑桃　叶　红

（华南理工大学建筑学院）

【摘要】　近年来,中央发布多个"一号文件"聚焦"三农"问题,习总书记在十九大报告会上提出实施"乡村振兴"战略,农村发展问题得到高度关注。相较于小城镇,乡村地区无论是在政策方面还是财政投入方面均获得更大的倾斜。在这种背景下,小城镇作为城乡融合发展的纽带,如何顺势而为,获得更大的发展是个重要的研究议题。本文通过分析小城镇和乡村在城乡融合发展中的逻辑关系,提出强调生产要素双向流动的镇村联动发展概念;再从产业振兴、人才振兴、文化振兴、生态振兴、组织振兴这五个维度分析乡村振兴战略下的镇村联动策略;最后以韶关市武江区江湾镇镇村联动试点规划为例,基于现状发展困境,提出通过镇村联动发展实现城镇发展和乡村振兴的协同共进。以期为城乡融合发展、镇村联合发展等类似研究课题提供一定的思路。

【关键词】　乡村振兴　城乡融合　镇村联动　小城镇　村庄

1　引言

2017年10月18日召开的第十九次全国代表大会上,习总书记高度关注农业、农村和农民问题,首次提出实施乡村振兴战略。要坚持农业农村优先发展,按照产业兴旺、生态宜居、乡风文明、治理有效、生活富裕的总要求,建立健全城乡融合发展体制机制和政策体系,加快推进农业农村现代化[1]。随后,我国各地政府也根据自身特色出台相应的战略实施意见,大力开展振兴乡村的工作。"三农"问题得到前所未有的重视,无论是在政策还是财政上均有较大的倾斜,农村工作主线被摆上新的历史高度。

城乡融合是实现乡村振兴的基本路径。我国长期存在的城乡二元经济结构是制约我国经济发展严重壁垒。为消除城乡隔离的"二元结构",党中央从十六大开始提出城乡统筹发展、城乡一体化发展,但成效不佳,依然没有从根本上解决城乡发展矛盾,发展过于集中造成的"城市病"和发展不足造成的"小城镇病"并未得到有效缓解。现今提出的城乡融合发展意味着城市和乡村的关系从乡村支持城市、城市带动乡村发展转变为两者双向互动关系,促进资本、人力、科技、技术等各项资源的双向流动[2]。

小城镇是介乎于城市与乡村的过渡地带,在城乡融合中担负着重要的作用,在乡村振兴战略的号角浩浩荡荡地吹响时,小城镇该如何顺势而为,与乡村联合发展,是个值得讨论的议题。本文立足于此背景,通过辨析城镇与乡村的关系,找准各自定位,以韶关市江湾镇镇村联动试点规划为例,探讨通过镇村的联动发展实现镇村的提质增效,希望能为实现城乡融合发展建设提供一定的思路。

2 概念辨析

2.1 小城镇、村庄的概念及关系

在学术界中,对于小城镇和村庄的概念均无统一的定义。本文所指的小城镇是指区别于大、中城市和村庄的,具有一定规模、主要从事非农产业(生产和生活)活动的人口聚集的社区(居民点)[3]。村庄是指农村人口从事生产和生活居住的场所,在血缘关系和地缘关系相结合的基础上形成的一种居民点形式[4]。

相较于小城镇,农村具有更广阔的土地进行农业生产,也是多元文化的发源地,但也存在着组织性较弱、资源分散等发展劣势,需要小城镇发挥其聚集功能和组织功能,增强农村的竞争力。现今的交通和通信愈发便利,村庄和城市的关系愈发密切,有很多农民越过城镇直接到城市实现异地城镇化,弱化了城镇的中心功能。然而城市的承载力有限,是难以直接对接庞大的农民群体,必须通过地缘相近的小城镇这个中间载体进行转移。小城镇通过发挥作为周边村庄的组织中心和服务中心的功能,一方面,成为整合和配置农村地区的劳动力、农业资源、教育资源的平台,另一方面,也搭建引入城市的先进技术、资本、人才的平台。

2.2 镇村联动概念

关于镇村联动的概念,它主要源于"城乡统筹发展"和"城乡一体化发展"的战略部署,学术界并没有统一的界定,但也不算是一个全新的研究领域。江西省大修县通过选取发展基础较好的中心村或场镇进行整治建设,引导地处偏远的农民"上楼",改善农民的生活环境,但实施过程中仍存在新楼入住率不高,村民就业难解决等问题[5]。北京市采用村庄的迁并和村民"上楼"的方法实现小城镇的减量提质、土地集约利用发展,实施的过程中也出现了资金、政策、平台、产业等支撑不足的问题[6]。这些实践主要把发展和建设的重心放在小城镇上,生产要素是单向流动的。这种方式通过创造更加优越的生活环境吸引村民离开发展较为落后的村庄,直接实现就地城镇化,这无疑是一种快速提升村民生活环境的手段,但同时也带来一定的弊端:一方面,许多传统工艺、语言、美食都是扎根在广阔的农村,一旦将多个村庄兼并,很容易出现文化的失传、同化,不利于传统文化的传承;另一方面,大部分农民的知识水平有限,小城镇难以有合适并足够的岗位满足他们的谋生需求,保障他们的生活。

通过对镇村关系和国家相关政策的理解,笔者认为,当下的镇村联动发展是指小城镇和村庄作为一个整体统筹发展,强调生产要素的双向流动,资源互补,通过合理配置公共服务设施、共建基础设施,共治生态环境,实现镇村的共建共荣,形成双赢局面。

3 乡村振兴战略下的镇村联动规划策略解析

习总书记在参加十三届全国人大一次会议山东代表团审议时,明确了乡村振兴战略的实施路径,可从产业振兴、人才振兴、文化振兴、生态振兴、组织振兴这五个方面入手[7]。笔者根据乡村振兴战略的实施路径,分析镇村联动发展在当下战略背景下的发展策略,促进城乡融合,实现镇村共赢。

3.1 产业振兴

产业发展是乡村振兴的基础,也是镇村持续发展的重要推力,农民增收的关键。推动产业振兴,要紧紧围绕发展现代农业,围绕农村一二三产业融合发展,构建乡村产业体系,实现产业兴旺[8]。相较于单个乡村,镇村作为一个规模更加大的整体,产业相对更加多元,可发展资源更加丰富,在产业的发展上有一定的规模优势。对于发展规模农业、现代农业的镇村,统筹发展统一管理可降低田地统一租赁管理的难度;对于发展工业的镇村,通过共建共享污水处理等市政设施降低环保的压力,通过不同资源的互补,扬长避短,形成完整的产业链;对于发展乡村旅游的镇村,通过片区联动发展,整体提升镇村的服务质量。总之,镇村联动发展的产业振兴是要借助镇村这个事权更大,资源更丰富的整体,通过产业的做大做强,提升地区吸纳周边农村剩余劳动力就业能力,实现农民增收。

3.2 人才振兴

近年来,我国各省市纷纷出台人才引进政策,通过丰厚的待遇吸引高素质人才落户。发达的城市地区都存在人才短缺的困难,何况是相对落后的乡村地区。人才短缺是广阔的乡村地区难以高效发展的重要阻碍因素。一方面,由于乡村地区人居环境较差、公共服务配套设施不完善、就业机会少等原因,大量文化水平较高的"农二代""农三代"选择外出务工,造成乡村地区"空心化"现象愈发严重,整体的文化素质也难以提升。要实现产业现代化,人才是重要的支撑。通过镇村这个极具发展潜力的大平台,加强人才的储备。既要重视本土人民的素质提升,培育适应当代发展潮流的新型职业农民,也要注重外来高素质人才的引进,通过完善镇村的人才引进政策,吸引大学生等高素质人才回乡创业。

3.3 文化振兴

文化是辨识不同地方的重要特征,也是一个地方的灵魂。乡村振兴除了要唱好经济的戏外,文化的舞台搭建也很重要。"要留住乡愁",乡愁对于乡村地区而言,一个重要方面是对乡土文脉、田野文物的记忆[9]。许多传统文化习俗源于乡村,许多历史文物也长存在乡村,在加强这些传统文化的传承和保护的同时,也要借助小城镇这个市场、技术、信息平台进行文化的传播和文化产业链的整合。"文化搭台,产业唱戏",通过镇村联动营造浓厚的文化氛围,提升片区的思想文化素质;通过融入产业加以传承利用,提升其生命力。

3.4　生态振兴

"绿水青山就是金山银山",保护生态环境就是保护生产力。垃圾处理不当、污水处理技术相对落后、村民环保意识低等原因导致我国大部分乡村地区的生态环境状况堪忧,许多人对乡村的印象不佳。生态振兴既要注重"硬"建设(物质环境),同时也要注重"软"建设(意识层面)。在物质环境建设方面,镇村这个综合体主要通过人居环境的整治和美化提升整个片区的风貌。在意识提升方面,主要是通过借助镇村这个综合平台,加强对生态环保知识的普及,提升村民的生态环保意识。

3.5　组织振兴

基层组织是乡村振兴战略实施的主力军,其执政能力对地区的发展起着重要的作用。乡村地区是一个"熟人社会",多以宗亲血缘关系为主,人情关系复杂,难以推行法治,多以自治、德治为主。镇村这个联合发展体担负着更高的使命,既需对产业的引进、文化的传承、生态环境的整治、人才的培育有一定的研判能力,又需对村镇的治理和监督有一定的管理能力。为此需明确镇村的组织架构、议事流程、治理格局等,创新管理机制,建立成为法治、德治与自治有机贯通的基层组织。

4　韶关市武江区江湾镇镇村联动规划实践

4.1　项目概况

习总书记在十九大报告中提出实施乡村振兴战略,要建立健全城乡融合发展体制机制和政策体系后，多地积极响应，启动关于乡村振兴和城乡融合的政策研究和试点规划。面对城乡发展的新形势，武江区作为韶关市城乡建设重点区域，提出城市和乡村要共生共存，不能顾此失彼，既要兼顾区域协同合作发展，也要统筹自身城乡产业经济，致力于要解决武江区乡村发展不足这一突出短板。为此，武江区提出"以城为龙头，以镇为纽带，以城带乡，以乡促城"的总体思路，规划构建"一个主城区，两个生态走廊，三个精品镇村"的城乡融合发展空间格局。江湾镇是其中的一个精品镇村联动规划的试点。

江湾镇为广东省韶关市武江区下辖的一个乡镇，镇域面积为240平方公里。全镇总人口为6 913人，总户数为1 371户，其中纯农户为1 138户，占总户数的83%。经济发展以特色农产品及原材料生产为主，农业是全镇经济发展的重要组成部分。武江市区对外交通发达，有一个高铁站，可快速跟珠三角地区连接，但江湾镇仅能通过县道X318与韶关市区、武江区高铁站等周边城镇与设施进行联系，镇域对外交通条件较差。

江湾镇以传统农业为主导产业，基础设施薄弱，区位优势不明显，拥有一定的生态资源，这是广东省大部分传统的农业镇的发展特征。本文以江湾镇为例，以乡村振兴战略为契机，探索城乡融合发展的新思路，以期为具有类似发展特征的城镇发展提供一定的参考。

4.2　乡村振兴战略下的江湾镇镇村联动规划策略

江湾镇镇村联动规划的研究范围为整个镇域范围，面积为240平方公里，规划设计范围主要以江湾镇东北部沿县道351的部分村庄（涉及胡洋村、梁屋村、围坪村、锅溪村）及江湾镇区为主（以下简称"镇村联动区"），面积为13.2平方公里（图1）。本规划在梳理江湾镇的现状资源的基础上，反思存在的发展短板，再基于乡村振兴战略的相关要求，从产业振兴、人才振兴、文化振兴、生态

图1　规划范围

振兴、组织振兴这五个维度进行镇村联动规划分析,探索城乡融合发展新机制。

4.2.1 产业振兴:打造镇村联动发展带

（1）产业发展现状

江湾镇居民的主要收入来源为农业,整体收入水平较低,农民人均年收入为13 000元(数据来源:2015年韶关市年鉴)。第一产业主要为原始和粗加工的农产品,如香菇、木耳、山蜜、桃子、番薯干等。但规模较小,以家庭式、小作坊生产为主,未构成完整的产业链。第二产业主要为水电站的能源经济,对村民的就业带动力量有限,并且对生态会造成一定程度的破坏。第三产业主要为小型的家庭式小规模经营的餐饮娱乐设施,只有两家被认定为县示范性家庭农场,经营层次低,上中下游产业未形成关联与互动。要想提升村民收入,需要继续转变经济方式,挖掘新产业。

（2）发展条件分析

经过调研分析,镇村联动区的主要资源有原生态的青山绿水、未开发的含氡温泉、绿色生态的农产品、待开发的高山谷地景观、需统筹发展的森林资源、未挖掘宣传的瑶族文化,但这些资源在韶关地区并不具有唯一性,竞争力较低。同时,江湾镇也存在基础设施不完善、产业基础薄弱、交通区位差、种植田狭小产量低、军事禁区限制旅游开发、小型水电站多且存在安全和环境隐患等发展短板。

（3）发展思路分析

面对村民强烈的脱贫致富愿望、复杂的发展困局,镇村联动区要想突围,选择高度匹配江湾限制条件及资源禀赋的并可融合发展的特定产业是关键。

镇村联动区对比韶关市资源禀赋不高,不具备旅游核心吸引点,难以用传统乡村旅游模式发展。应针对该片区现有生态资源和相关农业、农村发展政策,扬长避短,培育新的核心产业,统筹现有资源,做出精致的"江湾品质"。经过对产业的筛选和分析发现,研学旅游和养老养生产业的市场潜力较大,同时也可破解江湾镇的发展困局(表1)。

表 1 产业适应性分析

发展困局	产业的适应性分析
尽端式交通,交通区位较差	研学旅行和养老养生需要的是既能快速连接大城市,又没有过境交通或其他要素干扰。X351尽端式交通区位符合要求
军事禁区限制,限制旅游发展	研学旅行和养老养身的人群都是属于特定的消费人群,有组织管理游线,不会随意走动,对军事禁区产生干扰的可能性低
小型水电站多,安全和环境隐患大	以水电站为触媒延伸研学产业,水电博物馆的打造实现水电站的再利用
种植田狭小,产量不高	高品质的农产品,可通过研学旅游和养老养生实现江湾产品产地自销,解决农产品销售渠道问题

经过分析,镇村联动区产业发展地位主要以研学旅游和养老养生为核心、精致有机农业为基础、农副加工为延伸、少量乡村旅游为配套。通过各类项目交错布置,实现一二三产融合发展和项目资源的共享融合,各产业间的人群也顺势组成该片区的互动客源(图 2)。在空间布局方面,主要根据各镇村自身的特点和发展条件,沿江湾河进行布置,通过产业的共享融合,不同群体间协同互动,增强片区竞争力,提高当地收入。

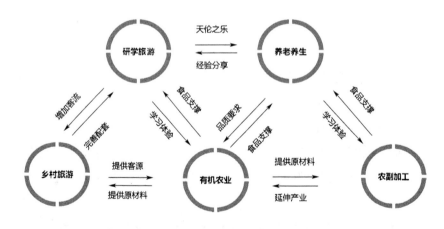

图 2 不同项目间的融合互动

4.2.2 文化振兴:新旧文化多元联动发展

经调研,镇村联动区的历史文化主要有两类:第一类是红色文化,但现仅有一处烈士纪念碑,文化根基较为薄弱;第二类是少数民族文化,江湾镇下辖一个瑶族村,瑶族文化底蕴较为深厚,但瑶族舞蹈、刺绣、瑶族手画图、瑶医、瑶族图腾等仍需充分挖掘、弘扬、传承。如果不对这些文化加以记录和传承,可能随着时间的流逝和时代的进步,很多工艺和习俗也会逐渐失传。规划通过将传统文化融入产业经济活动,发展文化旅游,不仅让群众重视当地文化,同时也能带来一定的收益。因为仅仅依托根基薄弱的红色文化和瑶族文化,是难以吸引游客的。一方面,应借力镇村这个更大的平台,跟其他旅游项目联动发展,吸引客流;另一方面,挖掘更多元的文化项目,如当地传统的农耕文化、水电站的科普教育、植物的科普等,丰富文化体验,实现当地文化的传承和发展。

4.2.3 人才振兴:"筑巢引凤"引进外来人才,就地孵化本土人才

镇村联动区由于就业机会少,基础设施不完善等原因,人口流出严重,空心率高达50%。该镇缺人才的同时,也缺人。如何"筑巢引凤"引进外来人才,就地孵化本土人才,是这个片区面临的难题之一。

由于老一辈的村民知识水平有限,学习新知识的能力较弱,他们多依靠口口相传的经验进行农业的耕作管理和加工等生产活动,难以适应现代农业的要求。一方面,规划通过镇村平台系统地组织高校或企业技术人才对当地农民进行培训,提升他们的生产技术水平和政策水平。另一方面,相关部门出台完善的人才引进政策,吸引致力于开拓村镇市场的技术人才到江湾镇发展,尤其是当地的大学生,通过适度的政策倾斜,鼓励他们回乡创业,带动当地经济的发展。只有通过一系列的政策和财政的倾斜,形成自身的人才链,才能持续增强乡村发展的"造血功能"。

4.2.4 生态振兴:镇村联动提升人居环境,建设风貌展示带

经调研发现,镇村联动区的自然生态环境良好,但是由于污水处理设施、垃圾转运机制尚未完善,导致环境杂乱,风貌不协调等问题突出,村庄尤为严重。规划通过统一建设垃圾收集站、污水处理设施、公共厕所等市政设施,加大场镇、村庄清扫保洁力度,强化公共设施的维护等措施,整体提升镇村联动区的生活环境;再通过绿道的修建串联镇村联动区,生态堤岸的整治,亲水生态走廊的建设(图3),打造镇村联动区的风貌展示带。通过营造生态、整洁的人居环境,吸引更多的人到江湾,留在江湾。

图3　镇村联动区生态走廊建设

4.2.5　组织振兴：成立镇村联动总理事会联合治理

江湾镇层面一直在认真推行基层党建、基层平台建设、组织志愿环保行动等，并取得一定的成效，但对于具体的镇村管理，尚未有系统而具体的举措。对于镇村联动区，未来将成为武江区的重点门户，在招商引资、建设管理、乡风文明提升等方面需承担着更高的使命，为此需要一套更加完善的管理制度。规划通过成立由理事会和乡贤会组成的"镇村联动总理事会"作为辅助政府决策和管理的议事机构，执行并制定由土地管理、公共事务管理等多项内容组成的"镇村建设管理公约"，并通过基层党组织加强基层党建宣传和乡风文明建设，从而实现镇村联治（图4）。

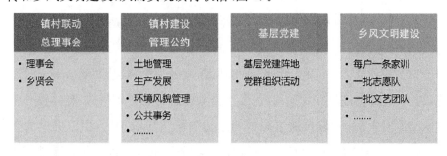

图4　镇村联动治理

5 结语

小城镇作为"人口的蓄水池"和乡村的服务中心,该如何发挥更大的效用,如何借助乡村振兴战略的政策红利顺势而为,与农村共同提升,是当下重要的研究议题。本文通过对乡村振兴战略的实施路径进行解读,思考城镇与农村之间的关系,并以韶关市武江区江湾镇的镇村联动规划为例进行了初步的探索,为小城镇和农村发展提供了一个新方向,也为城乡融合机制的探索提供一些思路。但如何保障实施成效,如何使镇村通过联合发展实现更大的效益,仍需继续探索!

参 考 文 献

[1]中国共产党第十九次全国代表大会报告[R].2017.

[2]唐丽霞.乡村振兴战略:更综合、全面、系统的发展战略[DB/OL].(2018-1-14)ht-tp://news.cnr.cn/theory/gc/20180124/t20180124_524110364.shtml

[3]蔡秀铃.论小城镇建设:要素聚集与制度创新[M].北京:人民出版社,2002.

[4]叶红.珠三角村庄规划编制体系研究[D].广州:华南理工大学,2015.

[5]蔡安青.江西镇村联动建设中存在的问题及对策——以永修县为例[J].地方治理研究,2014,16(1):58-61.

[6]谭丽婷,武小琛.北京市小城镇镇村联动实施模式研究[J].小城镇建设,2018(1):33-39+65.

[7]隔山.牢牢把握"五个振兴"的深刻内涵[DB/OL].(2018-2-24)http://www.so-hu.com/a/226280839_583363.

[8]央视新闻.以"五个振兴"扎实推进乡村振兴战略[DB/OL].(2018-3-8)http://news.ifeng.com/a/20180308/56580217_0.shtml.

[9]骆郁廷,刘彦东.以文化为乡村振兴铸魂[DB/OL].(2018-5-23)http://sky.cssn.cn/zm/zm_shkxzm/201805/t20180523_4292801.shtml.

二、小城镇与乡村的产业与人口

从非农化到城镇化：工业镇转型升级的路径研究

——以珠三角地区为例*

李建学

（广东省城乡规划设计研究院）

【摘要】 珠三角众多小城镇依托"三来一补"及"多个轮子一起转"的发展模式，迅速实现工业化，形成工业专业镇及特色产业集群。然而，长期"重产业，轻城镇"导致城镇化滞后于工业化，造成空间供需错配，制约其转型升级。本文分析工业镇转型升级的空间需求及供需错配的困境，认为城镇化的"量高质低"导致空间无法集聚转型升级的要素是目前制约工业镇转型升级的关键。在总结珠三角多个工业镇转型升级的空间实践经验基础上，分析资本三次循环与城镇化及产业升级的关系，认为应加快资本的第三次循环，推动发展模式由"以业兴城"向"以城兴业"转变。在空间营造路径方面，提出通过提升公共服务水平及空间品质，营造城镇生活方式，吸引人才等生产要素集聚；植入生产型服务设施，完善生产服务功能，延长产业链条；植入或更新产业空间，提高产业空间利用效率；建构跨地域协调机制，提供产业协作机制保障，从而推动产业转型升级。

【关键词】 城镇化 转型升级 工业镇 珠三角地区

* 本文原载于《小城镇建设》2019年1期（总第356期）。
本文获"2018年首届全国小城镇研究论文竞赛"二等奖。

1 引言

改革开放以来,珠三角作为工业化及城镇化的前沿阵地,涌现出众多工业专业镇及世界级产业集群。当下,工业镇进入转型发展阶段,面临公共服务缺失、环境品质低下、用地效率粗放、人才引进困难等困境,凸显"高速度、低质量"的问题,其本质是城镇化质量滞后于经济发展水平。低品质的城镇空间无法集聚转型升级所需要的生产及生活要素,制约了工业镇的转型升级。2015年12月,中央城市工作会议提出高质量发展是未来城市建设的重要目标。进入存量规划时期,珠三角的工业镇迫切需要通过提升城镇化质量,提供满足转型发展的空间载体,实现高质量发展。

工业化与城镇化的关系历来是国内外学者研究的重点。在宏观层面,国外学者研究工业化与城镇化的关系,形成了以库兹涅茨等学者为代表的工业化发展阶段的经典理论[1];国内学者以陈佳贵、顾朝林等为代表研究国内工业化与城镇化发展阶段[2,3]。在中微观层面,国内学者多聚焦于工业化与城镇化不协调带来的问题及工业村镇转型发展的问题。部分学者以珠三角为例,认为产业带动城镇化发展的传统路径不再适合城市发展需求[4],探讨不同产业发展与城镇空间变化的时空过程,提出城镇用地功能、提升空间效率等策略,以实现"产城互动"的良好循环[5]。对于珠三角工业村镇的转型发展问题,国内研究集中于三方面:一是针对专业镇的产业转型问题提出对策,通过梳理专业镇的产业发展历程,从产业链建构的角度,提出产业升级的影响因素及面临的区域竞争、要素密集型发展模式难以为继、人才引进等困境,提出从培育本地创新能力、融入全球产业链、优化城市服务功能等策略[6-9];二是针对工业镇城镇更新改造,从"三旧改造"的角度,分析村镇工业化地区更新改造的土地制度与政策交织、利益主体行为超越等困境[10],认为在保障现有利益分配格局的基础上,通过增量利益分配构建区域发展联盟是改造的关键[11,12];三是,从空间特征的角度,研究珠三角工业村镇造成的"半城市化"发展的问题,以佛山等地区为例,分析以村庄为单元的土地开发导致空间碎片化及半城市化的影响,提出通过土地开发治理,避免小尺度的土地开发统筹等实现效率提升及改善空间品质的对策[13]。国内学者对工业镇的产业升级策略、空间现状特征、形成机制、"三旧改造"及城镇更新策略等研究较多,但对产业转型升级与空间的供需关系研究不多,探讨城镇产业升级对空间的需求及其供给策略应是推动城镇高质量发展的重要议题。因此,本文立足于空间视角,分析工业镇转型升级的空间需求,总结珠三角不同工业镇逐步实现转型升级的探索经验,以资本三次循环的理论为指导,探索新的空间生产方式,提供转型升级所需的空间载体,为众多珠三角工业镇的转型升级实践提供借鉴。

2 问题:增长不等于发展,空间供需错配

2.1 珠三角工业镇产业转型升级的特征

珠三角工业镇是改革开放后依托地理区位优势及政策条件,以乡镇企业或外资企业为主体,发展成为"一镇一品"或"一镇多品"的工业特色镇。工业镇主要承担产业链中的"组装、加工"等环节,产业发展依托资源驱动,企业多为劳动力密集型及资金密集型产业。工业镇已经成为珠三角城市发展的主导经济力量之一,以佛山为例,佛山市 38 个工业专业镇(街道),对佛山经济总量的贡献率保持在 80% 以上。[14]

目前,珠三角工业镇处于转型升级阶段。Humphrey 认为,产业升级包括四种方式,分别为工艺升级(效率提升)、产品升级(质量提升)、产业功能转变(向产业链条两端延伸)、产业类型升级(跨产业链转变)[5]。珠三角工业镇产业转型的特征体现在产业结构持续调整,服务业比重不断增加;产业类型拓展,产业链延长,生产性服务业规模持续扩大;产业集群效益明显,形成"龙头企业+配套企业"的产业格局。产业升级是以某个方向为主,多个方向并行的过程。以中山市古镇镇为例,其主导产业是灯饰制造,自 2012 年以来,产业结构调整显著,表现在产业产值不断提升情况下,第三产业占经济总量的比重逐步超过第二产业,制造业企业数量及产值持续下降,生产性服务业的企业数量及产值持续上升。在此过程中,古镇镇沿着生产工艺升级、产品质量提升及产业功能转变等多个方向实现产业升级(图1、图2)

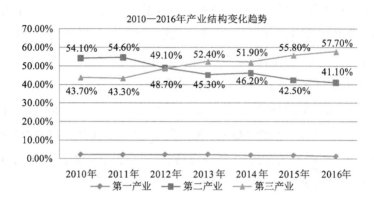

图1 2010—2016年古镇镇产业结构变化
资料来源：古镇镇统计公报，自绘。

图2 古镇镇制造业及展贸业企业数量比较
资料来源：古镇镇统计公报，自绘。

2.2 产业转型升级催生新的空间需求

发展动力转变催生新的产业空间需求。由原来的要素驱动、资金驱动转向技术及创新驱动，由劳动密集型产业向资金与技术密集型产业转变，需要承载科技创新、金融财务、知识产权服务等功能的空间。

产业转型发展路径从"以产业聚人"向"以人聚产业"转变，需要人性化及多元化的生活空间。聚集人才的关键在于满足各类型人才的就业及生活需求，提供技术提升及转化的机会，产业平台须融合生活、文化、休憩等功能,并嵌入区域生态体系,营造生态宜人的休憩环境。

产业转型升级的方向多元化,催生多元化的产业空间需求。向产业链两端延伸需要植入研发、物流、展示等生产性服务功能,需要各类型服务业空间;产业链的更替即是改变主导产业的类型,需要新的生产空间;产品质量提升及工艺流程的改进也需要对原有的产业空间进行调整,以满足新的生产工艺需求,例如更新生产设备,降低生产线的普通工人数量等(图3)。

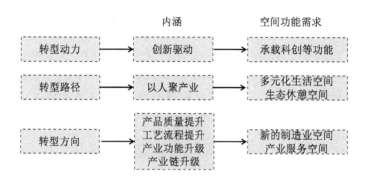

图3 产业转型升级阶段对产业空间的需求

2.3 困境:空间无法集聚转型升级的要素

产业转型升级面临的困境主要体现在空间供给难以满足需求,具体表现如下。

(1)产业地块更新导致去工业化,优质生产空间供给不足。在产业地块更新改造过程中,产业用地改造以商业设施及住宅为主而产业为辅,也较少涉及创新空间、公共服务设施及基础设施建设。例如,中山市小榄镇是五金专业镇,三旧改造规划中工业用地由49%降为24.3%,居住用地由37%提升到54.4%,超过50%的三旧地块改造为居住用地,产业用地多为碎片化的工业项目。[15]

(2)空间功能碎片化,新型产业平台难进驻。珠三角工业镇现状建设用地占比较大,大部分镇超过30%(表1)。产业用地沿交通干道拓展,形成"工厂+村庄+镇区"的空间格局,地块面积零散,用地权属复杂,用地效率低下。新增产业平台难以进驻,存量旧厂房改造难度大。

表1　珠三角部分产业镇用地数据统计

产业镇	建设用地比重	公共服务设施占建设用地比	人均公共服务设施指标（m²/人）		人均公园绿地指标（m²/人）	
			现状	国家标准	现状	国家标准
厚街镇	43.35%	3.09%	3.83	5	7.1	8
南头镇	71.21%	2.66%	3.46	5	0.6	8
大沥镇	68.8%	7.56%	6.8	5	1.92	8

资料来源：参考文献[16][17][18]。

（3）城镇公共服务水平低，无法吸引新业态。工业镇的公共服务设施配套以"镇＋村"两级为主体，设施的规模及类型不足，服务水平提升缓慢，与城镇经济体量、人口规模等不匹配，呈现"小马拉大车"的情况。缺乏层次多样、类型多元、品质高的公共服务设施，难以吸引高层次人才。

（4）村镇工业园区陷入"物业出租模式"的路径锁定。工业镇的产业用地及厂房等的经营主体多为村集体，依赖"土地（厂房）租赁→收租"的模式，仅提供基本的生产空间，无法提供多元化的生活服务设施。

（5）产业集群效应凸显，跨镇域协调不足。产业布局由"一镇一品"向"一品多镇"或"一镇多品"转变，产业集群呈现"主导镇＋配套镇"的格局。产业及经济联系已突破行政边界的范围，但产业集群内相邻镇之间的用地布局、设施配置、道路交通联系等协调不足，阻碍生产要素流通。

工业镇的产业用地供给、空间功能结构、公共服务水平、产业空间供给机制等方面均难以满足产业转型升级的需求，本质是产业转型的空间需求与工业镇现状空间供给不匹配。

3　原因：传统发展模式及其负外部性

3.1　工业化发展历程：产业发展塑造非农化的城镇空间

改革开放后至1995年，工业化处于快速发展时期。珠三角地区凭借政策优势及区位条件，对外贸易等外向型经济和乡镇企业迅速发展，出现"村村点火、户户冒烟"的景象,发展劳动密集型产业,外来人口迅速集聚,城镇化率快速提高,1993 年珠三角城镇化水平为 38.3%,比全国平均水平高出近 10.7 个百分点[19]。90 年代后,伴随专业镇及产业集群的形成逐步出现专业市场。此时期工业镇的产业空间主要沿道路布局,如珠三角西岸地区的乐从镇、龙江镇、小榄镇等,沿 105 国道形成产业带。

1995 年至 2008 年,工业化转入中期阶段。受国际经济环境及国内调控政策影响,"三来一补"产业不再占主导地位,高新技术类的产业平台出现,村镇产业逐步向工业园区集中。工业镇的服务功能有所提升,"村、厂、镇"混杂碎片化的空间格局形成。

2008 年至今,进入转型发展阶段。产业发展动力要素转变为技术、人才、资金等,产业用地效率有所提升,企业选址更侧重生产性服务及生活性服务配套,产业升级伴随三旧改造快速推进,创意园、科技城等新型产业空间涌现。

珠三角工业镇从粗放发展转变为集约发展,从依托低成本劳动力及土地资源发展转变为依托技术创新发展,体现发展动力、发展主体、发展模式的转变。

3.2 传统发展模式:依赖低成本的"多个轮子一起转"

珠三角在改革开放初期形成以工业化推动非农化的模式,推动乡镇和民营企业快速发展,企业集聚大量的外来人口,形成"半城市化"地区。其发展模式关键在于发展主体及发展路径。

村镇主导下的"多个轮子一起转"推动快速工业化。镇政府、村集体、村小组、村民等均为发展主体,自下而上形成的"多个轮子一起转"的发展模式激活村集体及村民等发展主体对于发展工业的积极性。村民与村集体形成"委托—代理"关系[20],村集体与村民、镇政府等形成"增长联盟",通过土地租赁、物业租赁等方式,迅速实现工业化及非农化。村民通过出租物业或收取分红获得利益,村集体通过出租物业或自主经营物业获得收益,企业获得利润,政府获得税收。

城镇发展形成路径依赖。企业依赖低成本,产业类型以劳动密集型为主,仅嵌入产业链条的制造环节或展贸环节,产业链条短,附加值低,企业同构现象明显,如家具、服装等;部分产业龙头企业带动效应明显,如家电产业。村集体及村民过于依赖"租赁经济",导致用地性质及产业发展的非农化,形成"制造＋租赁＋展贸"的产业格局,居民生活品质及城镇建设水平呈现"半城半乡"的特征(图4)。

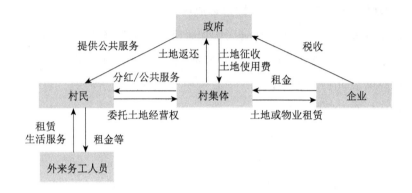

图 4　村镇工业化下的各主体关系

3.3　负外部性：城镇化水平滞后,空间品质低

传统"以业兴城"模式的负外部性体现在城镇化的"高低矛盾",表现在人口城镇化率高,公共设施配套标准低,以服务本地居民为主,呈现"城市体量、村镇配置"的特征;建设用地占比高、用地效率低;产业产能规模大,生产性服务业配置不足等。以东莞市厚街镇为例,作为家具及皮具专业镇,常住人口约43.8万人,其中外来人口占78%,建设用地量占镇域面积43.09%,地均GDP为7.1亿元/平方公里,高于珠三角平均水平,但人均公共服务设施为3.8平方米,人均公园绿地面积为7平方米[16],距离国家标准尚有差距,未能满足产业发展及居民生活需求。

空间功能单一、增量产业空间不足、配套水平低、"半城半乡"的混杂环境及村镇为主导、自下而上的供给模式与产业转型所需要的功能多元化、环境品质高、城镇服务完善的空间要求不匹配。以工业化推动城镇化的传统模式无法跳出"高水平非农化,低水平城镇化"的困局,难满足产业升级需求。

4 实践：以城镇化推动产业转型升级的探索——以珠三角多个工业镇为例

城镇化是伴随工业化发展，非农产业在城镇集聚、农村人口向城镇集中的自然历史过程。[21]城镇化内涵包括"量和质"两大层面，"量"即城镇化的速度及规模，体现站在经济结构、土地利用、人口就业的非农化率等方面；"质"即城镇化的效率与水平，包括公共服务质量、环境品质、土地利用效率、居民生活方式等，体现在对人、对自然环境的关注。本文关注如何通过提升城镇化的"质"，提供产业转型升级的空间基础，推动工业镇转型升级。珠三角工业镇的实践主要包括以下四方面。

4.1 营造城镇生活方式：提升公共服务水平及环境品质，集聚产业转型要素

工业镇通过植入公共服务设施及公园绿地等休憩设施，塑造公共服务中心，提升空间品质及宜居性，改变"村镇配套＋世界级产业集群"的现状。以优质公共服务吸引各类型产业人才，推动外来就业人口实现本地城镇化。在空间上，可围绕公共休憩空间布局公共服务设施，提高空间品质。以顺德区北滘镇为例，家电配套制造产业产值超过 1 000 亿元，规模超过全国家电总产值的 10％，目标是打造家电全产业链。北滘在通过建设十二年制学校、企业孵化器、体育公园、人才公寓的方式，吸引人才进驻，设施围绕家电产业集群布局，满足居民及企业职工获取多元化公共服务的需求（图 5）。

4.2 完善生产服务功能：植入生产性服务设施，延长产业链

传统工业镇通过建构针对特色产业的生产性服务空间，实现生产性服务本地化，降低中小企业在研发、测试、知识产权、融资等方面的成本。另一方面，延长产业链条，提高产业附加值。以佛山市石湾镇街道为例，石湾原是建筑陶瓷和艺术陶瓷生产的重要基地，随着生产环节外迁，逐步转为陶瓷批发市场。地方引入社会资本，结合旧厂房改造，建设 1506 创意园、佛山泛家居创意园及佛山国际家居博览城，提供科研、文创、展贸空间，建设陶瓷创

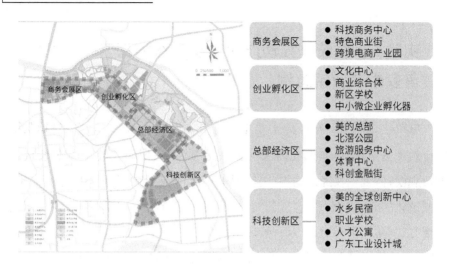

图5 北滘镇北滘新城的功能分区及业态规划
资料来源：参考文献[22]。

新中心及华南地区展贸基地，实现产业类型由制造业向创意、研发、展贸业转变(图6)。

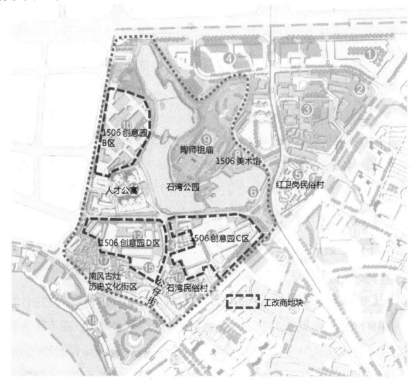

图6 石湾镇街道 1506 创意园改造地块及功能

4.3 提高产业空间效率：植入复合紧凑型的新平台，满足跨产业链转型需求

通过植入新平台，改变传统产业类型，引入新兴产业，实现产业转型。另一方面，通过合理规划产业空间布局及产业用地开放强度，提升用地效率。以中山市板芙镇为例，板芙镇人口10万，以家具、玩具、衣服等传统制造业为主导产业，2016年启动智能装备制造特色小镇建设，目前已招商运营14家装备制造业企业，实现跨产业链的转型。应对新兴产业对生产、生活、生态等空间的需求，板芙镇在智能装备制造特色小镇片区培育综合性的服务中心，配置学校、商业综合体、会展中心、湿地公园等设施，提升全镇的空间品质及城镇公共服务水平(图7、图8)。

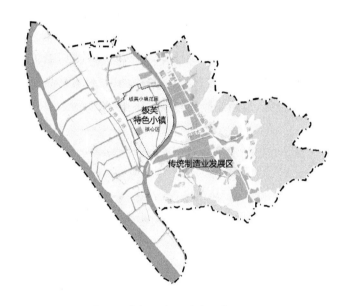

图7　板芙智能装备特色小镇在板芙镇的区位图

4.4 改变各自为政的模式：搭建跨镇域协调框架，提供跨地域产业协作机制保障

传统村镇各自发展导致产业空间布局碎片化、道路体系通达性不足、公共服务低效供给以及环境污染难治理等问题。搭建村镇协调治理平台是解决功能碎片化、提升环境品质的前提，也是产业转型的支撑条件。以顺德区

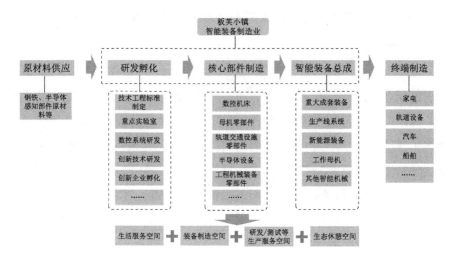

图8　智能装备制造业对空间的需求

为例,为突破行政范围,提升产业集群的运营效率,联动多个镇区,顺德在"区—镇"两级单元之间叠加"片区管委会",形成"区—片区—镇"的管理架构,加强公共服务设施、道路连接等问题的协作(图9)。

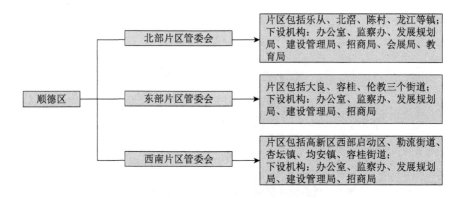

图9　顺德区三大片区管理架构设置

城镇化的质量体现在在与经济水平相匹配的生活方式、生产方式、空间效率以及村镇协作模式上。多元便捷的城镇生活服务、完备的生产性服务、紧凑高效的产业平台及跨村镇的协作方式是推动工业镇产业转型的基础条件。

5 路径：转变空间生产方式，提升城镇化质量

城镇化的质量决定产业转型升级的进程。各工业镇需通过改变城镇空间生产的机制实现城镇化质量的提升。

5.1 理论基础：资本三次循环与城镇化及产业转型升级的关系

5.1.1 资本三次循环推动城镇化发展

大卫·哈维认为，资本循环决定空间生产，资本转移和空间生产过程包括三级资本循环的体系，初级循环是资本在生产领域流通，如资本投资于工业化生产过程；资本第二循环是资本投资于建成环境，包括土地、房地产等，实现空间资本化；资本第三循环是投资于科技研究与劳动力再生产有关的社会公共事业等。[23]

资本在三级循环中不断转移，重塑城市空间特征，一次循环影响工业化，二三次循环决定城镇化的规模及质量。对于珠三角地区而言，资本已经实现了由第一循环走向了第二循环，第一循环推动工业化快速发展，第二循环推动城镇规模扩大，提高城镇化率。如今，各工业镇已经在积极引导资本进入第三循环，通过重构空间功能格局，提升城镇化品质，培育新的发展动力。

5.1.2 城镇化质量是产业转型升级的基础

产业升级的本质是产业附加值的提升，产业发展的路径从"以业聚人，以人兴城"向"以城聚人、以人兴业"转变。城镇化质体现在城镇空间上，包括城镇公共服务水平、空间利用效率、环境品质等方面，而城镇空间是集聚产业转型升级要素的载体和基础。

城镇化的空间生产在初级循环投资于工业生产和二次循环转向建成环境后，产业转型升级集中表现为资本的第二次循环及第三次循环转变，通过加快资本的第三次循环，提升城镇化质量，加快集聚制造业转型升级所需的生产要素，推动产业升级（图10）。

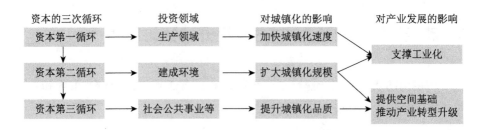

图 10　资本三次循环与城镇化、产业升级的关系

5.2　路径建构：改变空间生产的方式，重塑空间品质

（1）重塑空间功能格局

城镇化推动产业转型发展，本质是空间营造从以经济产业为中心，转向以人为中心。通过提升公共服务水平及环境品质，营造城市型的生活方式，为企业就业人员提供多元化生活选择；通过完善生产性服务功能，延长产业链条，提高产业附加值；通过植入新的产业平台，提升产业空间利用效率。实现以高品质的城市空间，引导高级生产要素集聚，推动产业转型升级。

（2）提供机制保障

工业镇产业转型亟需协调政府、村集体、村民、企业、企业职工等多个发展主体的关系。改变"放水养鱼""各自为政"松散的发展模式，避免利益至上的资本主导空间生产，提高政府在空间生产中的干预程度，"自上而下"的导控及激发"自下而上"的活力相结合，保障空间的公共性及品质性。提供跨镇域协调发展的平台，协调镇与镇、村与村的关系，为产业转型升级提供机制保障（图 11）。

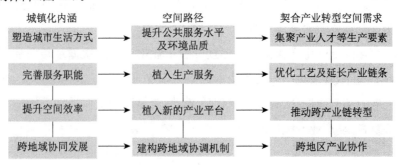

图 11　城镇化推动产业转型的空间路径建构

6　总结：城镇化提供产业转型升级的空间基础

产业转型升级的本质是产业附加值的提升,产业转型的不同方向催生不同的空间需求。珠三角的工业镇依托"多个轮子一起转"的发展模式,实现快速非农化,却导致城镇化质量低下,城镇空间供给与产业转型升级的空间需求不匹配。"低质量城镇化"的空间特征难以满足产业升级需求。提升城镇化质量是珠三角工业镇转型升级的必由之路。

在实践层面,珠三角各专业镇已探索通过提升城镇化质量,加快产业转型升级。在理论层面,产业转型升级集中表现为资本的第二次循环及第三次循环转变,资本的第三循环投资于社会公共事业,提供集聚高级生产要素的空间基础。由此可知,工业镇产业转型升级须转变发展方式,由"以业兴城"转变为"以城兴业",通过提升公共服务水平及空间品质,营造城镇生活方式,吸引人才等生产要素集聚;通过植入生产型服务设施,完善生产服务功能,延长产业链条;通过植入或更新产业空间,提高产业空间利用效率;通过建构跨地域协调机制,提供产业跨地域协作的机制保障,从而推动产业转型升级。

参考文献

[1] 许学强,等.城市地理学[M].北京:高等教育出版社,2009.

[2] 陈佳贵,黄群慧,钟宏武,等.中国地区工业化进程的综合评价和特征分析[J].经济研究,2006(6):4-15.

[3] 顾朝林,于涛方,李王鸣.中国城市化——格局、过程、机理[M].北京:科学出版社,2008.

[4] 吕惠萍,匡耀求.基于产业发展的城镇化可持续发展研究[J].经济地理,2015,35(1):82-88.

[5] 陈伟莲,张虹鸥,吴旗韬,等.珠江三角洲城镇群产业结构演变的城镇空间响应强度[J].热带地理,2014,34(4):544-552.

[6] 沈静,魏成.全球价值链下的顺德家电产业集群升级[J].热带地理,2009,29(2):134-139.

[7] 刘丽辉,杨望成,辛焕平.珠三角制造业专业镇转型升级探析——以佛山大沥镇为

例[J].佛山科学技术学院学报,2013,31(4):62-66.

[8] 周春山,李福映,张国俊.基于全球价值链视角的传统制造业升级研究———以汕头为例[J].地域研究与开发,2014,33(1):28-33.

[9] 刘卫,凌筱舒.珠三角专业镇传统产业转型升级模式及其规划策略研究———以增城市新塘镇为例[J].南方建筑,2014(6):84-87.

[10] 陈晨,赵民,刘宏.珠三角"三旧"改造中的土地利益格局重构及其运作机制———以佛山市"三旧"改造经验为例[J].中国名城,2013(1):33-40.

[11] 杨廉,袁奇峰.珠三角"三旧"改造中的土地整合模式———以佛山市南海区联滘地区为例[J].城市规划学刊,2010,187(2):14-20.

[12] 袁奇峰,钱天乐,郭炎.重建"社会资本"推动城市更新———联滘地区"三旧"改造中协商型发展联盟的构建[J].城市规划,2015,39(9):64-73.

[13] 郭炎,袁奇峰,李志刚,等.破碎的半城市化空间:土地开发治理转型的诱致逻辑———佛山市南海区为例[J].城市发展研究,2017,24(9):15-25.

[14] 专业镇:佛山经济转型升级的主战场[EB/OL].(2016-06-15).http://tech.southcn.com/t/2016-06/15/content_149468193.htm.

[15] 中山市小榄镇规划所.小榄镇三旧改造专项规划(2010—2015年)[Z].2015.

[16] 东莞市厚街镇人民政府,东莞市城建规划设计院.莞市厚街镇总体规划修改(2012—2020)[Z].2016.

[17] 中山市南头镇人民政府,广东华方工程设计有限公司.中山市南头镇总体规划(2015—2020年)修编[Z].2017.

[18] 佛山市规划局南海分局,佛山市南海区大沥镇政府,广州市城市规划勘测设计研究院,Eco株式会社都市环境规划研究所.佛山市南海区大沥组团总体规划(2004—2020)[Z].2006.

[19] 国家统计局城市社会经济调查总队.中国城市统计年鉴(1993—1994)[M].北京:中国统计出版社,1995.

[20] 杨廉,袁奇峰.基于村庄集体土地开发的农村城市化模式研究———佛山市南海区为例[J].城市规划学刊,2012,(6):34-41.

[21] 国家发展和改革委员会.国家新型城镇化规划(2014—2020年)[Z].2014.

[22] 佛山市顺德区北滘镇土地储备发展中心,广东顺建规划设计研究院有限公司.佛山市顺德区北滘特色小镇发展建设规划[Z].2017.

[23] 郭文."空间的生产"内涵、逻辑体系及对中国新型城镇化实践的思考[J].经济地理,2014,34(6):33-40.

"特色小城镇"的就业效能：特征与反思

——基于国家首批 127 个特色小城镇的实证分析*

戴鲁宁[1]　单卓然[2]

（1. 同济大学建筑与城市规划学院

2. 华中科技大学建筑与城市规划学院

湖北省城镇化工程技术研究中心）

【摘要】　特色小城镇是近两年中国城乡规划行业发展的新动向，国家政策与行动建立在"乡镇特色建设对经济社会发展的正向促进作用"的认知基础上，尚缺乏针对就业维度考察特色小城镇建设的社会效能的量化分析。本文以国家首批 127 个特色小城镇为例，围绕就业人口系数开展研究，定量化地通过比较特色小城镇与全国乡镇及非特色乡镇平均就业水平、揭示特色小城镇的就业水平梯度特征、分析不同功能类型的特色小城镇的就业水平及其就业人口系数的历时态增速差异等，试图回答：特色小城镇与居民就业水平的内在关联——是否在就业水平上也存在优势，不同特色小城镇之间的就业效能是否分异？进而，基于提升就业供给能力的视角反思首轮特色小城镇的筛选原则、扶持政策、发展目标，为国家未来相关特色小城镇的评定与实践提供理论基础。研究主要得出以下三点结论：一是特色小城镇总

＊　本文原载于《小城镇建设》2019 年 3 期（总第 358 期）。

国家自然科学基金项目：大城市"次区域生活圈"建构标准及空间组织优化策略研究——以武汉市为例，项目号：51708233。

湖北省科技创新计划软科学面上项目：基于大概率、经常性日常活动的武汉市人才生活服务圈特征与形成影响机制研究，项目号：2018ADC104。

本文获"2018 年首届全国小城镇研究论文竞赛"鼓励奖。

体上具有一定的就业优势,但其内部存在较为显著的梯度分异,其就业优势并非为绝对性;二是分功能类型特色小城镇的就业效能水平分异显著;三是建议特色小城镇现状评估体系中加入就业效能指标内容,帮助小城镇慎重选择特色发展路径。

【关键词】 特色小城镇　就业效能　就业人口系数　特征　分异

1　引言

继住建部、国家发改委和财政部首次于 2016 年 7 月正式提出特色小镇培育工作后,住建部于同年 10 月 14 日正式对外公布了首批 127 个特色小城镇名单。发展特色小城镇被认为是我国小城镇建设模式的重要创新,政策初衷是鼓励小城镇通过壮大自身相对优势、集中政策合力来提升经济发展水平、优化产业结构、保护传统风貌,更进一步带动周边地区协同发展。为了实现发展的"特色化",不少地方在特色资源挖掘、特色产业培育、特色商贸运营、特色环境塑造上用了很多功夫,部分得到了显著性收获,部分也出现了一些共性问题。笔者将分析视角从资源、经济和环境领域转移到就业效能,是出于对特色小城镇发展中"人与社会"维度的考量,以及将就业看作社会稳定和居民美好生活基础的考量。在当下全国特色小城镇打造热潮的背景下,从就业效能维度审视首批特色小城镇的发展状况,将有可能对完善特色小城镇评选指标体系、优化特色小城镇发展路径指引等方面产生积极影响。

2　研究问题与对象

2.1　研究背景及问题

"特色小城镇",无疑是 2017 年中国城乡规划领域最受关注的行业动向之一。国家推行和鼓励特色小城镇建设的主张,建立在"乡镇特色建设对经济社会发展的正向促进作用"的系统性认知基础之上。通过分析既有的"特色小城镇"的筛选标准、相关政策文件、学术研究成果,笔者认为,上述认知基础至少包括 5 个方面。①经济产业发展方面:特色小城镇建设能够有效促进全镇一二三产业结构调整,有助于孕育多样化的产业模式、培育产业专业分工与集群协作[1];②区域城镇化发展方面:特色小城镇建设能够有效带动周边城镇联动一体化发展,能够渐进改变农村、农民生产生活方式,能够渐进吸引农业人口转移,能够在一定程度上留住人、促消费、化解空心化问题[2],能够在一定程度上成为大城市反磁力吸引的载体,从而有助于疏散大城市人口[3];③人居环境建设方面:特色小城镇建设能够成为城市修补、生态修复、产业修缮的重要手段,能够有效改善镇村建成环境,有助于深化美丽乡村建设[3];④文化及公共服务发展方面:特色小城镇建设能够促进城镇公共服务设施建设、保护和发扬地域传统文化;⑤体制机制创新方面:特色小城镇建设能够促进多主体参与体制和治理模式的改革[4]。应该说,上述认知基础正在逐步推动具有中国特色的小城镇发展和建设理论框架的形成。在上述理论认知的指导下,国家于 2016 年 10 月 14 日批复了首批 127个特色小城镇,肯定了其在带动全国落后小城镇发展、优化国家城镇—城乡—镇村体系、推动新型城镇化和新农村建设、促进美丽中国建设、改善小城镇民生和环境问题等领域的积极作用,认为其能够作为中国现阶段小城镇发展的对标。

在既有的特色小城镇发展和建设理论认识中,鲜有针对就业维度考察特色小城镇建设的社会效能的量化分析[5-7]。然而,居民就业作为当今社会城乡建设中的一项重要民生议题,是特色小城镇发展中不能回避的重要内涵。因此,特色小城镇与居民就业水平的内在关联——是否在就业水平上也存在优势? 不同特色小城镇之间的就业效能是否分异? 这些问题值得进一步探讨。

基于此,本文以住房城乡建设部、国家发展改革委、财政部联合批复的首批 127 个特色小城镇为例,通过比较特色小城镇与全国乡镇及非特色乡镇平均就业水平、揭示特色小城镇的就业水平梯度特征、分析不同功能类型的特色小城镇的就业水平及其就业人口系数的历时态增速差异等,试图揭示我国现阶段特色小城镇发展的就业效能①特征。进而,基于提升就业供给能

---

① 就业效能:指特色小城镇的就业反哺能力,在本文中通过特色小城镇的就业人口系数来反映。该指标也能够侧面说明特色产业与特色小城镇就业水平之间的转化效率,在笔者下一阶段的研究中将对其进一步科学量化考核分析。

力的视角反思首批特色小城镇的筛选原则、扶持政策、发展目标,为国家未来相关特色小城镇的评定与实践提供理论基础。

2.2 研究对象及数据来源

本文选择全国首批 127 个特色小城镇作为研究对象(附表 1),考虑到数据的可获得性和可测度性,将"就业人口系数"作为测度特色小城镇就业效能的核心指标(薪资水平暂未纳入本次研究范围)。本文对乡镇就业人口系数的测算方法如下:

$$乡镇就业人口系数 = \frac{乡镇从业人员}{乡镇常住总人口} \times 100\%$$

研究所需的数据主要源于两部分:一是 2013 年、2014 年和 2015 年的《中国县域统计年鉴(乡镇卷)》[8],从中提取出 2013 至 2015 三个时间截面上的 127 个特色小城镇、全国乡镇及非特色乡镇的常住人口数据和从业人员数据,用于就业人口系数测算,并分析其就业水平。二是全国首批特色小城镇的相关资料,主要包括首批特色小城镇的相关报告及政策解读文件,所在乡镇的政府工作报告、发展规划及城乡规划资料等(来源于政府网站或个别乡镇调研资料),主要用于对 127 个特色小城镇进行功能类型的划分。

特别说明,本文采用的统计数据时限为 2013 年至 2015 年,先于特色小城镇名单公布之前。选择该时段除了受到数据可获得性影响以外,还有一点考量是:笔者认为,特色小城镇的发展有其路径延续性,"特色"并非因国家赋予了称号而一蹴而就,而是在乡镇前期发展中积淀的外部成效。对 2016 年国家公布特色小城镇名单之前的历时态数据展开挖掘,能够更加清晰地识别出乡镇的特色化发展路径区别所带来的就业效能分异。名单公布后的国家特色小城镇配套政策对乡镇就业效能带来哪些新的作用,将另作文探讨。

3 特色小城镇总体就业水平及特征分析

3.1 特色小城镇就业水平总体存在优势:对比全国乡镇及非特色乡镇

根据 2013 年至 2015 年《中国县域统计年鉴(乡镇卷)》,得出三年期间

127 个特色小城镇、非特色乡镇和全国乡镇三者的平均就业水平,并进行比较分析(图 1、图 2)。结果显示,特色小城镇总体就业水平和就业水平增长速度上都远高于非特色乡镇和其他全国乡镇,即在宏观总体就业水平层面上,首批特色小城镇的现状就业效能要显著领先于非特色乡镇和全国其他乡镇,并显露出与后面两者进一步拉开差距的趋势。

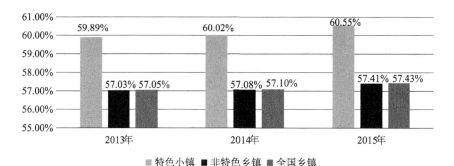

图 1　2013—2015 年特色小城镇、非特色乡镇、全国乡镇就业水平比较
资料来源:参考文献[8]。

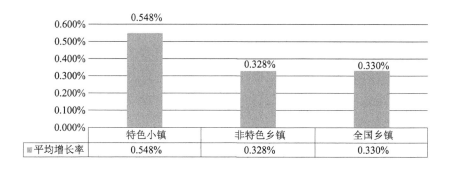

图 2　2013—2015 年特色小城镇、非特色乡镇、全国乡镇平均增长率比较
资料来源:参考文献[8]。

3.2　纺锤形三梯度特征:梯度内水平分异逐年减小,梯度间就业贫富差距[①]扩大

本文基于 SPSS 的分类工具,根据首批特色小城镇的历年就业人口系数

---

①　就业贫富差距:指各特色小城镇就业水平之间的差距。

对其进行聚类分析,并依据梯队内部就业水平由高至低将其依此划分成第一梯队、第二梯队和第三梯队:特色小城镇的就业水平整体呈现出两头小中间大的"纺锤形"特征,第二梯度是特色小城镇中的主力,特色小城镇就业水平整体属于良性结构(图3)。

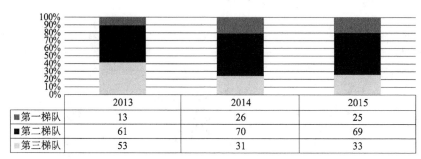

	2013	2014	2015
■ 第一梯队	13	26	25
■ 第二梯队	61	70	69
□ 第三梯队	53	31	33

▨ 第三梯队　■ 第二梯队　▨ 第一梯队

图3　2013—2015年127个特色小城镇三个就业水平梯度的小城镇数量特征
资料来源:参考文献[8]。

笔者基于个体之间标准差的数据,进一步分析每个梯队内部个体之间和特色小城镇总体就业水平的历时态变化,发现第一、第三梯队内部的个体差异逐年减小,但是主力第二梯度及特色小城镇总体范围内的差异正在增加,说明就业效能本身较强的小镇与就业效能本身较弱的小镇之间的"就业贫富差距"正在扩大,不同特色小城镇的产业产能与就业效能之间的转换效率具有差异性(图4)。

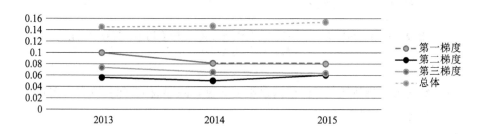

图4　2013—2015年127个特色小城镇就业水平梯度内部及总体偏差分析
资料来源:参考文献[8]。

3.3 末30位特色小城镇就业效能低下,特色小城镇就业反哺能力无绝对优势

特色小城镇的总体就业水平较非特色乡镇和全国其他乡镇具有较为明显的优势。然而进一步的数据分析证明特色小城镇内部就业水平的梯度分异特征却日趋显著。由于数据获取的限制,本文选取2014年就业水平排名末30位的特色小城镇作为低就业水平特色小城镇的样本,通过比较该30个特色小城镇与各小城镇所处地区的平均就业水平,以论证低就业水平特色小城镇的就业优势存在性,进而论证特色小城镇就业优势的绝对性(图5、表1)。

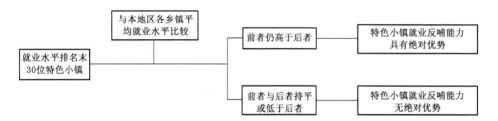

图5 特色小城镇就业水平优势存在性论证逻辑

表1 2014年就业水平末30位特色小城镇及所在省份或地区就业水平比较

小城镇名称	就业人口比例	所在省份或地区	所在省份或地区平均就业水平	就业水平差(小镇个体—省份平均水平)
德宏州瑞丽市畹町镇	29.33%	云南省	62.84%	−33.51%
阿勒泰地区富蕴县可可托海镇	44.92%	新疆维吾尔自治区	49.39%	−4.47%
山南市扎囊县桑耶镇	31.17%	西藏自治区	72.96%	−41.79%
达州市宣汉县南坝镇	41.86%	四川省	59.37%	−17.51%
南充市西充县多扶镇	27.79%			−31.58%
攀枝花市盐边县红格镇	48.53%			−10.84%
晋城市阳城县润城镇	47.03%	山西省	51.05%	−4.03%
泰安市新泰市西张庄镇	44.70%	山东省	67.49%	−22.79%
海东市化隆回族自治县群科镇	43.79%	青海省	54.39%	−10.59%
海西蒙古族藏族自治州乌兰县茶卡镇	30.67%			−23.72%
银川市西夏区镇北堡镇	38.05%	宁夏回族自治区	54.00%	−15.95%

111

（续表）

小城镇名称	就业人口比例	所在省份或地区	所在省份或地区平均就业水平	就业水平差（小镇个体—省份平均水平）
通辽市科尔沁左翼中旗舍伯吐镇	43.24%	内蒙古自治区	59.30%	−16.07%
呼伦贝尔市额尔古纳市莫尔道嘎镇	40.54%			−18.76%
赤峰市宁城县八里罕镇	35.51%			−23.80%
丹东市东港市孤山镇	41.77%	辽宁省	60.37%	−18.60%
辽阳市弓长岭区汤河镇	40.99%			−19.38%
大连市瓦房店市谢屯镇	49.10%			−11.27%
宜春市明月山温泉风景名胜区温汤镇	45.27%	江西省	57.31%	−12.05%
徐州市邳州市碾庄镇	42.75%	江苏省	59.66%	−16.90%
无锡市宜兴市丁蜀镇	50.16%			−9.50%
辽源市东辽县辽河源镇	48.81%	吉林省	54.17%	−5.37%
娄底市双峰县荷叶镇	37.64%	湖南省	56.15%	−18.51%
黄冈市红安县七里坪镇	37.07%	湖北省	63.41%	−26.34%
齐齐哈尔市甘南县兴十四镇	39.41%	黑龙江省	54.26%	−14.85%
大兴安岭地区漠河县北极镇	32.59%			−21.67%
秦皇岛市卢龙县石门镇	45.30%	河北省	56.92%	−11.62%
邢台市隆尧县莲子镇镇	32.85%			−24.07%
海口市云龙镇	30.45%	海南省	60.11%	−29.66%
河源市江东新区古竹镇	39.22%	广东省	57.66%	−18.43%
泉州市安溪县湖头镇	32.48%	福建省	69.59%	−37.11%
就业水平差平均值				−18.47%

资料来源：参考文献[8]。

结果显示，低就业水平特色小城镇与其所在省份或地区的平均就业水平差皆为负数，且平均值达到了−18.47%，表现出较为明显的劣势。即可以判断，一部分高就业水平的特色小城镇拉高了特色小城镇的总体平均就业水平，但仍然存在一部分就业水平较低的特色小城镇表现欠佳，可见特色小城镇的就业反哺能力并无绝对优势，不可一概给予较高的评价。

当前我国特色小城镇建设主要以社会经济范畴中的特色产业发展为主要的基石和衡量指标，却极少考虑其特色产业发展与社会就业水平间的转换效率，即特色小城镇是否都具有高就业效能，使得"特色小城镇"能够切实成为利民政策？不可否认的是,特色小城镇在产业、风貌、文化、体制政策等方面与其他非特色乡镇相比具有一定的优势,然而在以社会就业效能的评价指标下,特色小城镇政策的有效性则依然有待慎重考量。

4 分类型特色小城镇就业水平及其增速分异

4.1 特色小城镇的功能类型划分：旅游发展型特色小城镇数量占比最高

本文先以首批特色小城镇的相关研究报告和政策解读文件为参考,再进一步针对每个特色小城镇的产业特色和规划发展定位深入解读[9, 10],最终将127个特色小城镇整合为五大主要类型：新兴产业型、工业发展型、旅游发展型、农业服务型、商贸流通型(附表1)。

其中,新兴产业型特色小城镇是指科技创新、文创、电子商务、互联网等新兴产业表现突出的小镇,且其新兴产业具有一定的发展基础。例如成都"创客小镇"德源镇和天津"电子商务小镇"黄口镇;工业发展型特色小城镇是指具有特色制造业产品,并具有一定的产业发展规模的小镇,例如苏州"丝绸小镇"震泽镇和邢台"方便面小镇"莲子镇;旅游发展型特色小城镇是指以生态、文化、休闲度假、养生、民族风情等主题打造特色旅游品牌、旅游业表现较为突出的小镇,例如固原"避暑小镇"泾河源镇和婺源"画里婺源"江湾镇;农业服务型特色小城镇是指具有特色农产品或者以生态农业、中高端农业为主打产业的小镇,例如六安"六安茶谷"独山镇和杨凌"生态农科镇"五泉镇;商贸流通型特色小城镇是指依托独特的区位条件,商贸物流产业发展较优的小镇,例如德宏州"边贸小镇"畹町镇和青岛市"空港小镇"李哥庄镇。

经统计,旅游发展型特色小城镇的数量最多,占总体49％;其次为工业发展型和农业服务型特色小城镇,分别为28％和13％;商贸流通型和新兴产业型数量最少,分别为6％和5％。以传统型产业类型为特色的小镇在数量上占据绝对优势,而新兴产业型特色小城镇则为少数(表2)。

表 2　不同功能类型特色小城镇数量

功能类型	商贸 流通型	农业 服务型	旅游 发展型	新兴 产业型	工业 发展型
该类型特色小城镇数（个）	7	17	62	6	35
该类型特色小城镇占总体的比例（％）	6	13	49	5	28

4.2　不同类型特色小城镇的就业水平、增速、内部偏差存在分异

4.2.1　就业水平、增速分析

分析 2013—2015 年《中国县域统计年鉴（乡镇卷）》的从业人口数据发现：①工业发展型特色小城镇就业效能一直处于最高水平，其就业水平平均增长率（2.88％）仅次于新兴产业型特色小城镇（3.17％）。②商贸流通型特色小城镇的就业水平一直处于最低，同时也是五个类型小镇中平均增长率唯一为负（－0.63％）且就业水平低于全国乡镇平均就业水平的类型。③其他三个类型的特色小城镇的就业水平排名在三年期间略有波动。其中，新兴产业型特色小城镇的就业水平平均增长率最高为 3.17％，在 2015 年赶超旅游发展型特色小城镇和农业服务型特色小城镇，位居第二仅次于工业发展型特色小城镇；旅游发展型特色小城镇数量占比最大，但其平均增长率（0.18％）低于全国平均水平（0.33％），且 2014 至 2015 年为负增长，可见其未来发展潜力有限。④农业服务型特色小城镇就业水平表现一般，但其在 2014 年至 2015 年有较大增长，平均增长率位居第三（2.16％）（图 6、图 7）。进一步通过五种类型特色小城镇内部就业水平的标准差分析，可测度每个类型小镇内部样本之间的分异程度（图 8）。新兴产业类型的特色小城镇内部个体差异最小，可见其发展模式较为稳定、较具借鉴意义；相反，工业发展型、旅游发展型和农业服务型内部个体差异较大，不同小镇样本对其发展路径反映不一，需谨慎借鉴。

4.2.2　就业水平偏差分析

（1）工业发展型特色小城镇

工业发展和工业企业数量的增加，能够在短时间内起到为当地吸收剩余劳动力并且扩大就业的作用，因此工业发展型小镇的现状就业水平相比

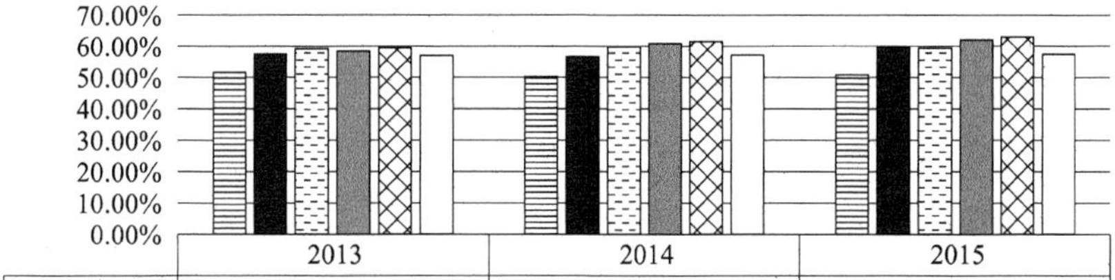

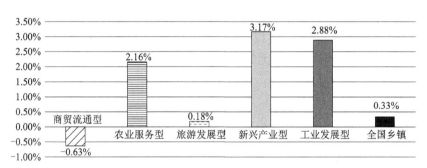

	2013	2014	2015
▤ 商贸流通型	51.61%	50.28%	50.97%
■ 农业服务型	57.38%	56.64%	59.88%
▥ 旅游发展型	59.27%	59.76%	59.48%
▨ 新兴产业型	58.40%	60.93%	62.16%
▧ 工业发展型	59.53%	61.55%	63.01%
▢ 全国乡镇	57.05%	57.10%	57.43%

▤ 商贸流通型　■ 农业服务型　▥ 旅游发展型　▨ 新兴产业型　▧ 工业发展型　▢ 全国乡镇

图 6　2013—2015 年不同类型特色小城镇就业水平比较
数据来源：参考文献[8]。

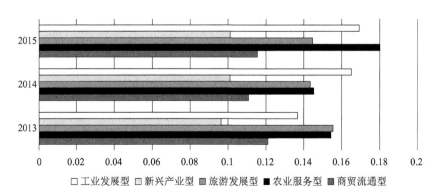

▨ 商贸流通型　▤ 农业服务型　▥ 旅游发展型　▨ 新兴产业型　▧ 工业发展型　■ 全国乡镇

图 7　2013—2015 年不同类型特色小城镇及全国乡镇就业水平平均增长率比较
数据来源：参考文献[8]。

□ 工业发展型　▨ 新兴产业型　▨ 旅游发展型　■ 农业服务型　▨ 商贸流通型

图 8　2013—2015 年不同类型特色小城镇内部就业水平偏差比较
数据来源：参考文献[8]。

于其他类型小镇要高。但与此同时,该类特色小城镇内部不同的个体之间的差异也最大,为0.17(最高的近100%而最低的只有30%)。推测导致这个结果的原因有二。

第一,这类型特色小城镇存在地区差异性。各地区区位条件、先天发展资源条件的不同导致小镇之间的发展起点具有高低之分。例如同为以白酒制造工业为特色,而所处地区不同的山西省吕梁市汾阳市杏花村镇和湖北省宜昌市夷陵区龙泉镇,二者的2014年就业水平分别为53.91%和68.28%,相差14.37个百分点之多。

第二,工业产业细分类型多样化导致其差异性较为显著。工业的部门结构类型十分复杂,包括重工业、轻工业、手工业等,其中又分资本密集型(冶金、机械制造等)和劳动密集型(砚宣、丝袜、制笔等),不同类型的工业企业对当地提供就业机会的能力具有差异性[11-13]。例如同为浙江省的两个特色小城镇:温州市乐清市柳市镇和绍兴市诸暨市大唐镇,前者以电器电工产业为特色,2014年就业水平为59.83%,而后者以袜业生产销售设计为特色,2014年就业水平为81.08%。前者是资本密集型的工业产业类型,后者是劳动密集型工业产业类型,两个特色小城镇皆为工业发展型,但显然二者对于就业岗位的供给能力不同。

可见并非所有类型的工业细分产业都能够充分提升增加当地的就业岗位,小镇在确定工业发展路径时需要慎重考虑具体的工业细分类型。

(2)新兴产业型特色小城镇

值得引起关注的是新兴产业型的特色小城镇。虽然这类型小镇的就业水平目前尚不如工业发展型特色小城镇,但其就业水平均增长率最高,且内部样本差异较小,其创新型的产业(金融、生物科技、电子商务等)有较大的推广和借鉴价值,小镇在政策支持下从无到有地发展新兴产业以获得扩大就业的结果的可能性较高。

(3)旅游发展型特色小城镇

旅游发展型特色小城镇数量占比最高达49%,但该类型小镇的就业水平增速较低,发展潜力有限,且其内部个体差异性也较大(图8)。可见特色旅游产业的就业效能并非具有绝对优势。在当下"旅游兴镇"的热潮背景下,发展旅游业能够充分吸引社会关注和获得政策支持,但在实际情况中,该政策对当地就业岗位的增加和整体就业水平的提升的潜力有限。在决定小镇未来发展定位时,要充分考虑自身情况,不可一味从众跟风发展旅游业,将其作为"万能良药"。

（4）农业服务型特色小城镇

农业服务型特色小城镇的内部个体差异性亦较大（图8）。以 2014 年数据为例,自身农业类型不明确的特色城镇（比如以笼统的生态农业为特色产业的小镇）就业水平非常低,平均水平集中在 40% 左右;而经营专业性、特色强的农业（中药、葡萄酒、稻米等）的小镇就业水平则较高,集中在 50%～60%,甚至有个别达到 80%。因此,农业服务型特色小城镇的发展要坚定自身的农业特色,并加强农业产业的专业化、特色化程度,并借此塑造城市名片打造周边产品,减少剩余劳动力,提高就业水平。

（5）商贸流通型特色小城镇

商贸流通型特色小城镇大部分位于中国的边境地区,当地的经济发展水平本身有限,因此虽然从绝对数值来看其就业水平是最低的,但是相比于其当地的平均就业水平而言依旧有其发展的借鉴性。

4.2.3 小结

综上所述,工业发展型特色小城镇就业效能最高,且不同细分类型的工业产业提升就业水平的能力不同。而新兴产业型特色城镇则后来者居上,有逐渐超越工业发展型小城镇的趋势,且该类型特色小城镇的发展模式较具借鉴意义。对旅游发展型特色小城镇而言,旅游产业的广种薄收一方面说明旅游发展型特色小城镇准入门槛过低,导致其发展后劲不足,没有达到切实提升社会就业水平的目的;另一方面说明旅游产业的发展对实际就业水平的提升的助力有限,虽说旅游品牌的打造对"特色"小镇的响应度最高,但是对民众的实际福利的谋取作用有限。农业服务型特色小城镇应当坚持自身的产业特色优势,进一步细化、专业化农业特色,可持续地提升农业发展的层次以充分带动当地的就业水平。商贸流通型特色小城镇要更多地利用自身的区位优势,在一定程度上提升当地的就业水平。

从动态的历时态视角总结分析,新兴产业型、工业发展型和农业服务型特色小城镇在近三年的发展势头最好,而旅游发展型和商贸流通型的发展后劲不足。同时,该现象亦说明小镇未来对产业的选择中需要加强与就业水平指标的挂钩,重视产业发展的就业效能问题。

5 结论与反思

本文从两个层面三个角度重点分析了特色小城镇的就业效能特征:分别为特色小城镇总体就业水平层面和分类型特色小城镇就业水平层面,以及就业水平、就业水平增速和就业水平偏差三个角度。首先,笔者定量化地通过比较特色小城镇与全国乡镇及非特色乡镇总体就业水平并揭示特色小城镇的就业水平梯度特征,论证特色小城镇就业优势的存在性及其绝对性;其次,笔者通过分析不同功能类型的特色小城镇的就业水平、其就业人口系数的历时态增速差异以及内部样本偏差程度等,对分功能类型特色小城镇的就业效能现状和未来发展潜力进行研究,主要得出以下几点结论与反思:

一是特色小城镇总体上具有一定的就业优势,但其内部也存在梯度分异特征,低就业水平特色小城镇的存在说明特色小城镇的就业效能优势并非为绝对性。

二是分功能类型特色小城镇的就业效能表现差异性较为显著。工业发展型特色小城镇就业水平最高,但其受具体工业细分产业类型的波动较大;新兴产业型特色小城镇数量最少,但是其就业水平普遍较高,其发展模式具有较高的潜力和借鉴价值;旅游发展型特色小城镇数量最多,但是其就业水平表现一般,且未来就业效能潜力有限;农业服务型特色小城镇就业水平受具体农业产业类型影响较大,需要制定合理的发展策略来充分利用农业产业对就业水平提升的能力;商贸流通型产业受区位因素影响较大,其就业水平甚至低于全国乡镇的平均水平。

三是特色小城镇在经济产业方面的特色性毋庸置疑。然而,特色小城镇的产业发展是否能够有效地转化为实际的高就业水平(即特色小城镇的就业效能的高低)却有待考证。

现有的特色小城镇评估体系要素、筛选原则主要以小镇的产业、功能、形态和制度等层面特色性为核心[7],缺少针对就业水平指标的具体内容,并在特色小城镇的规划发展目标中,也缺少对提升就业水平的要求。因此,基于提升就业效能的视角,为进一步完善特色小城镇筛选原则、优化特色小城镇扶持政策和补充、修正特色小城镇的规划发展目标,本文建议应当在特色小城镇的评价体系中加入可反映实际民生问题的就业效能指标(就业人口系数)作为新评价体系的一部分,考虑将就业效能方面表现突出的小城镇也作为"就业特色模范小城镇"加入特色小城镇行列。同时在特色小城镇在选择特色产业和发展方向时,建议能够慎重选择特色发展路径,摒弃从众心理和"面子工程",提升本地就业水平,实现就地城镇化,切实解决民生问题。

参 考 文 献

[1] 王礼鹏. 探寻培育特色小镇建设的内外合力——对地方实践的经验总结与理论思考[J]. 国家治理,2017(15):38-48.

[2] 陈桂秋,马猛,温春阳,等. 特色小镇特在哪[J]. 城市规划,2017,41(2):68-74.

[3] 仇保兴. 特色小镇的"特色"要有广度与深度[J]. 现代城市,2017,12(1):1-5.

[4] 吕斌,文爱平. 吕斌:"第六产业"助力特色小镇[J]. 北京规划建设,2017(2):186-189.

[5] 吴未,周佳瑜. 特色小城镇发展水平评价指标体系研究——以浙江省为例[J]. 小城镇建设,2018,36(12):39-44. doi:10.3969/j.issn.1009-1483.2018.12.007.

[6] 庄园,冯新刚,陈玲. 特色小城镇发展潜力评价方法探索——以403个国家特色小城镇为例[J]. 小城镇建设,2018,36(9):31-42. doi:10.3969/j.issn.1009-1483.2018.09.011.

[7] 吴一洲,陈前虎,郑晓虹. 特色小镇发展水平指标体系与评估方法[J]. 规划师,2016,(7):123-127.

[8] 国家统计局农村社会经济调查司. 中国县域统计年鉴2013—2016(乡镇卷)[M]. 北京:中国统计出版社,2014—2017.

[9] 张立,白郁欣. 403个国家(培育)特色小城镇的特征分析及若干讨论[J]. 小城镇建设,2018,36(9):20-30. doi:10.3969/j.issn.1009-1483.2018.09.010.

[10] 张立. 特色小镇政策、特征及延伸意义[J]. 城乡规划,2017(6):24-32.

[11] 李博,温杰. 中国工业部门技术进步的就业效应[J]. 经济学动态,2010(10):34-37.

[12] 刘明,刘渝琳,丁从明.我国工业部门技术进步对就业的双门槛效应研究[J].中国科技论坛,2013(11):35-40.

[13] 邹一南,石腾超.产业结构升级的就业效应分析[J].上海经济研究,2012,24(12):3-13,53.

附表1 127个特色小城镇基本属性汇总

编号	小镇名称	所在地区	功能类型
1	房山区长沟镇	北京市	新兴产业型
2	昌平区小汤山镇	北京市	旅游发展型
3	密云区古北口镇	北京市	旅游发展型
4	武清区崔黄口镇	天津市	新兴产业型
5	滨海新区中塘镇	天津市	工业发展型
6	秦皇岛市卢龙县石门镇	河北省	工业发展型
7	邢台市隆尧县莲子镇镇	河北省	工业发展型
8	保定市高阳县庞口镇	河北省	工业发展型
9	衡水市武强县周窝镇	河北省	工业发展型
10	晋城市阳城县润城镇	山西省	旅游发展型
11	晋中市昔阳县大寨镇	山西省	旅游发展型
12	吕梁市汾阳市杏花村镇	山西省	工业发展型
13	赤峰市宁城县八里罕镇	内蒙古自治区	工业发展型
14	通辽市科尔沁左翼中旗舍伯吐镇	内蒙古自治区	农业服务型
15	呼伦贝尔市额尔古纳市莫尔道嘎镇	内蒙古自治区	旅游发展型
16	大连市瓦房店市谢屯镇	辽宁省	旅游发展型
17	丹东市东港市孤山镇	辽宁省	旅游发展型
18	辽阳市弓长岭区汤河镇	辽宁省	旅游发展型
19	盘锦市大洼区赵圈河镇	辽宁省	旅游发展型
20	辽源市东辽县辽河源镇	吉林省	农业服务型
21	通化市辉南县金川镇	吉林省	旅游发展型
22	延边朝鲜族自治州龙井市东盛涌镇	吉林省	旅游发展型
23	齐齐哈尔市甘南县兴十四镇	黑龙江省	农业服务型
24	牡丹江市宁安市渤海镇	黑龙江省	农业服务型
25	大兴安岭地区漠河县北极镇	黑龙江省	旅游发展型
26	金山区枫泾镇	上海市	工业发展型

（续表）

编号	小镇名称	所在地区	功能类型
27	松江区车墩镇	上海市	旅游发展型
28	青浦区朱家角镇	上海市	新兴产业型
29	南京市高淳区桠溪镇	江苏省	旅游发展型
30	无锡市宜兴市丁蜀镇	江苏省	工业发展型
31	徐州市邳州市碾庄镇	江苏省	工业发展型
32	苏州市吴中区甪直镇	江苏省	旅游发展型
33	苏州市吴江区震泽镇	江苏省	工业发展型
34	盐城市东台市安丰镇	江苏省	新兴产业型
35	泰州市姜堰区溱潼镇	江苏省	旅游发展型
36	杭州市桐庐县分水镇	浙江省	工业发展型
37	温州市乐清市柳市镇	浙江省	工业发展型
38	嘉兴市桐乡市濮院镇	浙江省	工业发展型
39	湖州市德清县莫干山镇	浙江省	旅游发展型
40	绍兴市诸暨市大唐镇	浙江省	工业发展型
41	金华市东阳市横店镇	浙江省	旅游发展型
42	丽水市莲都区大港头镇	浙江省	旅游发展型
43	丽水市龙泉市上垟镇	浙江省	工业发展型
44	铜陵市郊区大通镇	安徽省	旅游发展型
45	安庆市岳西县温泉镇	安徽省	旅游发展型
46	黄山市黟县宏村镇	安徽省	旅游发展型
47	六安市裕安区独山镇	安徽省	农业服务型
48	宣城市旌德县白地镇	安徽省	工业发展型
49	福州市永泰县嵩口镇	福建省	旅游发展型
50	厦门市同安区汀溪镇	福建省	旅游发展型
51	泉州市安溪县湖头镇	福建省	工业发展型
52	南平市邵武市和平镇	福建省	旅游发展型
53	龙岩市上杭县古田镇	福建省	旅游发展型
54	南昌市进贤县文港镇	江西省	工业发展型

（续表）

编号	小镇名称	所在地区	功能类型
55	鹰潭市龙虎山风景名胜区上清镇	江西省	旅游发展型
56	宜春市明月山温泉风景名胜区温汤镇	江西省	旅游发展型
57	上饶市婺源县江湾镇	江西省	旅游发展型
58	青岛市胶州市李哥庄镇	山东省	商贸流通型
59	淄博市淄川区昆仑镇	山东省	工业发展型
60	烟台市蓬莱市刘家沟镇	山东省	农业服务型
61	潍坊市寿光市羊口镇	山东省	农业服务型
62	泰安市新泰市西张庄镇	山东省	工业发展型
63	威海市经济技术开发区崮山镇	山东省	新兴产业型
64	临沂市费县探沂镇	山东省	工业发展型
65	焦作市温县赵堡镇	河南省	旅游发展型
66	许昌市禹州市神垕镇	河南省	工业发展型
67	南阳市西峡县太平镇	河南省	农业服务型
68	驻马店市确山县竹沟镇	河南省	旅游发展型
69	宜昌市夷陵区龙泉镇	湖北省	工业发展型
70	襄阳市枣阳市吴店镇	湖北省	工业发展型
71	荆门市东宝区漳河镇	湖北省	工业发展型
72	黄冈市红安县七里坪镇	湖北省	旅游发展型
73	随州市随县长岗镇	湖北省	旅游发展型
74	长沙市浏阳市大瑶镇	湖南省	工业发展型
75	阳市邵东县廉桥镇	湖南省	农业服务型
76	郴州市汝城县热水镇	湖南省	旅游发展型
77	娄底市双峰县荷叶镇	湖南省	旅游发展型
78	湘西土家族苗族自治州花垣县边城镇	湖南省	旅游发展型
79	佛山市顺德区北滘镇	广东省	工业发展型
80	江门市开平市赤坎镇	广东省	旅游发展型
81	肇庆市高要区回龙镇	广东省	旅游发展型
82	梅州市梅县区雁洋镇	广东省	旅游发展型

（续表）

编号	小镇名称	所在地区	功能类型
83	河源市江东新区古竹镇	广东省	旅游发展型
84	中山市古镇镇	广东省	工业发展型
85	柳州市鹿寨县中渡镇	广西壮族自治区	旅游发展型
86	桂林市恭城瑶族自治县莲花镇	广西壮族自治区	农业服务型
87	北海市铁山港区南康镇	广西壮族自治区	商贸流通型
88	贺州市八步区贺街镇	广西壮族自治区	农业服务型
89	海口市云龙镇	海南省	工业发展型
90	琼海市潭门镇	海南省	旅游发展型
91	万州区武陵镇	重庆市	农业服务型
92	涪陵区蔺市镇	重庆市	旅游发展型
93	黔江区濯水镇	重庆市	旅游发展型
94	潼南区双江镇	重庆市	旅游发展型
95	成都市郫县德源镇	四川省	新兴产业型
96	成都市大邑县安仁镇	四川省	旅游发展型
97	攀枝花市盐边县红格镇	四川省	旅游发展型
98	泸州市纳溪区大渡口镇	四川省	工业发展型
99	南充市西充县多扶镇	四川省	农业服务型
100	宜宾市翠屏区李庄镇	四川省	旅游发展型
101	达州市宣汉县南坝镇	四川省	商贸流通型
102	贵阳市花溪区青岩镇	贵州省	旅游发展型
103	六盘水市六枝特区郎岱镇	贵州省	农业服务型
104	遵义市仁怀市茅台镇	贵州省	工业发展型
105	安顺市西秀区旧州镇	贵州省	旅游发展型
106	黔东南州雷山县西江镇	贵州省	旅游发展型
107	红河州建水县西庄镇	云南省	农业服务型
108	大理州大理市喜洲镇	云南省	旅游发展型
109	德宏州瑞丽市畹町镇	云南省	商贸流通型
110	拉萨市尼木县吞巴乡	西藏自治区	工业发展型

（续表）

编号	小镇名称	所在地区	功能类型
111	山南市扎囊县桑耶镇	西藏自治区	旅游发展型
112	西安市蓝田县汤峪镇	陕西省	旅游发展型
113	铜川市耀州区照金镇	陕西省	旅游发展型
114	宝鸡市眉县汤峪镇	陕西省	旅游发展型
115	汉中市宁强县青木川镇	陕西省	旅游发展型
116	杨陵区五泉镇	陕西省	农业服务型
117	兰州市榆中县青城镇	甘肃省	旅游发展型
118	武威市凉州区清源镇	甘肃省	工业发展型
119	临夏州和政县松鸣镇	甘肃省	旅游发展型
120	海东市化隆回族自治县群科镇	青海省	农业服务型
121	海西蒙古族藏族自治州乌兰县茶卡镇	青海省	旅游发展型
122	银川市西夏区镇北堡镇	宁夏回族自治区	旅游发展型
123	固原市泾源县泾河源镇	宁夏回族自治区	旅游发展型
124	喀什地区巴楚县色力布亚镇	新疆维吾尔自治区	商贸流通型
125	塔城地区沙湾县乌兰乌苏镇	新疆维吾尔自治区	商贸流通型
126	阿勒泰地区富蕴县可可托海镇	新疆维吾尔自治区	工业发展型
127	第八师石河子市北泉镇	新疆生产建设兵团	商贸流通型

新经济背景下欠发达地区农村人居环境演化研究[*]

——以宿迁市泗洪县官塘村为例

潘　斌

（苏州科技大学建筑与城市规划学院城乡规划系）

【摘要】　新经济与农村地区低成本的发展环境、特色的农业产品等要素的结合，推动了农村工业化、城镇化和农业现代化进程，带来了欠发达地区农村人居环境新的变化。新经济给农村人居环境的改善带来了契机，同时也给农村人居环境的提升提出了新的要求。在上述背景下，农村人居环境的建设策略需要建立在对现状的充分认识和对成因的深入解析之上。基于此，本文结合对宿迁市泗洪县官塘村的调查，研究新经济背景下欠发达地区农村人居环境在住房条件、公共设施配置、市政设施配置三个方面的演化特征，并从自组织演化和他组织演化的角度建立新经济与官塘村人居环境演化关系的解释框架。

【关键词】　新经济　农村人居环境　演化机制　欠发达地区　官塘村

1　引言

　　欠发达地区的农村在逐步融入城镇化的进程中，通常面临着巨大的挑

---

　*　本文原载于《小城镇建设》2019 年 3 期（总第 358 期）。
　　江苏高校哲学社会学科研究项目基金项目(2017SJB1370)；江苏高校品牌专业建设工程资助项目(PPZY2015A054)。
　　本文获"2018 年首届全国小城镇研究论文竞赛"鼓励奖。

战：长期处于产业基础薄弱，劳动力和资金持续外流的收缩状态。然而，尽管它们在 20 世纪 90 年代开始的第一轮工业化与城镇化浪潮中籍籍无名，却在互联网时代迅速崛起、成为明星——新经济重塑了城乡区域的时空关系。新经济与农村地区低成本的发展环境、特色农产品等要素的结合，深挖了农村的资源优势。巨大的产品需求推动了农村工业化和农业现代化进程，新兴产业集群开始涌现，产业分工不断细化，在创造大量非农就业的同时，对城乡空间发展提出了新的要求①，也带来了农村人居环境新的变化。

在新的商业运营模式对农村地区发展重要性日益凸显的同时，对它的相关研究也与日俱增，目前国内外主要从两个层面对新经济相关问题展开研究。一个层面的研究集中于探讨技术变革与创新对经济增长和发展的影响，电商运作模式和产业集群一直是研究的重点[1-6]；另一个层面的研究主要集中于农村电子商务运作模式[7-10]，国内目前最多的是对"淘宝村"的研究，既有分析多以新闻报道为主，少量以调研为主的个案研究多以现象描述为主，尚未形成全面、系统、深入的总结"淘宝村"发展经验及机制解析的研究。实际上，研究新经济对农村人居环境演化的影响，对于农村人居环境的建设和提升具有重要的现实意义。本文以宿迁市泗洪县官塘村为案例，尝试对上面的问题进行剖析，但鉴于农村人居环境的复杂性，研究中很难精确地界定新经济对农村发展与人居环境演化的影响。因此，本文遵循以下思路：研究的目标不是要试图建立新经济与农村人居环境演化之间一对一的因果关系，而是将新经济作为一种重要的影响因素或背景，探索其影响下的农村人居环境演化的特征。

2 研究框架和方法

2.1 研究框架

由于运用广泛，农村电子商务已成为中国特有的新经济现象。对农村电子

---

① 参见阿里研究院公众号的《新乡村巨变：电子商务作用下的乡村产业化与城镇化》，作者为罗震东。

商务的认识可从对"淘宝村"的定义来看,"淘宝村"指的是大量网商聚集在农村,以"淘宝"为主要交易平台,形成规模效应和协同效应的电子商务集群现象①。目前中国"淘宝村"正在经历从点到面的跨越,成为一股不可忽视的农村新经济浪潮②。本文认为,就新经济的社会与空间意义来说,它是农村发展外部力量快速植入农村发展过程中的社会进程。电子商务改变了要素单向流动的格局,信息、知识、资金等流动要素与农村资源禀赋的结合,在激活新的市场需求同时也激活了农村产业化的活力,农村城镇化自发生成。利用互联网技术和物流网络创造出的时空压缩环境,农村能够便捷地接触更为广阔的产品消费市场,从而改变相对偏远、闭塞的劣势区位,大幅降低了农民创业、创新的门槛。以"淘宝村"为代表的农村电子商务这一新经济背景正深刻的改变着中国部分地区的农村人居环境。

源于协同学创始人哈肯的理论研究,组织进化的形式可分为两类:自组织和他组织。"组织"是一个运动的过程,包含着系统中运动的主体与客体,也就是"组织"的施动方和受动方。以此为视角,系统在没有外界特定干预的条件下获得功能的过程为自组织,是系统内部作用下功能或结构的发生方式;相应的,他组织的作用力则是来自系统外部,通过外力实现系统内部的功能变化。

对于农村地区而言,作用于人居环境演化进程的诸多要素同样可以归纳于"自组织与他组织"的理论模型中。模型中关于内外部作用力的理解对于新经济如何影响农村人居环境提供了理论切入点,农村人居环境的演化机制可以通过这一视角加以解析:自然生态环境和社会人文环境是农村人居环境演化的"内力",是地形、气候、水文、资源、生产方式、社会观念、村民组织等一系列要素在自组织模式下长期作用的演化结果。同时,将农村人

① 阿里研究院给出淘宝村的认定标准包括以下三条原则:一是交易场所,即经营场所在农村地区,以行政村为单元;二是交易规模,即电子商务年交易额达到 1 000 万元以上;三是网商规模,即本村活跃网店数量达到 100 家以上,或活跃网店数量达到当地家庭数量的 10%以上。

② 根据阿里研究院发布的《中国淘宝村研究报告(2018)》,2018 年全国淘宝村达 3 202 个、淘宝镇达 363 个。这些淘宝村分布在 330 多个县区,这些县区总人口超过 2 亿人。淘宝村带动周边村镇,进一步促进本地产业发展、企业转型、吸引人才返乡,促进收入增长,多样经济社会价值日益显著。

居环境置于更宏观层面的空间与社会中,针对新经济发展的政策制度、规划建设、投资管理等"外力"构成他组织机制,也对农村人居环境演化产生显著影响。值得一提的是,在农村人居环境演化的现实情境中,自组织和他组织并非泾渭分明。内部要素自身的演化发展基于外部环境影响,外部力量的影响需要建立在自组织机制的基础上,依赖内部要素产生作用。总之,"内力"和"外力"相互交织,相互依托,共同作用,使农村人居环境在时间维度上不断演化,在空间维度上形成分异(图1)。

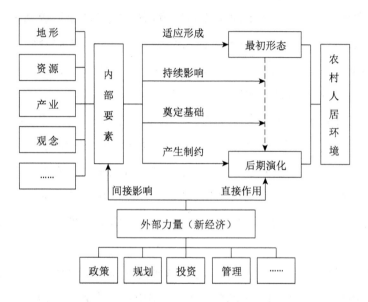

图1　内部要素与外部力量共同作用下的农村人居环境演化

2.2　实证对象

宿迁市泗洪县官塘村处于苏北地区①,具体位于宿迁市泗洪县城南边12公里处,属于近郊村,国道235与省道121正好在村庄南边相交通过,交通便捷(图2)。村域总面积7平方公里,总共1 040户,户籍人口4 170人,常住人口5 360人,可见外来人口占常住人口的1/5左右。大于10户的居民点有4个且一共有4个居民点,最大居民点的用地规模为15公顷,所有居民点

---

①　苏北地区是江苏北部地区的简称,位于长三角地区,是中国沿海经济带重要组成部分。按照现在江苏通行的行政区域划分,苏北地区包括徐州、连云港、宿迁、淮安、盐城5个省辖市。

的总占地规模为 130 公顷。

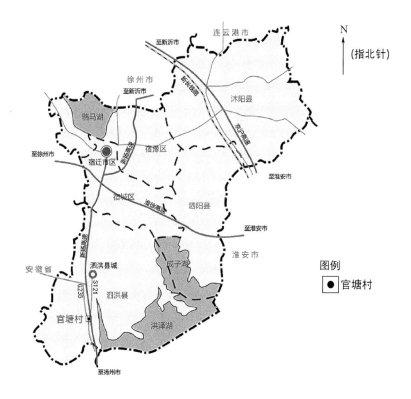

图 2　官塘村区位示意图

　　早期官塘村的经济发展以农业为主,包括种植业、水产养殖业和生猪养
殖业,其特色农业产业为大棚西瓜种植 500 多亩。2010 年,官塘村土地流转
面积达到总耕地的 70% 以上,承包土地的大户表示土地的经济效益较好。
2014 年,官塘村开始发展国家扶贫产业光伏太阳能板,经济效益较好,相关
企业规模也逐年扩展。同时还准备建立工业园区,其中主要产业为中小型
的加工项目。2016 年以来,官塘村开始发展与农业相关的电子商务交易,以
及配套服务业(包括 100 多家小型的便利超市),更为有效地带动了整个村庄
的经济发展。官塘村是远近闻名的发展新经济较早的村子,从经济上为住
房条件的改善和相关配套设施的建设打下了基础。从产业来看,官塘村的
产业结构相对多元,一产、二产都相对发达,而且还有快速发展的以电子商
务交易为主的三产,目前村中的主要产业为农业和相关的电子商务交易。

2017 年,村集体经济收入约为 110 万元,其中超过 50% 源于农业及其相关的电子商务交易。从人口来看,由于官塘村产业发展良好,目前经济条件相较其他村而言比较好,村里外来务工人员也较多,约有 1 100 多人,超过 60% 从事的是电子商务交易行业。良好的发展条件也吸引了不少原本村外出务工的人员返乡创业就业,每年都约有 150 多人从外地返乡发展,创业就业也以电子商务交易为主。预计在未来的几年中,返乡发展的人数也将逐年递增,进一步扩大。

根据调查,官塘村新经济的发展带来了农村经济实力的增强,农村人居环境也得到了显著的改善和提升,住房条件更好,公共设施使用率更高,基础设施配置更完善,村庄整体面貌也更为整洁美丽(图 3)。因此,深入分析新经济背景下官塘村人居环境演化的特征,对于未来苏北地区这一欠发达地区如何改善和提升农村人居环境具有现实意义。

图 3　官塘村村庄整体风貌

2.3　调研方法

调研以问卷调查为主,并对官塘村进行了现场踏勘、村干部访谈、乡镇和县政府主管领导访谈,以及省住建部门相关领导干部访谈,以使分析更具有针对性和代表性。2015 年 7 月调研工作正式开展,由泗洪县住建局等相关部门带领入村后,首先对村长进行访谈,形成对村庄情况的整体认识,并拍摄 10 张以上村庄实景照片。在访谈过程中进行录音和笔记,之后按照预先准备的模板和框架将访谈内容进行整理,形成村庄调研报告并插入实景照片,构成一份完整的村庄调查资料。除对村长进行访谈外,还进行了村民

的入户调查(访谈＋问卷),考虑到村民普遍文化水平较低,阅读和理解能力
有限,调查方式均为亲自入户,通过访谈的形式填写问卷,且在调查前先熟
悉问卷内容,向调研对象解读各问题的调查目的。此次入户调查共发放了
20 份村民问卷,问卷的对象选择尽量覆盖不同类型,主要包括常年在家务农
的村民、有家人在外打工的村民,少量返乡创业企业家和就业人员,以及外
来务工人员,而且所有问卷都保证了"一对一"由调查人员现场提问、解释并
填写。

3 新经济背景下农村人居环境演化特征

根据国内对农村人居环境概念内涵的理论研究[11-16],本文认为,新经济
背景下农村人居环境演化特征主要表现在住房条件、公共设施配置、市政设
施配置这三个方面的变化和需求上。

3.1 经济状况改善,住房条件提升,住宅内部设施有了很大变化

官塘村的住房以 2～3 层的多层楼房为主,且表面多有粉刷,住宅屋顶大
多配置光伏太阳能板,空调设备齐全,整体而言住房条件比较好。整个村庄
的宅基地面积共为 70 000 多平方米,1980 年以前建的住房有 700 户,1980
年至 2000 年建的住宅在 300 户左右,而 2000 年以后新建的住宅有 760 户
(图 4)。2000 年后官塘村的住房条件
改善方面有了很大的提升,这主要跟
电子商务交易带来的村整体经济状
况改善有关。

从受访村民来看,其住房大都是
本村土地流转和原有住房拆迁以后
进行的集中建设,占 80％以上,基本
为 2～3 层。房屋面积在 100～120 平

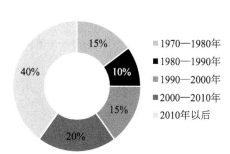

图 4 受访村民的住房建造年份

方米居多,住房条件较好。70％以上的房屋最近修缮过,外墙粉刷率也达到
了 80％以上。除房屋本身外,内部陈设也有很大变化。70％的住房内安装了
空调,因此空调的普及率较高。网络的普及率达 75％,主要因为电子商务交易

需要网络。冲水厕所的普及率为80%,建有专门的管道排污。70%的住房具备洗浴的空间,所以本村太阳能热水器的普及率较高。95%的住房均有独立厨房,厨房以煤气为主要燃料(表1)。

表1 受访村民的住宅内部设施有无情况

	外墙粉刷	空调	网络	出租	冲水厕所	洗浴	厨房
有	17	14	12	0	15	17	20
没有	3	6	8	20	5	3	0

从村民满意度来看,村民对住房建设的满意度总体较高。对于现状住房有80%的受访村民表示满意,但仍有15%的村民表示不太满意。总体而言,官塘村的住房条件已经得到了较大改善,基本的生活设施完善,但村民反映,他们希望有更好的居住环境(图5)。

图5 官塘村新建农村住房的面貌

3.2 公共设施配置日益齐全,利用率得到提高,出现新的设施需求

由于居民点较为集中,因此村庄内4个居民点统一配置了幼儿园和小学,其他服务设施也配套齐全。大多数村民对于幼儿园和小学的教学质量和配套设施都有较高的满意度。村庄内配置的卫生室、图书馆、娱乐活动设施、公共活动场地、老年活动中心等相关设施,维护情况都较为良好,质量和利用率均较高(图6)。

在教育设施配置方面,从受访村民的子女就学情况来看,有39%的调查村民子女在本村就学,23%的在本镇就学,15%的人在县城就学,而在市区和其他镇就学的情况为 8%(图 7)。除一名受访村民的子女在外地上大学以外,本村村民子女的就学范围基本在本镇或县城内。而就读模式以每日往返为主,因此交通方式多以校车为主,占 40%。受访村民对子女就读学校的满意度较高,满意的为 55%,较满意的为 25%,可见大多数村民对当地的教育是比较满意的(图 8)。受访村民对村(镇)学校的建设同样提出了一些建议,其中提高教师质量、更新教育设施所占比例最高(图 9)。

图 6　官塘村公共设施的基本状况

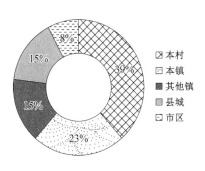

图 7　受访村民的子女就学地点分布

本村
本镇
其他镇
县城
市区

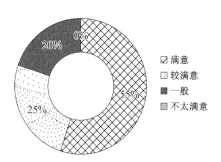

图 8　受访村民对学校的满意度

满意
较满意
一般
不太满意

在医疗设施配置方面,受访村民对本村卫生室的满意度为78%,35%的人感觉一般。对镇卫生院的满意度为75%,另有10%不清楚。主要因为本村的卫生室条件较好,医疗水平和设施条件与镇上差别不大,村民小病在本村看病,大病去城里就医。对于村卫生室,受访村民表示比较满意,但在更新医疗设施、提升医师水平方面希望能做得更好(图10)。

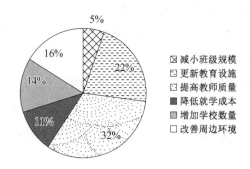

图9 受访村民认为学校最需改善的方面

随着官塘村老龄化程度的加深和生活水平的提高,村民在养老、文体、休闲娱乐等方面的需求愈发旺盛。在受访村民看来,文化、体育设施成为目前最急需的农村公共

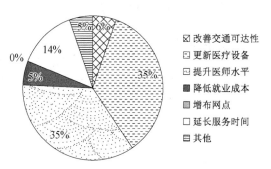

图10 受访村民认为卫生室最需改善的方面

设施,养老、商业设施等的诉求也颇高(图11)。另外,对于缺少的配套设施,有四成以上的受访村民表示村里亟需公园,22%的受访村民表示需要电影院,11%的受访村民表示需要大超市和网吧这类商业设施(图12)。

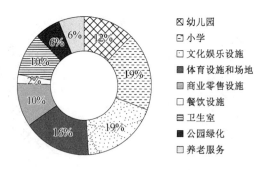

图11 受访村民认为急需改善的公共服务设施

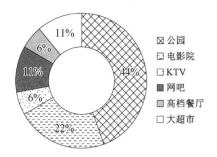
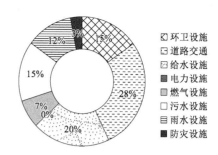

图 12　受访村民认为急缺的配套设施　图 13　受访村民认为最需加强的市政设施

3.3　市政设施配置更加完善,道路交通和环卫设施亟待提升

官塘村作为康居示范村基本建成了村村通的公交系统,村口有直达的公交车,也可以通往周边的村庄以及镇区。村庄 4 个主要居住点均实现了水泥道路入户。从居住环境方面来说,现有的居民居住点已经实现了小区化,村民的日常出行都较为便利,村内已实现通电、通水、通网络、通燃气、通有线电视。同时,官塘村积极利用国家扶持项目——光伏太阳能板,安装于住宅屋顶进行太阳能利用。被访村民基本都表示对村里的基础设施建设感到满意,居住在村庄幸福指数较高。

总体而言,官塘村的环境宜人,绿化比例较高,卫生条件较好,整个村庄的道路都较为整洁干净,两旁设置垃圾箱,在专门的位置也设有垃圾回收池对垃圾进行统一的回收处理。

对于最需要加强的市政设施,村民认为主要有道路交通、给水设施、污水设施 3 项(图 13)。村内除了主要道路,其他道路也均为水泥路到户。尽管村内的污水可通过管井实现统一处理,但大多数的村民表示管井的排水排污质量欠佳,在下雨天经常出现路面漫水的情况。

总体来看,新经济背景下官塘村人居环境得到迅速改善,公共设施和市政设施的配置水平逐步提高,这对村民的城镇化决策有较大的影响。分析发现,官塘村村民对人居环境的满意度与迁出农村的意愿呈负相关,受访村民对本村的人居环境都普遍感到满意,迁出农村的意愿没有那么强烈。90％的受访村民愿意留在农村,只有 10％的村民表示有迁出本村到城镇生活的打算(图 14)。说明官塘村的村民能看到村里这几年的变化和自身生活条件的改善,并且愿意留在村里,贡献自己的一份力量,更好地建设村庄人居环境。

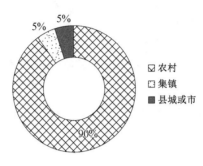

图 14　受访村民迁出农村的意愿

4　新经济背景下农村人居环境演化机制

4.1　新经济弥补自组织演化中的不足,推动着农村人居环境的演化

在早期的传统农业社会中,农村在人类不断适应自然的过程中自发生长,其内部要素是社会发展与空间形成的主导力量。内部要素除了形成村庄发展的原始风貌、推动了早期村庄的形成和发展,也为后续的发展变化奠定基础,并持续、渐进地影响空间塑造。然而,单纯依靠内部力量演化的农村人居环境具有一定的局限性。尤其是农村新经济的发展,使得自组织机制的不足在农村发展中逐渐突出,农村内部系统的自发作用难以满足生产生活的全部需要。在一定的生产技术局限和社会发展阶段下,自然条件对房屋建设、设施配置等方面存在极大制约。而农村新经济的发展往往会带来不断进步的生产生活方式,既提升了居住条件水平,又催生着对农村设施等各方面新的需求,如教育、医疗等服务设施和污水处理、供气、环卫等基础设施,这些在原来"自给自足"的农村社会中凭借内力必然无法满足。因此,农村新经济的发展与农村人居环境的演化具有一定的因果关系,新经济背景下农村内部系统的自发作用难以满足新的生产生活需求,使得内部要素发生改变,从而推动农村人居环境的演化。

官塘村新经济的介入,促进了各种信息、技术、资金等关键要素快速流动,激活了原有农户家庭、当地小微企业以及配套企业等,并使之相互之间形成明确分工,从而提高大规模组织商品的能力。新经济与官塘村低成本发展环境的结合、并与其特色农业产品的结合,推动了农村工业化、城镇化和农业现代化进程,提升了官塘村的人居环境。目前,官塘村的三产基本完全,经济来源主要分为一产的种植业、养殖业,二产的光伏太阳能板生产,三产的电子商务交易及诸多小型服务配套(包括100多家小型的便利超市)。其中种植业以粮食作物为主,还包含大棚西瓜种植等经济作物,养殖户多为散户,暂时尚未形成规模;而二产的相关产业得到国家和相关政府的大力支持,发展较好也较为迅速。因此,官塘村村民的经济效益较好,收入渠道多,方式多元。正是因为新经济带动了官塘村的经济发展,所以在村内住房、公共设施、市政设施建设方面,也是泗洪县西南岗8村中较好的。居民的住房基本都实现了2~3层统一规划的小楼房。村内的道路也都实现了水泥路到户,文化娱乐设施、体育设施维护和利用率都较好,卫生环境方面也进行了垃圾桶的均衡布置和垃圾回收点的布置。以上新经济背景下农村经济状况改善而带来的农村住房和设施建设都推动着官塘村人居环境的优化。

4.2 新经济作为他组织演化中的外部力量,推动着农村人居环境的演化

随着经济社会发展,来自村庄系统外部的作用力量逐渐进入并干预农村人居环境的演化进程。强有力且具针对性的新经济作为外部力量被引入,可以迅速形成农村人居环境提升的巨大推动力。而针对新经济背景下住房、设施、环境等农村人居环境构成要素的各项政策投入、制度设计与空间规划对于优化土地使用、提升生活水平、改善空间面貌的作用显而易见。由于农村基础设施建设、通信网络设施建设及物质空间环境对电子商务这种新经济现象起着非常重要的支撑作用,成为政府不可或缺的投入要素,农村人居环境被有意识地再度重塑。在住房建设方面,各项空间规划显著改善了住房建设的不足;在设施建设方面,政府资金与政策的投入无疑为农村生产生活的顺利开展提供了巨大保障;在景观环境方面,地方管理部门的重视程度与投入力度使农村的环境品质显著提升。在当下及未来阶段,新经济这一外力已逐渐成为农村发展的重要力量,且这一影响将愈发深入和广

泛,并在一定价值观念引导下有意识的塑造着未来的农村人居环境。总之,从无意识到有意识、从个体市场行为到政府宏观统筹、从盲目破坏到试图修复、从逐渐植入到成为主导,他组织机制的广泛和深入成为农村人居环境演化进程中的关键。

官塘村位于苏北地区这样的欠发达地区,江苏省政府历来在政策制定时,都会考虑适当向这些地区倾斜。政府和市场对农村新经济以及农村设施建设表现出极大的关注,相继推出了"信息进村入户"工程和"电子商务进农村"的示范计划,将信贷资源配置到"三农"、小微企业等重点领域和薄弱环节。这对官塘村的住房条件和设施建设都起到了重大作用,也加快了农业现代化建设的步伐,提高了村民的收入,官塘村的人居环境条件近些年来得到了很大的改善。同样,合理而适时的空间规划,能够以前瞻性和区域性的眼光指导农村建设、完善各项设施、衔接各级城乡体系,并根据村庄自身资源引导村庄特色发展,有效提高农村人居环境水平。官塘村作为泗洪县西南岗地区经济较好的村庄,曾获得江苏省康居示范村的荣誉称号,该村现已改造完成 4 个集中居民点,远期规划将合并至 2 个集中居住点;整个村庄经过统一的近远期规划,采取土地流转等方式,大幅度提升了土地利用率,并逐步按照其规划的步骤推动着官塘村人居环境的演化。

5 结论与讨论

本文以宿迁市泗洪县官塘村为例,探讨了新经济背景下欠发达地区农村人居环境演化的基本特征。研究的基本结论是新经济已经成为农村工业化、城镇化和农业现代化进程中农村人居环境演化的重要作用形式,在其影响下农村人居环境的演化是"内力、外力"共同作用于农村人居环境的综合结果。新经济背景下自组织机制和他组织机制相互交织显著地推动了农村人居环境的演化,在住房条件、公共设施配置、市政设施配置这三个方面的变化和需求上表现出演化的特征。

可以进一步讨论的是:①新经济对农村人居环境演化的影响是相当复杂的,肯定的是新经济以改变自组织机制和直接成为他组织机制的构成部分来影响农村人居环境的演化。但是,新经济具有多样性、特殊性,且我国农村人居环境差异很大,只有将新经济的具体方式与各个农村人居环境的现实情况结合起来才能看清楚新经济对农村人居环境演化的具体作用在哪里,产生了什么样的影响。②本文只是从物质环境层面探讨了新经济对农村人居环境的影响,而实际作用上,新经济对农村社会结构的影响应当更为显著,本文建议更深层次的研究应从中微观层次出发,运用社会学、政治经济学的视角去解析新经济模式对农村社会网络的影响。

参 考 文 献

［1］曼纽尔·卡斯特尔.网络社会的崛起[M].夏铸九,等,译.北京：社会科学文献出版社,2006.

［2］Lynda M. Applegate. W. Earl Sasser, et al. Overview of e-Business Models[M]. Boston：Harvard Business School Press，2000.

［3］Weill P, Vitale M. Place to Space：Migrating 10 Atomic e-Business Models[M]. Boston：Harvard Business School Press，2001.

［4］王珏辉.电子商务模式研究[D].长春：吉林大学,2007.

［5］张国有.互联网机制如何激活农村经济——基于山东曹县和江苏睢宁的考察[J].人民论坛,2016(13)：82-84.

［6］郑文含.“互联网＋”乡村城镇化的困境与对策——以江苏睢宁东风村为例[J].小城镇建设,2018,36(6)：11-16. doi：10.3969/j.issn.1002-8439.2018.06.002.

［7］钱俭,郑志锋.基于“淘宝产业链”形成的电子商务集聚区研究——以义务市青岩刘村为例[J].城市规划,2013,37(11)：79-83.

［8］程红莉.农村电子商务发展模式的分析框架以及模式选择——农户为生产者的研究视角[J].电子商务,2014(11)：28-31.

［9］罗建发.基于行动者网络理论的沙集东风村电商—家具产业集群研究——“沙集模式”的生成、结构和转化[D].南京：南京大学,2013.

［10］曹璐.从淘宝村到“互联网＋”,是否将改变中国乡村空间格局？[J].小城镇建设,2016,34(6)：74-77,86. doi：10.3969/j.issn.1002-8439.2016.06.023.

［11］余斌.城市化进程中的乡村住区系统演变与人居环境优化研究[D].武汉：华中师范大学,2007.

［12］李伯华,曾菊新,胡娟.乡村人居环境研究进展与展望[J].地理与地理信息科学,

2008，24(5)：70-74.

[13] 彭震伟,陆嘉. 基于城乡统筹的农村人居环境发展[J]. 城市规划,2009,33(5)：66-68.

[14] 殷冉. 基于村民意愿的乡村人居环境改善研究[D]. 南京：南京师范大学,2013.

[15] 韩雪婷,郭海. 基于人居环境科学视角下的村庄整治规划初探——以甘肃省红砂岘村为例[J]. 小城镇建设,2016,34(2)：99-104. doi：10.3969/j.issn.1002-8439.2016.02.023.

[16] 赵咺,何佳. 人居环境改善在村庄建设中的探索——以玉树八吉村为例[J]. 小城镇建设,2018(5)：85-90. doi：10.3969/j.issn.1002-8439.2018.05.013.

共享经济背景下小城镇与乡村旅游
发展模式理论初探[*]

方行笑

（浙江工商大学旅游与城乡规划学院）

【摘要】 本文对历来学者在小城镇与乡村旅游发展模式方面的探索进行了梳理，分别从产品建设、平台建设、旅游营销、供应链、利益相关者、旅游系统管理等方面分析共享经济对传统小城镇与乡村旅游发展模式的影响，描述了小城镇与乡村旅游新型发展模式的内涵及其组成部分，同时总结归纳出"旅游企业＋农民旅游协会＋旅游者"模式、"政府＋农民旅游协会＋旅游者"模式、"政府＋旅游企业＋农民旅游协会＋旅游者"模式三种发展模式，并与传统模式进行横向比较，最后分析其形成机制。

【关键词】 共享经济 小城镇 乡村旅游 发展模式

近年来，共享经济理念深入社会各个方面，对旅游者、旅游企业、旅游地政府和居民等旅游系统中的利益相关群体的思想及行为方式都产生了重大影响。尤其是促进了乡村旅游的核心——乡村旅游的发展模式产生了重大变化，进而推动了乡村旅游蓬勃发展，形成规模宏大的全域旅游，带动了乡村振兴热潮。

---

* 本文获"2018 年首届全国小城镇研究论文竞赛"鼓励奖。

1 共享经济背景下小城镇与乡村旅游发展模式的缘起

1.1 乡村旅游发展模式概述

国外乡村旅游起步早,主要表现为研究手段的多样化及研究内容的广度和深度。目前,国外乡村旅游发展模式有社区居民自主经营,也有完全受雇于公司的模式,但政府主导已得到了广泛的认可[1],如美国[2]、英国[3]。还有法国的 Gites Ruraux 计划、以德国为代表的 bottom-up 模式、以西班牙为代表的 top-down 模式、欧洲的 LEADER 计划等。

国内对乡村旅游发展模式的研究内涵丰富,各界学者分别从乡村发展历程、发展战略、乡村旅游成长协调机制、运营方式、旅游形态等方面对我国乡村旅游发展模式进行了系统分类,此外,也有部分学者根据时代特征提出了一系列新型乡村旅游发展模式,如表1所示。

表 1 国内乡村旅游发展模式分类

分类依据	文献信息	模式类型
乡村旅游成长协调机制	邹统钎[4](2005)	"自发型"模式、"领头雁"模式、"好书记"模式
	戴斌、周晓歌、梁壮平[5](2006)	政府推动型、市场驱动型、混合成长型
	陈志永、吴亚平[6]等(2011)	对贵州天龙屯堡、郎德苗寨、西江苗寨进行分析,基于核心力量导向差异总结出3种不同的乡村旅游开发模式,即公司主导型、社区主导型和政府主导型
	张树民,钟林生,王灵恩[7](2012)	基于旅游系统理论,乡村旅游系统及其驱动因素将乡村旅游发展模式分为需求拉动型、供给推动型、中介影响型、支持作用型以及混合驱动型
	高洁[8](2016)	根据巴特勒旅游目的地生命周期理论对乡村旅游发展阶段及其相应发展模式,划分为萌芽阶段的自主经营型发展模式、参与阶段的政府主导型发展模式、全面发展阶段的企业主导型发展模式
运营方式	李德明、程久苗[9](2008)	分析乡村旅游发展模式,并将其划分为政府主导发展驱动模式、以乡村旅游业为龙头的旅—农—工—贸联动发展模式、农旅结合模式、以股份合作制为基础的收益分配模式、公司+农户的经营模式、资源环境—社区参与—经济发展—管理监控持续调控模式
	赵承华[10](2012)	总结了乡村旅游发展模式的基本类型,并对"公司+农户"模式、"社区+公司+农户"模式、整体租赁模式、"村办企业开发"模式、循环经济新乡村旅游发展模式进行了比较及简要的评论

（续表）

分类依据	文献信息	模式类型
旅游形态	唐代剑、池静[11]（2005）	大城市周边的"农家乐"、农业园区旅游、古村落、古镇旅游、农业或农村的胜景和绝景游
	马勇、赵蕾、宋鸿[12]（2007）	综合考虑乡村旅游产品策划问题、空间布局问题以及经营管理问题等多方面影响因素，对乡村旅游发展模式进行了划分：村落式乡村旅游集群发展模式、园林式特色农业产业依托模式、庭院式休闲度假景区依托模式、古街式民俗观光旅游小城镇型模式
旅游形态	郭焕成、韩非[13]（2010）	田园农业旅游模式、民俗风情旅游模式、农家乐旅游模式、村落乡镇旅游模式、休闲度假旅游模式、科普及教育旅游模式、回归自然旅游模式
	魏小安[14]（2012）	农家乐模式、高科技农业观光园模式、农业新村模式、古村落的开发模式、农业的绝景和胜景模式、与景区兼容模式
	张祖群[15]（2014）	综合魏小安、郭焕成[16]的观点将乡村旅游划分为历史文化名村模式、田园农业旅游模式、民俗风情旅游模式、农家乐旅游模式、村落乡镇旅游模式、休闲度假旅游模式、休闲农庄（或者渔场、猎庄）、科普及教育旅游模式、回归自然旅游模式、全球重要农业文化遗产依托模式等
新模式	郑群明、钟林生[17]（2004）	提出了参与式乡村旅游开发模式，并将其划分为公司＋农户/公司＋社区＋农户模式、政府＋公司＋农村旅游协会＋旅行社模式、股份制模式、农户＋农户模式、个体农庄模式
	邹统钎等[18]（2007）	以大都市郊区乡村旅游发展为案例，构建了以产业链本地化、经营者共生化与决策权民主化为支撑的乡村旅游的社区主导开发（CBD：Community-Based Development）模式，并进一步提出政府扶持、社区主导的产业化开发模式[19]
	陈志永、李乐京、梁玉华[20]（2007）	以天龙屯堡为例，进一步提出"四位一体"——"旅游公司＋政府＋农民旅游协会＋旅行社"的参与式乡村旅游发展模式的参与式乡村旅游发展模式
	胡敏[21]（2009）	提出今后乡村旅游的发展极有可能主要由规范的乡村旅游专业合作组织推动
	韩宾娜、王金伟[22]（2009）	结合乡村旅游发展过程中"城市"与"乡村"的互动关系和旅游流的运动规律，提出了"城—乡"极变模型，以诠释乡村旅游发展的内部机理和空间路径
	赖斌[23]（2010）	基于循环经济理念提出乡村旅游 MDR 模式
	郭文[24]（2010）	分析香格里拉梅里雪山周边雨崩藏族村乡村旅游"轮流制"模式，体现经济增权、政治增权、心理增权和社会增权
	陈超群[25]（2011）	为营造真实的低碳体验型乡村旅游环境和当地居民生活低碳化构建了 5 轮驱动式的低碳体验型乡村旅游发展模式
	贠津薇[26]（2011）	引入了法国乡村旅馆联合会经营模式

（续表）

分类依据	文献信息	模式类型
新模式	陈谨[27]（2011）	基于可持续发展理念,从机制、技术、产业三个层面,尝试性构建四种乡村旅游发展模式：乡村承包人经营模式、绿色生产—消费模式、田园空间博物馆模式和"前店后园"模式
	曾中秋[28]（2012）	针对安康生态旅游村的发展现状提出了"内生式"乡村旅游发展模式及建设发展生态旅游村的相关措施
	周格粉、肖晓[29]（2013）	在分析乡村旅游产业链问题的基础上,提出乡村旅游全产业链模式是现阶段我国区域乡村旅游产业发展滞后背景下的一种重要选择
	顾婷婷、严伟[30]（2014）	根据新型城镇化的目标运用福利经济学的理论从提升农民福利的角度构建了乡村休闲旅游综合体的开发模式
	李巧玲[31]（2016）	提出了基于自然景观的乡村旅游发展的田园农业旅游模式、回归自然旅游模式和农家乐旅游模式等
	唐承财等[32]（2017）	从生态文明建设视角下构建乡村生态旅游模式：乡村生态农旅模式、乡村生态文旅模式、乡村生态食旅模式

其中参与式乡村旅游形式应用最为广泛。郑群明、钟林生（2004）首次提出了参与式乡村旅游开发模式,并将其划分为公司＋农户/公司＋社区＋农户模式、政府＋公司＋农村旅游协会＋旅行社模式、股份制模式、农户＋农户模式、个体农庄模式。但在乡村旅游发展初期,由于乡村发展进程、管理制度等方面的限制,"农户＋农户"模式和"公司＋农户"模式在乡村旅游发展中最为常见[17]。许鹤凡提出"政府主导、居民赋权、市场参与、多方协作"乡村旅游发展与文化保护治理模式[33]。陈佳等（2017）提出旅游开发模式中政府有效管理、农户主体地位与外界力量正确介入才能保障乡村旅游有序进行,促进乡村社区发展与转型[34]。陈志永、李乐京、梁玉华（2007）以天龙屯堡为例进一步提出"四位一体"——"旅游公司＋政府＋农民旅游协会＋旅行社"的参与式乡村旅游发展模式的参与式乡村旅游发展模式。但由于缺乏适当的媒介及工具,导致在乡村旅游发展中无法充分调动各利益相关者的积极性,导致该模式在实践过程中无法发挥其独特优势[20]。

1.2 共享经济对小城镇与乡村旅游发展模式的影响

共享经济通过改变旅游者的出游方式、消费习惯、体验效应,进而形成以共享经济为基础的全新的旅游生态系统[35]。

在产品建设方面,旅游产品不再局限于单一景点的建设,共享经济强调将更多的社会资源转化为旅游产品,此外还应该使服务而不仅仅是物品成为推动旅游经济增长的主要源泉。

在平台建设方面,旅游活动涉及人流、资金流、信息流等,这就要求乡村旅游目的地建设统一的信息化平台对一系列信息进行整合及分析:通过O2O平台、OTA在线旅游平台对乡村旅游目的地基础信息进行宣传;通过全产业链信息平台对旅游目的地区域内旅游资源进行整合;通过旅游大数据综合服务平台对数据进行整理分析。大数据可以贴近消费者、深刻理解需求、高效分析信息并作出预判。

在旅游营销方面,大数据、云计算等高新科技的发展加快了各方信息交流的广度和深度,为旅游目的地实现精准营销创造了条件。运营商通过结合旅游目的地流量监控、旅游消费数据、旅行GPS轨迹数据、运营商基站数据等产生的包括消费时间、消费地点、消费金额、消费形式等进行大数据的分析,推断出旅游者的消费兴趣和消费需求,以此优化产品和服务内容。实现对游客旅游资讯及旅游产品信息的精准推送。

在供应链方面,在共享经济背景下供应方的资源不是企业自有资源,而是分散在社会中。共享经济促使旅游资源使用权与所有权分离,每个有闲置资源的人都可以通过第三方平台成为潜在旅游服务商,旅游者慢慢向旅游产消者转变,每个旅游目的地居民都可以是旅游产品的生产者和消费者。实时监测市场动态,解决供需信息不对称问题,完成供需的高效匹配。极大地提高了资源利用率

在利益相关者关系方面,Simpson的CBTI(Community Benefit Tourism Initiative)模型提出旅游产业中城市居民(即旅游者)、农民/农民旅游协会、旅游企业、政府四个利益相关者,四者相互作用、相互制约[38]。在共享经济的背景下,除居民和旅游企业外,旅游目的地的发展中政府及旅游者的角色在不断加强,原来的信息、技术壁垒得到克服,在乡村旅游发展模式的选择上更倾向于"旅游企业+政府+农民旅游协会+旅游者"的参与式乡村旅游组织关系。共享经济构建的组织关系是让人脱离固定组织,成为一组组自由人的联合。充分调动各利益相关群体的积极性。共享经济的发展

模糊了旅游目的地的旅游者、旅游服务人员、当地居民和商业实体的界限，使各利益相关者更多的参与到旅游产业建设中来。

在旅游管理方面，国内各大运营商及互联网公司，通过 LBS 定位及手机信号定位，实现了对景区及重点区域内的游客人流、车流密度的监测、预警，同时基于网络文本数据的挖掘，实现对旅游目的地舆情监测及预警。

2 共享经济背景下小城镇与乡村旅游发展模式

2.1 模式的内涵

以闲置资源有效利用为根本，以实现可持续发展为目标，以使用权分享为方式，移动互联网、物联网、大数据、云计算等提供高新技术支持的一种发展模式。以应对旅游方式多元化、旅游消费分散化、旅游资源闲置化、旅游供给碎片化、旅游运行网络化、资源配置全球化、发展力量复合化趋势，从而达到旅游目的地的信息共享、资源共享、数据共享、权利共享及利益共享。共享经济的发展模糊了旅游目的地的旅游者、旅游服务人员、当地居民和商业实体的界限，使各利益相关者更多的参与到旅游产业建设中来。

2.2 模式的组成

根据 Simpson 所提出的 CBTI 模型，总结出共享经济背景下乡村旅游发展模式涉及的城市居民（即旅游者）、农民/农民旅游协会、旅游企业、政府四个利益相关者。其中，政府负责乡村旅游的规划、基础设施建设及参与相关平台建设；乡村旅游企业负责景区的经营管理和互联网平台运作；农民旅游协会负责组织村民参与为旅游提供食、住、行、游、购、娱等方面的服务，协调公司与农民的利益；旅游者作为旅游活动的重要利益相关者，间接影响乡村旅游目的地发展决策的实施，游客通过提供旅游流信息为旅游产品完善及旅游企业进一步开拓市场提供数据支持。

在共享经济背景下，乡村旅游产业结构中一系列服务平台的建设则是新模式构建的基础。主要涉及与外部监督相关的旅游行业监督平台、与外部宣传相关的旅游 O2O、OTA 平台、与资源整合、共享相关的乡村旅游目的地全产业链信息平台及与旅游数据统计、预测相关的旅游大数据综合服务平台。通过平台构建激发正向的同、异边网络效应。

2.3 模式的类型

2.3.1 "旅游企业＋农民旅游协会＋旅游者"模式

该模式适合景区依托型村庄，其前身是"公司＋农民"的发展模式（图1），其中，旅游企业负责景区的经营管理；旅游目的地居民则针对景区建设提供餐饮、住宿等基本旅游产品。

在新发展模式中，旅游企业负责景区及主要景点的经营管理，同时整合区域内所有闲置资源投入相关服务平台的建设并通过旅游者的反馈数据进一步促进当地旅游产品的精准营销；农民旅游协会负责配合企业对当地居民的服务技能培训，成为全产业链信息服务平台资源供给的主要来源；旅游者通过 O2O、OTA 在线旅游平台更加方便地找到符合自身需求的旅游产品，通过全产业链信息平台以更加低廉的价格购买到各种商品及服务，旅游者提供的数据信息通过大数据平台的整理分析进一步完善乡村旅游产品的营销渠道（图2）。

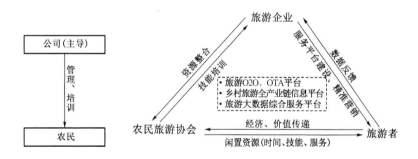

图1 "公司＋农民"发展模式　　图2 "旅游企业＋农民旅游协会＋旅游者"模式

2.3.2 "政府＋农民旅游协会＋旅游者"模式

该模式适合民俗文化古村型、特色产业型、休闲农庄型村庄，其前身是"政府＋农民"、"农民＋农民"的发展模式（图3、图4）。近几年在美丽乡村、乡村振兴等政策鼓励下，"政府＋农民"的发展模式被广泛应用，其中，政府的政策支持起主导作用，农民则根据政府规划发展农家乐、民宿等基础服务。"农民＋农民"的发展模式中则是由先富的"示范户"带动其他农民发展特色产业实现后富的模式。

图3 "政府＋农民"的发展模式

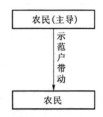

图4 "农民＋农民"的发展模式

在新发展模式中,政府主要负责乡村旅游资源的开发管理及相关平台的建设运营;农民旅游协会负责服务平台资源供给及服务人员的统一培训管理;旅游者通过O2O、OTA在线旅游平台更加方便地找到符合自身需求的旅游产品,通过全产业链信息平台以更加低廉的价格购买到各种商品及服务,旅游者提供的数据信息通过大数据平台的整理分析进一步完善乡村旅游产品的营销渠道(图5),是发展全域旅游的重要手段之一。

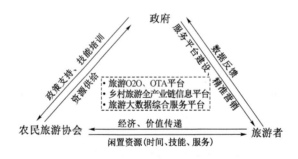

图5 "政府＋农民旅游协会＋旅游者"模式

2.3.3 "政府＋旅游企业＋农民旅游协会＋旅游者"模式

该模式适合城乡结合型、环保生态型村庄,其前身是"政府＋公司＋农民"的发展模式(图6),是"政府＋农民"模式的演化产物,此模式下政府的政策支持起主导作用,公司扮演参与者的角色,辅助政府对乡村旅游目的地进行经

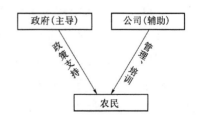

图6 "政府＋公司＋农民"发展模式

营管理。

在新发展模式中,政府主要负责乡村旅游资源的开发管理、相关平台的建设及外部行业监管;旅游企业参与服务平台的构建并负责其后续的运营,将资源整合投入平台;农民旅游协会负责配合企业对当地居民的服务技能培训,平台资源供给;旅游者通过O2O、OTA在线旅游平台更加方便地找到符合自身需求的旅游产品,通过全产业链信息平台以更加低廉的价格购买到各种商品及服务,旅游者提供的数据信息通过大数据平台的整理分析进一步完善乡村旅游产品的营销渠道(图7)。

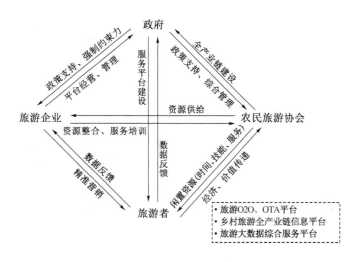

图7 "政府＋旅游企业＋农民旅游协会＋旅游者"模式

2.4 旧模式与新模式的联系与区别

本文对乡村地区在共享经济背景下发展参与式乡村旅游与传统旅游的特征联系与区别进行了比较,如表2所示。

表2 乡村地区在共享经济背景下发展参与式乡村旅游与传统旅游的特征比较

比较项目	共享经济背景下乡村旅游	传统参与式乡村旅游	传统旅游
利益主体	政府、旅游企业、农民旅游协会、旅游者	政府、公司、农民	旅游企业
社区利益	最大化利益共享	开始重视社区利益	企业利益被瓜分、资源被占用

（续表）

比较项目	共享经济背景下乡村旅游	传统参与式乡村旅游	传统旅游
带动效应	通过平台构建激发正向的同、异边网络效应	示范性强，参与积极，带动快	示范性强，参与难，带动慢
产品供应链	每个人都可能是产品供应链中的一环，资源共享（时间、技术、服务）	农民、企业生产的物质产品	农民、企业生产的物质产品
营销方式	基于大数据的精准营销	互联网平台营销	传单推销
技术应用	结合互联网、大数据进行平台构建	科技应用率低	科技应用率低

3 新型小城镇与乡村旅游发展模式形成动因分析

国家政策的大力支持。党的十九大报告提出实施乡村振兴战略，并将它列为决胜全面建成小康社会需要坚定实施的七大战略之一，使人民公平享受改革成果。此外，国家旅游局提出的相关政策，如大力发展全域旅游、导游执业自由化等都为共享经济背景下乡村旅游新型发展模式的建立提供了有利条件。

共享经济的发展。共享经济通过网络平台激活旅游地居民的闲置资源，将开辟旅游服务供给的新渠道，有利于推进旅游业供给侧结构性改革。共享经济的引入推动旅游行为由"点"向"面"的发展，引导旅游者由注重单一景点向旅游目的地社区扩张，加速景点旅游到全域旅游的转变。在共享经济的大浪潮下，与旅游业特别是共享经济尚未普及的、具有巨大发展潜力的乡村旅游的融合顺应时代潮流，同时也是我国经济、文化战略布局的重要环节。

新农人带来的新经济新意识。在乡村旅游发展过程中，部分农民在农忙之余参与旅游服务产业。农户的主要生产活动仍然以农业、畜牧业等第一产业为主，为旅游者提供客房加早餐、导游讲解等服务作为副业，目的是增加额外收入。这些有文化、懂经营、会管理的新农人为乡村旅游目的地带来农村发展的新业态，向其他农民传播新思想，从而进一步推动乡村旅游的发展。

旅游需求的新变化。伴随着中国步入休闲时代，旅游消费模式也在发生着变化，由传统的城市景点观赏向休闲消费、时间消费为目的的乡村体验度假模式转换。在这种模式下，人们对于旅游消费的需求将逐步倾向于旅游目的地的内核吸引所带来的价值性东西。(1)强调旅游消费活动的社交性和生活体验性。习总书记在十九大报告中明确提出，当前我国社会的主要矛盾已经发生了变化，主要表现为消费需求和消费结构的升级。人类社会正在进入以服务消费为主的体验经济时代，传统观光游已经失去了原有的市场竞争力。时间、经验、技能等个性资源的共享为传统的旅游行程增添了更多的人性化因素，实现旅游感知的升级——"让旅游者像当地人一样生活"，建立新型的主客关系，实现和谐旅游的发展目标。(2)旅游者青睐特色化、非标准化的服务。共享经济理念重在对闲置资源的整合、利用，而这些闲置的资源如居民住宅、导游服务，原先并未经过标准化的设计及培训，这一特点改变了旅游市场上资源同质化的困境，为乡村旅游产品注入了个性化、家庭化特色。

互联网、物联网、大数据、云计算等高新科技的发展。当前，物联网、云计算、大数据等新技术已经渗透人们生活的各个领域，2017年12月习近平主持中共中央政治局会议中强调，要加快推动互联网、大数据、人工智能同实体经济深度融合。各种智慧应用正从食、住、行、游、购、娱六大方面悄然改变旅游者的观念、思维方式和行为方式。

参考文献

[1]周玲强.乡村旅游产业组织研究[M].北京：科学出版社，2013.

[2]Sharpley R. Rural Tourism and the Challenge of Tourism Diversification：The Case of Cyprus[J]. Tourism Management，2002，23(3)：233-244.

[3]Fleischer A，Pizam A. Rural Tourism in Isreal[J]. Tourism Management，1997，18(6)：367-372.

[4]邹统钎.中国乡村旅游发展模式研究——成都农家乐与北京民俗村的比较与对策分析[J].旅游学刊，2005(3)：63-68.

[5]戴斌，周晓歌，梁壮平.中国与国外乡村旅游发展模式比较研究[J].江西科技师范学院学报，2006(1)：16-23.

［6］陈志永,吴亚平,费广玉.基于核心力量导向差异的贵州乡村旅游开发模式比较与剖析——以贵州天龙屯堡、郎德苗寨和西江苗寨为例[J].中国农学通报,2011,27(23):283-290.

［7］张树民,钟林生,王灵恩.基于旅游系统理论的中国乡村旅游发展模式探讨[J].地理研究,2012,31(11):2094-2103.

［8］高洁.乡村旅游发展众筹众创模式研究[D].杭州:浙江师范大学,2016.

［9］邹统钎.乡村旅游推动新农村建设的模式与政策取向[J].福建农林大学学报(哲学社会科学版),2008,11(3):31-34.

［10］赵承华.乡村旅游开发模式及其影响因素分析[J].农业经济,2012(1):13-15.

［11］唐代剑,池静著.中国乡村旅游开发与管理[M].杭州:浙江大学出版社,2005.

［12］马勇,赵蕾,宋鸿,等.中国乡村旅游发展路径及模式——以成都乡村旅游发展模式为例[J].经济地理,2007(02):336-339.

［13］郭焕成,韩非.中国乡村旅游发展综述[J].地理科学进展,2010,29(12):1597-1605.

［14］魏小安.乡村旅游:新局与新题[G].第16届中国区域旅游开发学术研讨会发言稿汇编.

［15］张祖群.当前国内外乡村旅游研究展望[J].中国农学通报,2014,30(8):307-314.

［16］郭焕成.发展乡村旅游业,支援新农村建设[J].旅游学刊,2006(03):6-7.

［17］郑群明,钟林生.参与式乡村旅游开发模式探讨[J].旅游学刊,2004(4):33-37.

［18］邹统钎,王燕华,丛日芳.乡村旅游社区主导开发(CBD)模式研究——以北京市通州区大营村为例[J].北京第二外国语学院学报,2007(1):53-59,41.

［19］邹统钎.乡村旅游推动新农村建设的模式与政策取向[J].福建农林大学学报(哲学社会科学版),2008,11(3):31-34.

［20］陈志永,李乐京,梁玉华.乡村居民参与旅游发展的多维价值及完善建议——以贵州安顺天龙屯堡文化村为个案研究[J].旅游学刊,2007(7):40-46.

［21］胡敏.我国乡村旅游专业合作组织的发展和转型[J].旅游学刊,2009,24(02):70-74.

［22］韩宾娜,王金伟.东北三省乡村旅游开发模式——基于"城—乡"极变模型[J].北京第二外国语学院学报,2009,31(03):50-55.

［23］赖斌,裴玮.构建基于循环经济理念的乡村旅游MDR模式再思考[J].生态经济,2010(10):141-144.

[24] 郭文.乡村居民参与旅游开发的轮流制模式及社区增权效能研究——云南香格里拉雨崩社区个案[J].旅游学刊,2010,25(3):76-83.

[25] 陈超群.低碳体验型乡村旅游模式研究[J].生态经济(学术版),2011(1):244-247.

[26] 负聿薇.法国乡村旅馆联合会经营模式引入中国的尝试与思考[J].旅游论坛,2011,4(04):149-151,157.

[27] 陈谨.可持续发展的乡村旅游经济四模式[J].求索,2011(3):21-23.

[28] 曾中秋.安康生态旅游村发展模式的现实选择——基于微观层面的目的地村建设研究[J].特区经济,2012(9).

[29] 周格粉,肖晓.全产业链模式:我国区域乡村旅游发展的重要选择[J].广东农业科学,2013(3).

[30] 顾婷婷,严伟.基于福利经济学视角的乡村休闲旅游综合体的开发模式研究[J].生态经济,2014,30(04):132-137.

[31] 李巧玲.基于自然景观背景的乡村旅游发展模式、问题及对策探析[J].中国农业资源与区划,2016,37(09):176-181.

[32] 唐承财,周悦月,钟林生,何玉春.生态文明建设视角下北京乡村生态旅游发展模式探讨[J].生态经济,2017,33(04):127-132.

[33] 许鹤凡.旅游开发与少数民族传统文化的再表达——以贵州省黔东南少数民族乡村为例[D].武汉:华中科技大学,2012.

[34] 陈佳,张丽琼,杨新军,李钢.乡村旅游开发对农户生计和社区旅游效应的影响——旅游开发模式视角的案例实证[J].地理研究,2017,36(09):1709-1724.

[35] 杨德进,徐虹.互联网新动能激发旅游业七大战略性变革[J].旅游学刊,2016,31(05):1-3.

[36] 张祖群.当前国内外乡村旅游研究展望[J].中国农学通报,2014,30(8):307-314.

我国人口流动作用下主要流入地和流出地城镇体系的特征演变(1987—2010)[*]

陈　晨

(同济大学建筑与城市规划学院

上海同济城市规划设计研究院有限公司城乡统筹规划研究中心)

【摘要】　20世纪90年代以来,我国的经济社会发展伴随着大规模人口流动,形成了区域集中度较高的两类地区——主要人口流入地和流出地。总体而言,从人口流动的视角系统性考察上述两类地区区域城镇化特征的研究较少。本文聚焦大规模人口流动作用下主要流入地和流出地城镇体系的特征演变。结果表明,流动人口高度集中在城镇体系的"首末两端",并呈现出高度的本地化特征。同时,人口流动确实使得主要流入、流出地的城镇体系都一定程度上更趋于符合"位序-规模"分布,但是,在人口流动作用下,主要流入地省份的"首位度"不断下降,而主要流出地省份的"首位度"却处于上升通道中,显示出显著的"对偶性差异"。

【关键词】　城镇体系　区域差异　人口流动　主要流入地　主要流出地

1　引言

我国的经济社会发展伴随着大规模人口流动,城镇化研究中必定要特

　＊　本文原载于《小城镇建设》2019年9期(总第364期)。

　　本文获"十三五"国家重点研发计划课题"县域村镇规模结构优化和规划关键技术"(批准号:2018YFD1100802)资助。

　　本文获"2018年首届全国小城镇研究论文竞赛"鼓励奖。

别关注人口流动的作用。特别是改革开放以来,"人户分离"的流动人口数量快速上升,在 1990 年左右第一次超过了"带户籍"的迁移人口数量。此后人口流动的规模和速度都进入快速上升通道,对城镇化发展的作用也日显突出。考察 1990 年到 2010 年的 20 年间,我国城镇化率年均增长 1.19 个百分点,其中,非农户籍人口增长仅贡献 0.46 个百分点,而流动人口对城镇化的贡献则达到了 0.74 个百分点。面向未来,国内外研究机构也都认为流动人口可能是未来我国城镇人口增长的主要来源[1]。

研究表明,20 世纪 90 年代开始,人口流动已经形成了全国性人口流动的两类地区——主要人口流出地和主要人口流入地[2-4]。本文所指的"大规模人口流动"特指 20 世纪 90 年代以来在速度和规模上都呈现快速增长的人口流动现象。这种人口流动显著地重塑了主要流入地和流出地的城镇体系的特征[5]。其中,主要人口流出地绝大多数在中部地区及其相邻地区,人口稠密,但经济发展相对落后;主要人口流入地是东部沿海以外商投资和外向型经济驱动带动全国发展的先发地区。上述人口流动的区域分布特征与地区经济发展格局有显著关联,且区域内部有一定的同质性。

从已有文献来看,人口流动的现有研究倾向于形成相对独立的研究领域,其研究涵盖了规模、空间格局、动因机制、人口学特征、流动和定居行为等诸多方面[6]。总体而言,在城镇化发展进程的背景下考察人口流动及解释其与区域城镇化关系的研究还较少,本文希望在这一领域做出实证贡献。

2 既有理论基础与研究成果

相关研究发现随着城镇化发展的深入,城镇体系的分布特征及其演变也具有一定的规律性,这包括首位分布、位序-规模分布、中心地理论、金字塔分布、二倍数规律等,但其中最广为引用的是的首位分布和位序-规模分布。

一方面,杰佛逊提出了城市首位律分布,即一国最大城市与第二位城市人口的比值,也称为首位度;另一方面,城市的规模和位序分布的关系也是研究城镇体系发展的重要规律之一。在此基础上,贝里[7]曾经在 1960 年对 38 个国家的城市资料进行经验分析,对不同国家和地区的城市体系进行了横向的比较研究,认为位序-规模分布与经济发展具有相关性,即不发达国家在城市化的初级阶段倾向于"首位分布",而高度城市化、经济发达的国家倾向于"位序-规模分布",处于中间地带的为"过渡类型"。

进一步地,已有研究推论一国或地区的城市体系规模分布的成因。与贝里等不同,莎科斯认为城市规模分布在不同的经济发展阶段的演变呈现出一定的规律性,且总是处于动态调整之中。他认为,位序-规模分布是与社会均衡发展相联系,这种均衡是在经济发展起飞前和发展后产生的。在此模式中,一个国家或区域,在经济起飞前是属均衡状态,是位序-规模分布,在经济大发展过程中,大城市的集聚发展导致城市规模体系呈现首位分布。随着经济社会发展进入更高级的阶段,城镇规模体系回归平衡状态,再现位序-规模分布[8,9]。

在此基础上,许多学者对我国全国和区域层面的城市规模体系分布进行了研究。20 世纪 80 年代以后,许学强[10]、张锦宗等[10]、陈彦光等[12]、顾朝林等[13]基于国外相关理论和模型,从不同的视角对我国城镇体系的规模分布进行了实证研究,取得了丰富的研究成果;尽管我国的城镇体系是与一定的行政等级体系紧密相连,且其发展过程又受到 20 世纪 80 年代以来的城市发展方针的影响,但许多研究发现我国的城镇体系仍在逐渐趋向"位序-规模分布"[11,14-16]。

我国人口流动的相关研究也可分为宏观和微观的两个层面,即在宏观层面主要考察了我国人口流动现象的总量、空间格局与动因机制,而微观层面则集中在流动人口的人口学特征、定居意愿等方面。总体而言,人口流动和城镇化都已经形成了比较成熟且相对独立的研究领域。由于我国人口流动与城镇化的密切联系,以及人口流动的速度快、规模大的特征,使得我国人口流动与城镇化发展之间形成了紧密的互为因果的发展过程。实际上,现有研究大多数是城镇化进程作为一个发展的背景来研究人口流动[17,18],而从人口流动的视角系统性考察主要流入地和流出地的区域城镇化特征的研究较少。

3　研究设计与数据收集

本文的实证研究主要基于作者建立的"分阶段历时可比的分县市城乡

流动人口数据库"[5],在数据处理方面作了三个部分的改进,主要是考虑到统计口径的修正:①相关研究通常采用非农人口,由于流动人口已经占到我国城镇人口的1/3,其中不仅包含农户流动人口,还包含较大规模的非农户流动人口,因此,在非农人口的基础上,还使用了国家统计局的人口普查口径的常住人口资料。②国内相关研究通常仅对"市"进行研究,而西方已有研究对位序-规模关系检验使用的城市数据的规模下限较小,如贝里[7]使用的数据为2万人以上的城市。实际上,东部沿海发达地区和中部许多人口稠密省份的县城人口规模甚至超过许多小城市的人口规模,更远远高于2万人的下限。因此,笔者将估算的县城人口规模数据纳入研究范围,对10万人以上的市县城市规模体系进行"位序-规模分布"的检验。③为了直观考察人口流对城镇化的作用,笔者对各个年份的非农人口和常住人口进行比较验证。

沿用Fan[19]、张立[4]和Chan[20]的分析方法,但用"跨乡镇街道/县市半年以上口径"作为流动人口的口径,对1995年、2000年、2005年和2010年四个时点上全国规模排在前30的跨省人口迁移流进行列表研究,并对2010年的全国人口迁移流进行图示表达(图1、表1)。由此,依据跨省人口流动状况,可以基本划定人口流动聚集的主要流入地和流出地。其中,主要人口流出地包括8个省市,即四川、湖北、广西、重庆、安徽、河南、江西、湖南等;而主要人口流入地则包括6个省市,即上海、浙江、北京、广东、福建、江苏等。

表1　1995—2010年全国各省份(流入口径)的总体人口流动情况

(万人)

时间	1995年			2000年			2005年			2010年		
现住地	流入人口总量		其中:跨省流入比例(%)	流入人口总量		其中:跨省流入比例(%)	流入人口总量		其中:跨省流入比例(%)	流入人口总量		其中:跨省流入比例(%)
	总量(万人)	排名		总量(万人)	排名		总量(万人)	排名		总量(万人)	排名	
广东	419	1	45.0	2 530	1	59.5	3 515	1	61.5	3 681	1	58.4
浙江	109	9	31.6	860	3	42.9	1 427	3	57.5	1 990	2	59.4
江苏	249	2	30.1	910	2	27.9	1 442	2	38.8	1 823	3	40.5
山东	148	4	23.5	747	4	13.8	1 016	4	16.5	1 370	4	15.4
上海	123	8	54.2	538	9	58.2	935	6	65.5	1 269	5	70.8

（续表）

时间	1995 年			2000 年			2005 年			2010 年		
现住地	流入人口总量		其中：跨省流入比例（%）	流入人口总量		其中：跨省流入比例（%）	流入人口总量		其中：跨省流入比例（%）	流入人口总量		其中：跨省流入比例（%）
	总量（万人）	排名		总量（万人）	排名		总量（万人）	排名		总量（万人）	排名	
四川	153	3	11.2	667	5	8.0	756	8	8.7	1 174	6	9.6
福建	91	15	32.6	591	7	36.3	988	5	37.9	1 107	7	39.0
北京	139	7	47.5	464	12	53.1	753	9	59.6	1 050	8	67.1
河南	83	16	20.1	520	10	9.2	463	16	7.9	976	9	6.1
辽宁	139	6	26.7	648	6	16.1	853	7	17.1	931	10	19.2
湖北	106	10	23.3	570	8	10.7	613	11	9.8	925	11	11.0
河北	101	12	34.9	488	11	19.1	635	10	18.1	830	12	16.9
湖南	102	11	13.2	440	13	7.9	583	12	7.2	790	13	9.2
内蒙古	91	14	35.3	383	15	14.3	580	13	16.0	717	14	20.1
安徽	63	18	16.0	356	18	6.5	532	14	8.6	710	15	10.1
山西	52	24	31.6	372	17	17.9	374	20	14.5	676	16	13.8
广西	62	19	13.2	323	20	13.2	391	18	12.4	629	17	13.4
云南	92	13	25.0	387	14	30.1	449	17	23.7	605	18	20.4
陕西	49	25	30.0	237	25	18.0	312	23	15.9	589	19	16.5
黑龙江	147	5	20.9	377	16	10.3	481	15	10.9	556	20	9.1
重庆	—	—	—	263	23	15.4	294	24	15.7	544	21	17.4
江西	55	21	17.4	336	19	7.5	390	19	8.5	530	22	11.3
天津	54	23	38.0	218	26	33.7	281	26	55.6	495	23	60.4
贵州	54	22	33.3	242	24	16.9	319	22	15.8	463	24	16.5
吉林	60	20	20.9	295	21	10.5	345	21	11.6	446	25	10.2
新疆	69	17	72.7	283	22	49.9	286	25	47.4	428	26	41.9
甘肃	39	26	26.1	156	27	14.6	163	27	13.1	311	27	13.9
海南	22	27	40.6	98	28	39.0	129	28	29.9	184	28	31.9
宁夏	9	29	46.2	67	29	28.5	74	29	20.6	153	29	24.0
青海	22	28	29.8	52	30	23.8	66	30	24.5	114	30	27.9
西藏	5	30	62.2	21	31	50.8	15	31	38.4	26	31	63.1
全国	2 908		31.6	14 439		29.4	19 459		34.0	26 094		32.9

注：1995 年数据为"跨市县半年"口径，2000—2010 年数据为"跨乡镇街道半年"口径。

资料来源：根据 2000、2010 年全国人口普查和 1995 年、2005 年全国人口 1%抽样调查数据整理。

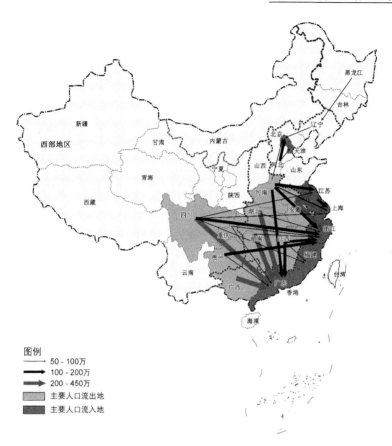

图1　2010年全国规模前30名跨省人口迁移流(人户分离,跨乡镇街道半年)

资料来源:参考文献[5]。

　　基于上述区域分类,考察1995—2010年跨省人口流动的区域特征,发现到2010年为止,人口流动在主要流入/流出地集中的趋势十分明显(表2)。对该表数据做简单计算后,可以得出1995年、2000年、2005年和2010年四个时间节点上与主要流入地和流出地有相关的跨省人口流动占全国的比重,分别为79.0%、87.4%、87.1%和86.2%[①]。并且可以看到,主要流入和流出地在1995年、2000年、2005年和2010年四个时间节点上的省内流动人口占全国的比重分别为56.9%、54.3%、53.5%、53.2%(表3)。可见,主要

　　① 以2010年为例,与主要流入地和流出地有关的跨省人口流动占全国的比重的计算方法为:100%-出发地和流入地均为其他地区的流动人口占比(13.8%)=86.2%。

流入地和流出地代表了我国跨省人口流动的 87.1% 和省内人口流动总量的 53%,这两组地区的人口流动态势对全国的重要性不言而喻[5]。据此,可以检验我国大规模人口流动作用下主要流入地和流出地城镇体系的特征演变。

表2 1995—2010 年跨省人口流动的区域集中度分析(单位:%)

时间	目的地	出发地			
		主要流入地	主要流出地	其他地区	合计
1995年	主要流入地	5.9	31.5	9.4	46.8
	主要流出地	2.6	4.8	3.4	10.8
	其他地区	5.0	16.3	21.0	42.3
	合计	13.5	52.7	33.8	100.0
2000年	主要流入地	4.9	47.5	11.0	63.4
	主要流出地	1.5	3.0	2.3	6.8
	其他地区	2.7	14.5	12.6	29.8
	合计	9.1	65.0	25.9	100.0
2005年	主要流入地	4.6	48.9	16.1	69.5
	主要流出地	1.0	2.0	2.0	5.0
	其他地区	1.9	10.8	12.8	25.5
	合计	7.4	61.7	30.9	100.0
2010年	主要流入地	4.2	44.2	17.6	66.1
	主要流出地	1.2	2.7	2.7	6.5
	其他地区	2.0	11.6	13.8	27.4
	合计	7.4	58.5	34.1	100.0

资料来源:根据 2000 年、2010 年全国人口普查和 1995 年、2005 年全国人口 1% 抽样调查数据整理。

表3 1995—2010 年省内人口流动的区域集中度分析(单位:%)

现住地	1995		2000		2005		2010	
	总量(万)	比例(%)	总量(万)	比例(%)	总量(万)	比例(%)	总量(万)	比例(%)
主要跨省流入地	608	30.6	2 614	25.6	3 471	27.0	4 140	23.6
主要跨省流出地	524	26.3	2 924	28.7	3 396	26.4	5 172	29.5
其他地区	857	43.1	4 659	45.7	5 975	46.5	8 194	46.8
合计	1 989	100.0	10 197	100.0	12 841	100.0	17 506	100.0

资料来源:根据 2000 年、2010 年全国人口普查和 1995 年、2005 年全国人口 1% 抽样调查数据整理。

4 人口流动作用下主要流入地和流出地城镇体系的发展

4.1 各规模等级城镇上的流动人口分布比较

在定义大规模人口流动的主要流入地和流出地以后,进一步对流动人口在主要"流入地"和"流出地"的各规模等级城镇中的占比进行考察,可发现如下特征(表4)。①就人口流入地省份整体而言,处于城镇体系顶端的大城市不断膨胀。例如2010年,300万以上大城市的人口数量超过地区城镇人口总量的一半。相对的,人口流出地省份的城镇人口在各等级城镇中更趋于均匀分布,其这一状况在2000—2010年间的变化幅度不大。②2010年,人口流入地省份的流动人口多数来自"省外"(54.5%)。相对的,人口流出地省份的多数流动人口来自"本省其他市区"(50.6%)。与2000年的流动人口构成相比,无论是流入地还是流出地,其城镇人口中来自"本县(市、区)"的流动人口占比均呈现一定程度的下降,如在2000年的人口流出地,来自"本县(市、区)"的流动人口占城镇总人口的比重曾占55.5%,而在2010年这一比例缩减到39.3%。③从镇人口构成来看,2010年流出地省份的县城人口占镇人口比重约为50%,而这一比例在流入地省份仅为32.7%。尽管在主要流入/流出地省份,其县城人口都主要来自"本县",但在"流入地"有52.3%的镇人口来自"省外",而"流出地"的镇人口中,67.1%来自"本县"。考察2000—2010年间的状况,发现这一特征没有显著变化。

表4 2000—2010年流动人口对"流入地"和"流出地"省份
各规模等级城镇的人口规模贡献

			市人口					镇人口		
			小计	≥300万	100万~300万	50万~100万	≤50万	小计	县城	镇*
2010年流入地	城镇人口	总量(万人)	15 143	8 194	2 959	1 599	2 392	5 997	1 960	4 037
		比例(%)	**100.0**	**54.1**	**19.5**	**10.6**	**15.8**	**100.0**	**32.7**	**67.3**
	其中:流入人口	总量(万人)	7 788	4 733	1 484	669	901	1 718	500	1 219
		比例(%)	**100.0**	**60.8**	**19.1**	**8.6**	**11.6**	**100.0**	**29.1**	**70.9**
		♯ 本县(市、区)	**17.0**	6.4	3.0	2.2	5.5	**33.5**	16.3	17.2
		♯ 本省其他县市区	**28.4**	16.5	6.9	2.8	2.2	**14.9**	3.5	11.4
		♯ 省外	**54.5**	37.9	9.1	3.6	3.9	**51.6**	9.3	42.3

（续表）

			市人口					镇人口		
			小计	≥300万	100万~300万	50万~100万	≤50万	小计	县城	镇*
2010年流出地	城镇人口	总量(万人)	10 301	2 853	1 382	2 837	3 229	10 118	4 984	5 134
		比例(%)	**100.0**	**27.7**	**13.4**	**27.5**	**31.3**	**100.0**	**49.3**	**50.7**
	其中:流入人口	总量(万人)	3 764	1 294	582	905	984	1 862	952	910
		比例(%)	*100.0*	*34.4*	*15.5*	*24.0*	*26.1*	*100.0*	*51.1*	*48.9*
		♯ 本县(市、区)	*39.3*	9.0	4.4	10.4	15.6	*67.1*	36.0	31.1
		♯ 本省其他县(市、区)	*50.6*	20.6	9.6	11.7	8.8	*25.3*	11.7	13.6
		♯ 省外	*10.6*	4.8	1.8	2.0	1.9	*7.6*	3.5	4.1
2000年流入地	城镇人口	总量(万人)	9 413	4 211	1 763	1 266	2 173	4 584	1 170	3 414
		比例(%)	**100.0**	**44.7**	**18.7**	**13.4**	**23.1**	**100.0**	**25.5**	**74.5**
	其中:流入人口	总量(万人)	3 607	1 946	671	439	552	1 153	191	962
		比例(%)	*100.0*	*53.9*	*18.6*	*12.2*	*15.3*	*100.0*	*16.6*	*83.4*
		♯ 本县(市、区)	*30.3*	12.3	6.3	4.1	7.6	*29.5*	10.8	18.8
		♯ 本省其他县(市、区)	*25.4*	12.6	6.0	3.5	3.4	*17.4*	2.1	15.3
		♯ 省外	*44.3*	29.1	6.3	4.6	4.3	*53.0*	3.5	49.4
2000年流出地	城镇人口	总量(万人)	8 084	1 738	1 154	2 064	3 128	5 374	2 840	2 534
		比例(%)	**100.0**	**21.5**	**14.3**	**25.5**	**38.7**	**100.0**	**52.9**	**47.1**
	其中:流入人口	总量(万人)	2 075	538	392	509	635	682	371	311
		比例(%)	*100.0*	*25.9*	*18.9*	*24.5*	*30.6*	*100.0*	*54.4*	*45.6*
		♯ 本县(市、区)	*55.5*	13.4	8.7	13.1	20.3	*71.9*	40.3	31.5
		♯ 本省其他县(市、区)	*35.2*	9.4	8.6	9.0	8.3	*20.6*	10.1	10.5
		♯ 省外	*9.3*	3.2	1.7	2.3	2.1	*7.6*	4.0	3.6

  * 这里的"镇"人口去除了县城人口，即包括除县城以外的其余的镇人口。本书中的"♯"表示"其中"的意思。
  资料来源：作者根据人口普查资料整理。

其次，将市人口和镇人口进行统一考察，研究主要人口流入/流出地省份的各行政等级城镇人口和流动人口的状况，可发现如下特征（表5）。①就城镇人口的分布来看，2010年，"流入地"的"直辖市"和"副省级、省会和较大的市"发育水平较好，集聚了大约40%的城镇人口（分别是15.7%和24.1%），而这一比例在"流出地"仅为18.9%。相对的，"流出地"的城镇人口约半数（49.5%）为镇人口，且镇人口中的一半（24.4%）集中在县城。而

表5 2000—2010年流动人口对"流入地"和"流出地"省份
各行政等级城镇的人口规模贡献

地区	类别		总计	市人口				镇人口	
				直辖市	副省级、省会和较大的市	地级市	县级市	县城	镇*
2010流入地	城镇人口	总量（万）	21 140	3 319	5 097	4 419	2 307	1 960	4 037
		比例（%）	100.0	15.7	24.1	20.9	10.9	9.3	19.1
	其中：流入人口	总量（万）	9 506	1 880	2 689	2 301	919	500	1 219
		比例（%）	100.0	19.8	28.3	24.2	9.7	5.3	12.8
		♯ 本县市区	20.0	3.1	2.9	4.2	3.8	3.0	3.1
		♯ 本省其他县市区	26.0	3.8	11.0	7.1	1.4	0.6	2.1
		♯ 省外	54.0	12.9	14.4	12.9	4.5	1.7	7.6
2010流出地	城镇人口	总量（万）	20 418	867	2 999	4 809	1 625	4 984	5 134
		比例（%）	100.0	4.2	14.7	23.6	8.0	24.4	25.1
	其中：流入人口	总量（万）	5 626	351	1 374	1 580	459	952	910
		比例（%）	100.0	6.2	24.4	28.1	8.0	16.9	16.2
		♯ 本县市区	48.5	2.4	5.5	12.8	5.5	11.9	10.3
		♯ 本省其他县市区	42.2	2.7	16.0	13.0	2.2	3.9	4.5
		♯ 省外	9.6	1.2	2.9	2.4	0.5	1.2	1.4
2000流入地	城镇人口	总量（万）	13 997	2 274	3 094	2 505	1 540	1 170	3 414
		比例（%）	100.0	16.2	22.1	17.9	11.0	8.4	24.4
	其中：流入人口	总量（万）	4 760	850	1 508	904	344	191	962
		比例（%）	100.0	17.9	31.7	19.0	7.2	4.0	20.2
		♯ 本县市区	30.1	5.6	7.2	6.5	3.7	2.6	4.5
		♯ 本省其他县市区	23.5	2.6	9.9	5.5	1.1	0.5	3.7
		♯ 省外	46.4	9.6	14.5	7.0	2.4	0.9	12.0
2000流出地	城镇人口	总量（万）	13 458	676	2 206	3 851	1 351	2 840	2 534
		比例（%）	100.0	5.0	16.4	28.6	10.0	21.1	18.8
	其中：流入人口	总量（万）	2 757	172	741	955	207	371	311
		比例（%）	100.0	6.3	26.9	34.6	7.5	13.5	11.3
		♯ 本县市区	59.5	3.9	12.5	19.8	5.6	10.0	7.8
		♯ 本省其他县市区	31.6	1.3	11.8	11.9	1.4	2.5	2.6
		♯ 省外	8.9	1.0	2.6	2.9	0.5	1.0	0.9

注：* 这里的"镇"人口去除了县城人口，即包含除县城以外的其余的镇人口。
♯ 本表中的"♯"表示"其中"的意思。
资料来源：作者根据人口普查资料整理。

这一状况较 2000 年更为凸显。②就城镇流动人口的分布来看，"流入地"的城镇流动人口居住在"直辖市"和"副省级、省会和较大的市"和"地级市"中的比例均高于其在城镇总人口中所占的比重，县级市、县城和镇中的流动人口所占比例较低。而"流出地"的城镇流动人口占比的主要特征是县城（16.9%）和镇（16.2%）中占有较多的流动人口。类似的，上述主要流入/流出地的城镇流动人口分布的特征是在 2000 年的基础上进一步发展的结果。③由此可以判定，人口流入地省份的城市人口向城镇体系"顶端"城市积聚，很大程度上是由流动人口导致的，且这一趋势在 2000 年就已经形成，在 2000—2010 年间有了强化。在 2000 年，流出地省份的流动人口也主要集聚在城镇体系的"顶端"城市；而在 2010 年，流出地省份的流动人口更趋于向城镇体系的"两端"——"大中城市"和"镇"集聚。

4.2 人口流动作用下主要流入地和流出地城镇体系的特征演变

首先，考察当前主要流入地和流出地的城镇体系发育情况，并将省内流动地（辽宁、山东）也作为对照组考察其城镇体系特征（图 2）。以 2010 年的市县人口数据为基础，其拟合结果显示：①省内流动地（辽宁、山东）的城镇体系"位序-规模"分布与全国水平比较一致（$q=0.901$）[①]，而主要人口流入地显示出相对较高的向城市的集中度（$q=1.017>1$），主要人口流出地则正好相反；②考察 1987—2010 年间三大地区的发展趋势，发现省内流动活跃地区的城镇体系的城市集中度则从 1987 年的 1.010 下降至 0.901，从而与全国 0.891 的水平相均衡。相比而言，主要流入地的城市人口集中度正逐渐上升（从 1987 年的 0.953 上升至 2010 年的 1.017），而主要流入地的城市人口集中度则逐年下降（从 1987 年的 0.916 大幅度降至 2010 年的 0.769）。这种发展趋势与上文中发现的"流动人口对流入地城市人口以及对流出地县城人口的贡献度较高"的判断是一致的。

---

① 这里的 q 是指齐夫（Zipf）维数，在图 2 中是拟合曲线的斜率。"位序-规模"法则（或齐夫法则 Zipf's Law）的经验规律如下：如果将城市从大到小按其规模排序，"位序-规模"法则的表达式为 $p_i=p_1{}^*(R_i)^{(-q)}$，式中 R_i 为城市 i 的位序；p_i 为位序为 R_i 的城市的规模；PI 为理论上的首位城市的规模，q 为 Zipf 维数。其中，$q=1$ 时称城市规模分布满足齐夫法则，这是"位序-规模"法则的一个特例。如果 $q<1$，那么城市规模会均匀分布（假如 $q=0$，所有城市的规模都相等）。如果 $q>1$，那么大城市将比齐夫法则预测得更大，即隐含更多的城市集聚。

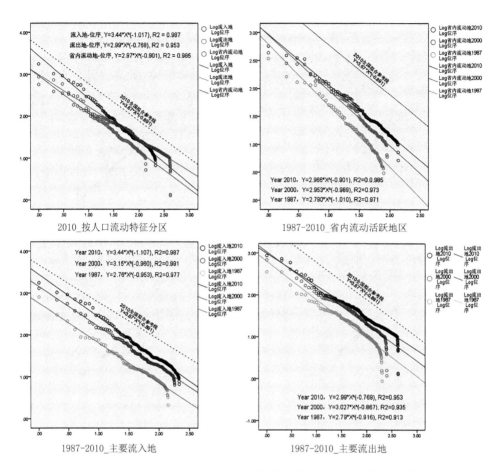

图 2　1987—2010 年常住口径分区域的城镇体系"位序-规模"分布检验

其次,考察两种口径的城镇体系的分布情况,可以发现如下特征(图 3):
①在主要流入地,可以看到 2000 年,两种口径的城镇体系在"第 50 位以后"
(常住 31.4 万人,非农人口 28.0 万人)基本遵循同一分布,而到 2010 年遵循
同一分布的区间扩大到"第 20 位以后"(常住人口 130.7 万人,非农人口
119.4 万人);②在主要流出地,两种口径的城镇体系分布遵循同一分布的区
间从 2000 年的"第 150 位以后"(常住人口 13.0 万人,非农人口 12.1 万人)
扩大到 2010 年的"第 75 位以后"(常住 36.1 万人,非农人口 33.8 万人);③
发现在省内流动活跃的地区,两种口径的城镇体系分布遵循同一分布的区
间从 2000 年的"第 36 位以后"(常住人口 26.4 万,非农人口27.6 万人)扩大

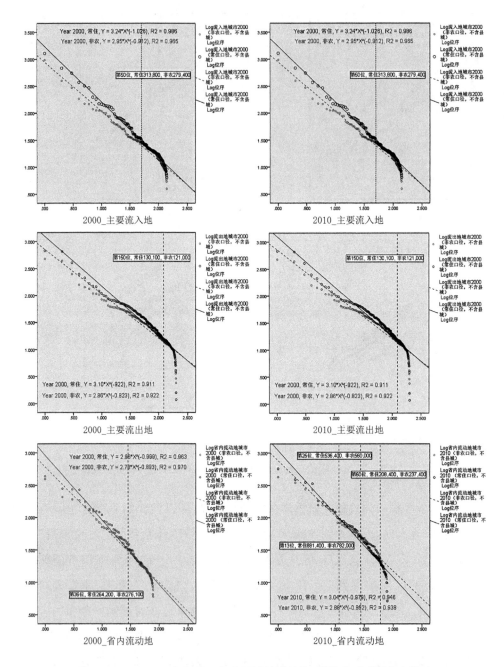

图3　2000—2010 年两种口径分区域的城镇体系"位序-规模"分布检验

到 2010 年的"第 13 位"(常住人口 88.1 万人,非农人口 78.2 万人)和"第 25 位"(常住人口 53.6 万人,非农人口 56.0 万人)之间,以及"第 60 位以后"(常住人口 20.8 万人,非农人口 23.7 万人)。而在"第 25 位"和"第 60 位"之间的城市尽管并不遵循同一分布,但其非农人口的集聚水平超过了常住城市人口。

可见,与省内流动地区相比(引导人口集聚的期望非农人口规模可以达到 78.2 万人左右),大规模的跨省人口流动的存在使得主要流入地和流出地的城镇体系规模产生极化,即主要人口流入地的期望非农人口集聚规模可以达到约 120 万,流出地的期望非农人口集聚规模仅能达到约 34 万。这对户籍改革及其对人口的引导具有政策启示意义,即户籍改革和非农人口集聚的新型城镇化载体在主要人口流入和流出地区应该有明确的区别。

进一步的,对比考察主要流出地和主要流入地的城镇规模等级分布情况,可以发现如下特征(表 6):①主要流入地的 q 值(斜率)均大于主要流出地,这意味着主要流入地的城市集中度更高。不过如果考察首位城市规模,则可以发现主要流入地的首位城市的实际规模大多小于首位城市的理论规模(拟合的 x 为 0 点的 y 值,表现为首位城市点在拟合线的下方),而主要流出地则正好相反,多数省份的首位城市实际规模大于其理论规模(首位城市点在拟合线的上方)。这种首位城市实际规模大于理论值的现象,在其他人口流动不显著的地区和省份也普遍存在,一般认为是后发地区的典型特征。②考察上述各地区的分省的城市规模体系的首位度。作为对照组,省内流动活跃地区的城市首位度较小,与全国水平相当,且 2000—2010 年间变化也比较稳定。与此相比,可以发现多数主要人口流入地的首位度在 2000—2010 年间经历了相对显著的下降,而主要人口流出地的首位度则有明显上升;从而这种对偶性的变化趋势进一步强化了流出地相对较高的首位度。

总之,在大规模人口流动的作用下,虽然从全国范围来看,人口流动确实使得城镇体系分布更加趋于"位序-规模"分布,但主要流入地和流出地的城镇体系发展却存在鲜明的"对偶性差异",即主要流入地和流出地的城镇体系发展并没有进入相同的发展阶段。

表6　2000—2010 年按人口流动特征分区的各省份首位城市和首位度

| 省名 | | 2000 年 | | 2010 年 | | 2000—2010 年变动 |
		首位城市	首位度	首位城市	首位度	首位度
主要人口流入地	江苏	南京	2.50	南京	1.01	−1.49
	浙江	杭州	2.07	杭州	1.72	−0.35
	福建	福州	1.46	厦门	1.09	−0.37
	广东	广州	1.23	深圳	1.12	−0.11
主要人口流出地	安徽	合肥	1.47	合肥	2.78	+1.31
	江西	南昌	3.21	南昌	3.10	−0.11
	河南	郑州	2.06	郑州	2.37	+0.30
	湖北	武汉	6.01	武汉	6.70	+0.69
	湖南	长沙	2.55	长沙	2.66	+0.10
	广西	南宁	1.54	南宁	1.77	+0.24
	重庆	—	—	—	—	—
	四川	成都	6.05	成都	6.08	+0.03
省内流动活跃地区	辽宁	沈阳	1.55	沈阳	1.47	−0.08
	山东	青岛	1.01	青岛	1.05	+0.03
全国		—	上海	1.31	上海	1.13	−0.18

资料来源：作者根据人口普查资料整理。

5　结论与讨论

我国的经济社会发展伴随着大规模人口流动,城镇化研究必定要介入人口流动研究。我国的人口流动形成了区域集中度较高的主要流入地和流出地。但是,从人口流动的视角系统性考察主要流入地和流出地区域城镇化特征的研究还较少。本文聚焦大规模人口流动作用下主要流入地和流出地城镇体系的特征演变,人口流动对主要流入/流出地的城镇体系的作用具有显著的"对偶性差异"。

一方面,流动人口高度集中在城镇体系的"首末两端",并呈现出高度的本地化特征。即流动人口在流入地省份主要向城镇体系顶端城市(尤其是城区人口在"300 万以上"的城市)集中,而在流入地省份则主要向城镇体系的末端城镇(尤其是县城和乡镇)集中。另一方面,人口流动使得主要流入地的城镇体系分布更趋于符合"位序-规模"分布,省域城市首位度不断下降;而人口流出地的城镇体系虽然也趋于符合"位序-规模"分布,但其各省的城市首位度却进一步上升,使得流出地的城镇体系兼具"位序-规模"分布和"首位分布"的特征。

本文对人口流动作用下的区域城镇化特征进行了描述性的特征总结,这种特征一定程度地偏离了西方既有理论和实证结果,其背后是中国特色的经济社会发展历程和动力机制。进一步的研究应针对动力机制作深入研究,有助于对我国城镇化发展趋势的科学研判。

参 考 文 献

[1] Development Research Center of the State Council (DRCSC),The World Bank. China 2030:Building a Modern, Harmonious, and Creative Society[M]. Washington. D. C.:World Bank Publications,2013.

[2] C Cindy Fan, Mingjie Sun, et al. Migration and Split Households:A Comparison of Sole, Couple, and Family Migrants in Beijing, China[J]. Environment and Planning-Part A,2011,43(9),2164-2185.

[3] Yu Zhu. China's Floating Population and Their Settlement Intention in the Cities: Beyond the Hukou Reform[J]. Habitat International,2007,31(1):65-76.

[4] 张立.改革开放后我国社会的城市化转型——进程与趋势[D].上海:同济大学,2010.

[5] 陈晨,赵民.论人口流动影响下的城镇体系发展与治理策略[J].城市规划学刊,2016(1):37-47.

[6] Hein de Haas. Migration and Development:A Theoretical Perspective[J]. International Migration Review,2010,44(1):227-264.

[7] Brian J. L. Berry. The Impact of Expanding Metropolitan Communities upon the Central Place Hierarchy[J]. Annals of the Association of American Geographers, 1960,50(2):112-116.

[8] 李茂,张真理.中国城市系统位序规模分布研究[J].中国市场 2014(36):12-31.

[9] 高志刚.区域经济差异理论述评及研究新进展[J].经济师.2002(2):38-39.

［10］许学强. 我国城市体系的演变和预测［J］. 中山大学学报（哲学社会科学版），1982
(3)：40-49.

［11］张锦宗,朱瑜馨,曹秀婷. 1990—2004 年中国城市体系演变研究［J］. 城市发展研究
2008(4)：84-90.

［12］陈彦光,周一星. 城市化 Logistic 过程的阶段划分及其空间解释：对 Northam 曲线
的修正与发展［J］. 经济地理,2005，25(6)：818-822.

［13］顾朝林,陈璐,丁睿,等. 全球化与重建国家城市体系设想［J］. 地理科学. 2005，25
(6)：641-653.

［14］陈良文,杨开忠,吴姣. 中国城市体系演化的实证研究［J］. 江苏社会科学. 2007(1)：
81-88.

［15］李震,顾朝林,姚士媒. 当代中国城镇体系地域空间结构类型定量研究［J］. 地理科
学,2006,26(5)：544-550.

［16］宁越敏. 城市化原理［M］//许学强,周一星,宁越敏. 城市地理学. 北京：高等教育出
版社,1997.

［17］刘超芹. 城市化进程中省际流动人口特征分析［D］. 成都：西南财经大学,2013.

［18］王利文. 新时期我国城镇化进程中人口流动问题的对策分析［D］. 武汉：湖北大
学,2011.

［19］C Cindy Fan. Modeling Interprovincial Migration in China，1985—2000［J］. Eura-
sian Geography and Economics，2005，46(3)：165-184.

［20］Kam Wing Chan. Migration and Development in China：Trends，Geography and
Current Issues［J］. Migration and Development，2012，1(2)：187-205.

人口流动背景下的贵州省小城镇
发展策略探讨[*]

王　理

（上海同济城市规划设计研究院有限公司）

【摘要】　本文将小城镇的发展置于人口流动背景中来讨论。数据表明,贵州省小城镇存在规模小、发展动力弱,以及本地城镇化意愿和机遇不对等特点。在认知小城镇发展制约因素的基础上,从省域城镇化路径选择、小城镇职能转型以及良性互动的体制构建、差别化政策制定等方面,提出人口流动背景下贵州省小城镇的发展策略。小城镇的发展动力主要源于本地及回流人口对公共服务的诉求,因而要以"服务三农"和"接纳回流人口"为基本目标;劳务输出有力地促进了本地经济和城镇发展,省域城镇化的路径选择要契合人口流动和打工经济的现实条件;作为服务于"三农"的小城镇,随着人口流动达到新的平衡后,可能会适度收缩,应该从全省层面建立小城镇发展动态数据库,以适时进行空间调整和资源整合。小城镇的大战略,要从优化各个利益主体的施力方向出发,形成发展合力。

【关键词】　人口流动　小城镇发展　规划策略

1　引言

党的十九大报告提出,实施乡村振兴战略,以农业农村优先发展为思

＊　本文获"2018年首届全国小城镇研究论文竞赛"鼓励奖。

路,按照产业兴旺、生态宜居、乡风文明、治理有效、生活富裕的总要求,建立健全城乡融合发展体制机制和政策体系,加快推进农业农村现代化。在未来的一段时期内,乡村在城乡要素流动、公共服务配置以及体制机制改革等方面都将出现新的变化,作为乡村地区的经济社会中枢以及城乡联系的重要纽带,乡村振兴语境下的小城镇的作用和发展方向亦将发生新的变化。本文以贵州省为例,从带动乡村振兴的角度,探讨人口流动视角下小城镇未来的发展方向。

贵州省经济欠发达,农村剩余劳动力大量外出打工。根据贵州省统计局1‰人口抽样调查数据,贵州省 2015 年常住人口为3 529.50万人,户籍人口4 395.33万人,净流出人口高达 865.83 万人。与西南地区乃至全国相比,贵州省经济社会发展水平和自然地形地貌使其呈现出区别于其他省份乃至传统研究上的"区域"城镇化和人口流动特征,因此其小城镇发展亦有自身的特点。作为辐射广大农村地区的经济中心,在乡村振兴的战略背景下,小城镇的发展导向和过去相比将有所改变。本文将从贵州省小城镇发展的历史路径出发,探讨新形势下小城镇发展策略,对以实现乡村振兴为目标的小城镇发展提出若干建议。

2 研究范围与文献综述

2.1 研究范围界定

我国目前的小城镇包含县城城关镇、除县城以外的建制镇和乡集镇(石忆邵,2002)。其中乡集镇主要承担的是农村商品交换和生活服务的功能,在城镇化率的统计上也将其界定为农村人口,加之统计资料的缺乏,本文并没有将其纳入小城镇的范畴之内,因此本文的研究范围主要是指县城所在地及其他建制镇。

2.2 小城镇研究文献简述

全国层面的研究主要集中在我国小城镇的发展问题、态势及策略(袁中金,2006;段进军,2007;石忆邵,2012;于立,彭建东,2014);产业发展(金逸民,乔忠,2004;李超,丁四保等,2004;徐勤贤,侯先云等,2005);对城镇化的作用等(侯丽,2011;石忆邵,2013),并试图从土地和户籍制度、城乡二元化、财政和金融体系等结构层面提出未来我国小城镇发展的政策建议(石忆邵,2000;田明,长春平,2003;吴淼,刘莘,2012;于立,彭建东,2014)。珠三角、长三角流域范围内,主要关注乡镇企业发展(杜宁,赵民,2011;张震宇,魏立华,2011);经济结构转型下发达地区小城镇的问题和应对策略(卢道典,黄金川,2012);先发地区"扩权强镇"的实施及评价(龙微琳,张京祥等,2012;罗震东,高慧智,2013;胡税根,刘国东等,2013);全球城市区域与小城镇发展等(罗震东,何鹤鸣,2012)。对中西部地区小城镇的研究主要基于大量剩余劳动力滞留农村以及整体经济社会发展不足的宏观背景,强调小城镇发展问题(周国华,2000;黄小斌,林丙耀,2001;张小力,夏显力,2013),并从产业发展、融资模式、制度创新等层面提出应对策略(黄小斌,林丙耀,2001)。乡村振兴战略提出以来,学者重点关注小城镇在乡村振兴战略中发挥的作用(彭震伟,2018)。

已有研究有过度强化小城镇的经济作用的趋势。相对来说,部分研究观点较为鲜明,例如:对中西部地区大部分地区小城镇而言,不应该以工业化为目标,而应该回归"基层公共服务中心"(杜宁,赵民,2011;罗震东,2013);小城镇由于经济制度环境等原因而处在收缩状态(陈川,罗震东等,2016);"就地城镇化"不应作为一条普遍经验推广(石忆邵,2013)等。

纵观小城镇研究的诸多文献,总结如下特点:①经济、制度层面的研究多,社会层面的关注较少;②全国层面的小城镇研究具有一般性但不能突出地区特点,东部发达地区具有典型性却与经济后发地区的小城镇发展相去甚远。真正对中西部地区的关注则较少(张立,2012);③研究多囿于"小城镇大战略"的政策背景并过于乐观估计小城镇在城镇化过程中的"蓄水池"作用,正确认知小城镇的动力机制并客观评价未来发展趋势的研究较少;④对贵州乃至西南地区的小城镇研究几乎处于空白。

2.3 研究数据来源

本文采取,宏观数据分析和微观实地调研相结合。宏观数据源于:①国家统计局农村社会经济调查司出版的《建制镇统计年鉴》以及《中国县域经济统计年鉴》2016 年乡镇卷；②统计局 2000 年人口普查资料、2010 年人口普查资料、2015 年 1‰人口抽样调查资料。微观数据源于：①2014 年 9 月"遵义市域空间发展战略规划"公众参与问卷数据[①]；②2016 年 7 月国家住建部组织的"全国小城镇调查（贵州片区）"调研成果[②]。实地调研是在现有的政策和制度框架下真正将城镇化的本质回归到"人"的一种有效方式，以此作为对宏观判断的补充。

3 贵州省小城镇发展的主要特征

3.1 小城镇发展环境审视

统计研究发现，省内大规模持续性的人口流动一方面造成了农村人口和生产活动的严重缩水，另一方面人口在省内的分布出现大量向高等级城市集聚的现象。因而导致城镇体系结构严重失衡。由此造成的后果是，人口与资源在已经固化的体系格局下不断向顶端流动，因而末端地区的小城镇处于发展要素持续流失的不利地位，其发展长期呈现疲态。此外，在积极发展大城市，小城镇发展乏力的境况下，2010 年起贵州省提出实施"工业强省"战略并启动大量建设开发区。至 2014 年底，全省共有 72 家经济开发区，以及以各种名目成立的新区、产业集聚区、工业园区。实施工业强省战略以来，发展战略重点、土地指标、金融资本、人力资源等都进一步向开发区集聚。省会城市和地级市的开发区尤其获得了更多发展机遇。因而在工业强省的环境下，小城镇处于"失血"状态而进一步衰落。

2012 年贵州启动 100 个示范小城镇建设工作，通过资金支持、政策优惠以及权力下放，示范小城镇的基础设施水平得到提升。然而一定程度上是治标不治本的外部给予，小城镇仍难有持续的内生发展动力。

---

① 本次问卷分为镇村和城区两部分，其中城区包括县城和遵义市区，有效问卷 774 份，镇村有效问卷 1 454 份。

② 本次调研涉及 4 个小城镇，包括黔东南州施秉县马号镇、台江县施洞镇、黔南州平塘县克度镇、遵义市湄潭县永兴镇，镇区居民有效问卷各 100 份，农村居民有效问卷各 20 份，企业问卷各 10 份。此外还涉及小城镇空间调研、领导访谈及资料汇总。

表 1　贵州省城镇体系结构

年份	大城市	中等城市	小城市		小城镇
			Ⅰ型小城市	Ⅱ型小城市	
2000	1	0	4	77	619
2010	1	1	8	72	689
对应的行政级别	省会城市	地级市	地级市或州府城市	县或县级市	小城镇

数据来源：根据第五次、第六次人口普查，按照国务院最新版城市规模划分标准整理。

3.2　贵州省小城镇发展特点

3.2.1　小城镇规模小，集聚能力弱

贵州省小城镇平均建成区总人口规模在西南五省市小城镇中处于末位，与东部沿海地区相比更是有 3～4 倍之差。根据 2016 年《县域经济统计年鉴（乡镇卷）》统计数据，在贵州省 796 个小城镇中，镇区人口达到 3 万以上的仅占 3.9％，近 80％的小城镇常住城镇人口不到 1 万人。小城镇不仅未能发挥农村蓄水池的作用，其自身也尚处在各种要素流失的状态，并在长期乏力的发展中逐渐形成了自我负强化机制，即人口流出导致由市场提供的服务业发展滞后，进而进一步加速了要素外流。

表 2　2015 年各省小城镇平均指标比较

省份名称	常住人口（人）	建成区常住人口（人）	二三产从业人员（人）
江苏省	62 609	25 037	24 473
广东省	57 687	19 870	20 983
重庆市	21 369	8 746	8 534
贵州省	23 543	8 400	7 898
云南省	30 200	9 155	4 792

数据来源：《中国县域经济统计年鉴 2016》。

表 3　2013 年贵州省不同规模小城镇所占比例

镇区人口规模	所占比例	镇区人口规模	所占比例
0.1 万人以下	3.4％	0.5 万～1 万人	12.8％
0.1 万～0.3 万人	26.3％	1 万～3 万人	18.2％
0.3 万～0.5 万人	35.4％	3 万人以上	3.9％

数据来源：同上。

3.2.2 乡镇企业的作用有限,小城镇发展的动力更多来自对公共服务的诉求

一方面,20世纪80年代促进我国小城镇蓬勃发展的乡镇企业已经丧失了过去的经济和制度环境的支撑。代表着相对高效、集约与环保的产业园区目前尚处在增量扩张阶段,因资源浪费、环境污染以及空间利用低效而饱受诟病的乡镇企业必然在土地、资源和资本方面处于弱势地位。此外,统计数据和实地调研显示,目前尚存的乡镇企业仍然是资源密集的粗加工型,对农村剩余人口的吸纳有限,并不能有效推进小城镇发展和人口集聚。

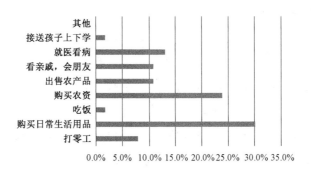

图1 农村居民去镇区的主要目的

数据来源:贵州省小城镇调研——村民调查问卷。

另一方面,更好的公共服务和居住条件正逐渐成为居民城镇化的重要影响因素。据调查,农民与镇区和县城的联系主要在于日常购买、就医看病、走亲访友,工作原因仅占了11%。在遵义市调研有关镇村居民考虑搬迁的因素中,子女上学及居住环境改善合计占了74%。由此可见,小城镇对农

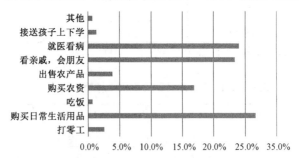

图2 农村居民去县城的主要目的

数据来源:贵州省小城镇调研——村民调查问卷。

村居民的吸引力日益源于其所能提供的基本公共服务,这对小城镇未来在城乡发展中所承担的作用提出了新的要求。

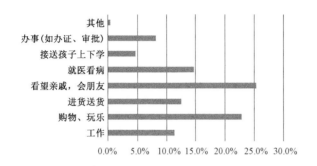

图3 镇区居民去县城的主要目的

数据来源:贵州省小城镇调研——镇区调查问卷。

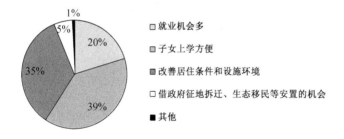

图4 镇村居民搬迁的主要考虑因素

数据来源:"遵义市域空间发展战略规划"公众参与问卷。

3.2.3 居民城镇化意愿与本地城镇化机遇不对等

由于劳动力市场区隔,外来人口在输入地的就业类型具有很大的局限性,且多数外出务工人员无法在打工地获得社会福利保障(赵民,陈晨,2013)。因此基于多方面的考量,相当一部分比例的人愿意就近就业和居住,镇区和县城的吸引力最大。然而居民的城镇化意愿和本地城镇化机遇却呈现一定程度的错位,在遵义的调研显示,占一半以上镇村和县城居民希望在本镇或者县城就业或居住,即实现空间和身份上的"就地城镇化",但是由于本地缺乏就业机会,导致较大比例的县城和乡镇的人都选择到地级市以上等级的城市从事务工活动。此外,在镇村居民不考虑搬迁的原因中,"经济条件不允许""城市生活成本高""不愿放弃户籍和农民身份"以及"缺乏就业收入保障"分别占了 36%、23%、13%、10%,而以上 4 项因素都表征小城镇无力承担本地城镇化的成本或是提供相应的制度保障,因此一分部农民只能退而求其次选择在城乡之间进行"潮汐式迁移"的不完全城镇化。

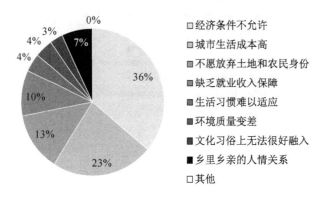

图例
□ 经济条件不允许
□ 城市生活成本高
■ 不愿放弃土地和农民身份
■ 缺乏就业收入保障
■ 生活习惯难以适应
■ 环境质量变差
■ 文化习俗上无法很好融入
■ 乡里乡亲的人情关系
□ 其他

图 5　镇村居民不考虑搬迁的主要因素
数据来源:"遵义市域空间发展战略规划"公众参与问卷。

3.3　小城镇发展的制约因素

3.3.1　小城镇发展空间受到挤压

一方面,新时期的乡镇企业在面临过剩经济的同时又受到来自城市工业的巨大竞争压力(赵新平,周一星等,2002),拥有行政资源和要素集聚优势的各类产业园区不仅抽走了小城镇的人力资源,同时也使小城镇在建设资金和土地使用上成了"被压榨的层级"(张立,2012)。

另一方面,体制不健全导致小城镇在行政管理上处于劣势,其行政执法权被上收至县里,在城镇建设管理上缺乏主动权,承担的责任却越来越大,造成极度的权责不对等。且小城镇具有相对独立事权的机构也被压缩,上级驻镇派出机构却在不断增加,制约了镇政府独立管理公共事务的能力。来自市场和体制的弱势导致小城镇的发展权利和资源被剥夺,且二者有相互强化的趋势。

3.3.2　镇区规划和实施管理落后

由于贵州省的经济社会和城镇建设都较为滞后,而现阶段又处于快速扩张时期,"乙方市场"属性和当地技术水平落后导致政府对各个层面的规划成果质量把控不严,小城镇更是深受影响,例如调研某镇总体规划"五年三修"最终却"无规可依";小城镇规划在长官意志和资本逐利的裹挟下彻底沦为"墙上挂挂";此外,小城镇的城镇建设服务中心属于临时派出机构,无执法权和正式编制人员,对小城镇建设的管理力度不够;小城镇的土地指标由省国土厅统一分配,但现实是土地审批时间长、审批流程复杂、或者到了乡镇一级很难获得建设指标,发展动力强的小城镇往往通过"指标转移"或者"小产权房"的方式冒险推进开发。自上而下的体制不顺和市场扭曲以及自下而上的发展诉求导致小城镇的"去规划化"非常普遍。

3.3.3 财政能力不足,建设资金缺乏

乡镇一级政府财政自身无法独立,所有支出均要靠上级财政补贴,而目前小城镇收到的财政转移支付少,只能满足在编人员的工资支出,在既有的财政结构下小城镇的公共服务和基础设施建设被搁置。此外,现行体制不允许小城镇搭建独立的融资平台进行融资,只能利用县级以上融资平台,因而小城镇的发展仍旧依赖于上级政府的支持力度。与之相应,一些发展动力强的小城镇转而寻求体制外的资金来源,例如某镇将还未审批的土地征下来后投入市场运作,让开发商修建道路等基础设施并把土地非正式担保抵押出去。可见,镇级财政缺乏不仅削弱了小城镇的公共服务职能,而且还造成城镇建设的无序化和非透明化。

财政不足带来的最直接后果是基础设施和公共服务设施建设滞后。作为广大农村地区的社会经济服务中心,低水平的城镇建设与其促进城乡一体化的初衷相背离,同时设施服务的滞后也加速了人口外流。

4 乡村振兴战略视角下的贵州省小城镇发展策略探讨

4.1 省域城镇化的路径选择要契合人口流动和打工经济的现实条件

根据产业梯度转移理论,东部地区制造业等行业将逐步向中部地区转移,而相关研究也证实中部地区正在经历人口的返乡潮,但对西部落后地区来说,这种"返乡"现象可能是不稳定的,未来人口向中部地区输出或许是一种主流。此外,对生态敏感的贵州地区而言,尽管工业强省战略已取得初步成效,但重工业为主的产业结构模式在短期内难以提供充分的就业岗位,如

果不顾客观条件强力推进工业化,不但效益低下,还会导致生态危机,因此劳务输出仍然是可行的选择(赵民,陈晨等,2013)。

由于打工经济并不直接贡献于劳务输出地的 GDP 指标(赵民,陈晨等,2013),且造成人力资源大量流失,给本地经济发展带来较大的冲击,贵州省异地城镇化长期以来并没有得到很好的重视,而是采取了多种方式推进本地城镇化。然而一方面数据显示工资性收入占农民年均纯收入的比例不断上升,相关研究也表明打工经济是促进农民脱贫致富的有效途径,其或间接促进了本地消费释放,并带来小城镇零售餐饮等就业岗位的增加。

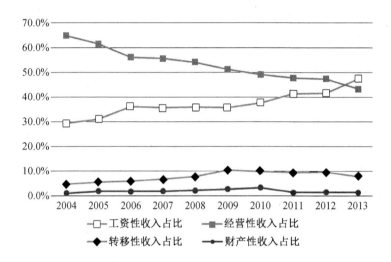

图 6　贵州省历年农村居民可支配收入构成变化
数据来源:贵州省相关年份统计年鉴。

基于贵州省"重本地轻异地"的现实以及异地城镇化给本地带来的不可忽视的经济社会贡献,未来城镇化的路径选择要契合人口流动和打工经济的现实条件,小城镇的发展更是要兼顾本地城镇化和异地城镇化。例如:①有组织的劳务输出:由于劳务输出的源头在于小城镇直接面向的广大农村地区,因此小城镇应该承担起劳动力培训及维权等相关责任,遵义市正安县在该方面提供了很好的经验[①];②完善相关土地、社会保障体系及公共服

---

① 正安县在 80 年代有组织地向东部地区输出一批劳动力,现在依靠回流人口引进了一个吉他产业集群。

务供给：确保留守家庭成员的社会福利及农村资产的稳定性，使外出劳动力无"后顾之忧"；③审慎引导劳动力回流：劳动力回流的根本在于本地就业岗位的供给，然而小城镇乃至贵州省内的现状就业岗位难以满足农村剩余劳动力的转移需求；④小城镇可能面临收缩：对于欠发达地区农村地区空心化和镇区老龄化的小城镇，随着人口流动和代际更替，未来将会迎来适度收缩，因此本地城镇化还应关注行政区划适时调整和资源整合。综上，小城镇的发展应该尊重宏观市场规律及微观个体"用脚投票"的结果并做好"后勤"工作，以基层为起点让城镇化真正回归到"以人为本"。

4.2 小城镇的发展要以服务"三农"和接纳"回流人口"为基本目标

我国总体上已经告别了"短缺经济"，产能过剩及产业升级使得乡镇的低水平产业空间不再拥有比较优势（赵民，陈晨，2013）。目前贵州省各类产业园区尚处在增量扩张阶段，小城镇受到地区中心城市的腹地挤压和"养分"的抽离而导致招商引资极为困难。研究表明，现有的乡镇企业由于规模小、产出低对劳动力的吸纳能力有限，而"特色镇"模式的成功源于其特殊的历史和现实原因，不可能在全省范围内进行推广。大部分小城镇应作为农村地区的社会经济中心服务"三农"而存在，调研也印证农村与镇区或县城的联系更多在于对日常生活物品及公共服务的需求。因此，乡镇企业式微后的新一轮调整，要将小城镇推向一个真正面向广大农村地区、服务"三农"的农村经济中心，让小城镇政府逐步完成经济职能向社会职能的转型。

小城镇发展还应该充分做好应对人口回流的准备。一方面，相关研究显示，农民工尤其是第一代农民工由于多种原因，大部分选择返回家乡，小城镇的地缘及低门槛优势将成为许多返乡人口的首选。另一方面，沿海产业转移使得中部地区或成为未来的就业岗位集聚地，因此对贵州来说正在发生的青年劳动力返乡现象可能是不稳定的，中西部地区的不平衡发展将掀起下一轮的外出务工潮。也就是说，青年劳动力的持续流出和第一代农民工的返乡现象交织存在于小城镇"质弱"的经济社会发展中。这种有选择性的外迁对落后地区所产生的累积性综合负面影响比单纯的劳动力总供给减少的影响更为严重（黄雪丽，2005）。人口老龄化加剧势必对小城镇建设社区型政府提出了更高的要求，比如，保障性住房供给、公共服务设施完善以及社会福利普及,而所有基于"人的城镇化"的支出都需要各级政府提供政策和资金方面的支持,因此转变过去小城镇以经济和产业为中心的发展思路是其中的关键。

4.3 小城镇的发展应该是"自上而下"与"自下而上"的互动过程

我国固有的行政管理体系导致最基层的小城镇与省市级政府之间处于一种"上令下行"和单向传递信息的状态。转移资金、制度创新等各方面都需要在全省层面进行统一调度,而真正关注小城镇发展并及时作出反馈的能力和责任在于基层政府,然而现实是其只能"被动接受"并且于现行体制下利用政策的空白以寻求最大的发展空间。例如小城镇调研中其中两个镇——马号镇和施洞镇,分别隶属于黔东南州施秉县和台江县,两镇隔河相望。马号镇2016年达到设镇规模并向上申请撤乡建镇,理论上既符合当地政府利益又能极大促进小城镇建设,但目前的状况是两个一江之隔的小城镇在基础设施上重复建设、各自为政,在土地权属边界上不明晰,实际上两镇在生活生产方式上已经一体化发展[①]。从区域内小城镇健康发展的角度,由省政府出面在县域间进行行政区划整合十分必要,顺应基层政府要求的撤乡建镇将带来更大的资源浪费。因此,小城镇的发展既是自上而下单向传递行政意图和政策制度,自下而上争取发展资源,也是二者结合互动的过程。因此,在省(市州)层面,充分利用数据信息平台,建立小城镇发展动态数据库,充分掌握各个小城镇发展现状,有利于优化政策制定和指令下达的方向。

4.4 对不同地区的小城镇要有差别化政策和施行分类指导

由于区域位置、地形地貌、资源禀赋导致地区发展不平衡,因而小城镇发展也有各自的特点。如黔东南州经济发展落后、人口流失严重、小城镇缺乏产业支撑且民俗风貌特征突出,因此应加大对小城镇的公共服务和基础设施的财政支出力度,镇区建设要符合本地文化特色;地缘上靠近遵义市区的小城镇普遍拥有当地特色产业,应该从用地指标,农村集体土地流转等方

---

① 领导访谈中,马号镇明确表示希望依附施洞镇来获得发展资源,而施洞镇则处于各方面都领先,所以各方面都要自己单独发展的态度。

面制定相应的政策,成立专门的资金以支持特色产业的发展。贵州省借鉴浙江、广东等省的小城镇发展经验,于全省选择 142 个经济发展较好的小城镇进行特色镇的培育。"8 个 1 工程""8+3 工程""8+X 项目"建设以及年度指标考核固然有力地推动了小城镇的基础建设,但全省"一刀切"的小城镇发展政策可能造成城镇风貌特色的丧失[①]以及产业发展的"大跃进"现象[②]。因此,集中资源优先发展部分小城镇固然是社会经济落后、小城镇发展乏力时期的最优选择,适时建立动态监督机制、根据地区特点实行分类差别化引导政策也确有必要。

5 结论

事实证明,以乡镇企业为核心的农村工业化和乡村城市化只是我国经济社会发展中一段短暂的历史过程。在乡村振兴的环境下,小城镇应逐步卸下促进经济增长的重任,回归到服务"三农"的本质。

贵州省因其特殊的发展环境及人口的大幅流出及回流特征,在经济社会和城镇化发展战略中尤其要关注小城镇的重要作用:①城镇体系结构不稳定,在短期内难以培育出具有一定经济实力的中小城市以带动农村地区的发展,因此小城镇的作用显得非常关键;②如本文所述,由于经济社会发展落后,未来可能长时间处于人口流入和流出的双向交织过程,因此要契合实际调整小城镇的发展定位;③贵州山地占土地总面积的 70% 以上,土地破碎度高,农村地区的收缩并向小城镇集聚有利于降低人类活动对生态环境的干扰。

本文以省域为研究单元,在对小城镇的发展环境、发展特点及制约因素进行梳理的基础上,提出贵州省小城镇发展的策略,并指出:要兼顾本地城镇化和异地城镇化,从源头上有序引导人口流动并做好基层服务。小城镇的发展要以服务"三农"和接纳"回流人口"为基本目标,政府亦应逐渐从经

---

① 例如永兴镇计划将现有的永兴古镇居民全部迁出,并将现有土地投入市场运营,打造仿古一条街。

② 例如"8+3"工程项目要求试点小城镇建设或完善一个产业园区。

济职能向社会职能转型;各地区需通过"自上而下"的政策供给和"自下而上"的信息反馈互动,根据现实条件制定差别化政策和分类指导。

参考文献

[1] 陈川,罗震东,何鹤鸣.小城镇收缩的机制与对策研究进展及展望[J].现代城市研究 2016(2):23-28,98.

[2] 段进军.关于我国小城镇发展态势的思考[J].城市发展研究,2007(6):52-57.

[3] 杜宁,赵民.发达地区乡镇产业集群与小城镇互动发展研究[J].国际城市规划,2011,26(01):28-36.

[4] 黄小斌,林丙耀.西部小城镇建设初探[J].城市规划汇刊,2001(2):56-58,62-80.

[5] 彭震伟.小城镇发展与实施乡村振兴战略[J].城乡规划,2018(1):11-16.

[6] 黄雪丽.制度安排是我国城市化的重要动力机制[J].经济师,2005(7):70-70.

[7] 侯丽.粮食供应、经济增长与城镇化道路选择——谈小城镇在国家城镇化中的历史地位[J].国际城市规划,2011,26(01):24-27.

[8] 胡税根,刘国东,舒雯."扩权强镇"改革的绩效研究——基于对绍兴市28个中心真的实证调查[J].公共管理学报,2013,10(01):1-9,137.

[9] 金逸民,乔忠.关于小城镇产业发展问题的思考[J].中国人口资源与环境,2004(1):64-68.

[10] 李超,丁四保,朱华友.基于产业集聚的中国小城镇发展思考[J].国土与自然资源研究,2004(1):5-6.

[11] 卢道典,黄金川.从增长到转型——改革开放后珠江三角洲小城镇的发展特征、现实问题与对策[J].经济地理,2012,32(09):21-25,38.

[12] 罗震东,高慧智.健康城镇化语境中的小城镇社会管理创新——扩权强镇的意义与实践[J].规划师,2013,29(03):18-23.

[13] 龙微琳,张京祥,陈浩.强镇扩权下的小城镇发展研究——已浙江省绍兴县为例[J].现代城市研究,2012,27(04):8-14.

[14] 罗震东,何鹤鸣.全球城市区域中的小城镇发展特征与趋势研究——以长江三角洲为例[J].城市规划,2013,37(01):9-16.

[15] 石忆邵.中国新型城镇化与小城镇发展[J].经济地理,2013,33(07):47-52.

[16] 石忆邵.中国农村小城镇发展的若干认识误区辨析[J].城市规划,2002(4):27-31.

[17] 石忆邵. 小城镇发展若干问题[J]. 城市规划汇刊,2000(1):30-32,79.

[18] 于立,彭建东. 中国小城镇发展和管理中的现存问题及对策探讨[J]. 国际城市规划,2014,29(01):62-67.

[19] 田明,常春平. 小城镇发展存在的障碍及制度创新的要点[J],城市规划,2003(7):22-26.

[20] 吴淼,刘梓. 城市化进程中小城镇发展滞后原因探析. 城市问题. 2012(9):40-44.

[21] 张震宇,魏立华. 转型期珠三角中小城镇产业发展态势及规划对策研究[J]. 城市规划学刊,2011(4):46-50.

[22] 周国华. 湖南小城镇发展研究[J]. 长江流域资源与环境,2000(3):299-306.

[23] 张小力,夏显力. 我国西部地区小城镇发展的调控对策分析[J]. 现代城市研究,2013,28(05):23-27.

[24] 张立. 新时期的"小城镇,大战略"——试论人口高输出地区的小城镇发展机制[J]. 城市规划学刊,2012(1):23-32.

[25] 赵民,陈晨,郁海文. "人口流动"视角的城镇化及政策议题[J]. 城市规划学刊,2013(2):1-9.

[26] 赵兴平,周一星,曹广忠. 小城镇重点战略的困境与实践误区[J]. 小城镇规划,2002(10):36-40.

社会融合视角下返乡农民工城乡流动研究

——以安徽省舒城县为例*

孙晨晨[1]　刘其汉[2]

（1. 东京大学情报学环　2. 东京大学都市工学研究科）

【摘要】　乡村振兴战略首要实现的是以人为核心动力的产业振兴。随着城镇化与产业转移的进程，外出务工者返乡回流愈发普遍，然而复杂现实导致返乡农民工陷入"进不了城，也回不了乡"的两难境地。本文以安徽省舒城县为例，通过问卷调查和实地访谈，收集了返乡农民工的乡村社会融合及城乡流动数据，从社会融合的视角对城乡流动的模式特征与互动机制进行了创新讨论，从而为合理引导城乡流动从而更好地推动乡村振兴与城乡融合提供理论参考。

【关键词】　乡村振兴　返乡农民工　城乡流动　社会融合

1　引言

1.1　返乡后的"乡村能人"是乡村振兴的重要发展动力

党的十九大报告中提出乡村振兴战略，指出通过城乡间生产要素的互动，技术人才管理下乡，促进外出务工群体返乡创业就业，实现乡村产业振

---

　　* 科技部国家重点研发计划课题"县域村镇规模结构优化和规划关键技术"（课题编号：2018YFD1100802）。

兴。同时农业剩余劳动力就地城镇化已经成为中西部地区城乡融合发展的重点,然而在长期城乡二元体制下,乡村的物质环境建设和社会空间资源配置严重落后[1],面临着年轻劳动力流失,产业发展缓慢,地方财政吃紧,村庄空心化严重,基础设施配备不足等严峻的问题,亟需劳动力,尤其是拥有成熟技术、高文化水平、一定经济实力和社会资本的劳动力为乡村振兴提供发展动力。随着产业转移向中西部推进,大城市生活成本不断上升,返乡农民工逐年增多,他们的返乡为解决小城镇发展动力不足和乡村的空心化问题以实现乡村振兴带来了巨大的转机。由于拥有强烈的乡村认同感和以血缘纽带为基础的社会资本,同时还拥有经济资本,先进技术和城市信息,返乡务工人员成为推动乡镇发展的"乡村能人"的重要来源之一,因此各地也纷纷出台了推动返乡就业创业,吸引外出务工者回流的政策。

1.2 亟需解决"进不了城,也回不了乡"的两难问题

由于外出务工的农民工们在回乡后面临着就业岗位严重不足,思想意识与村庄留守人群有所不同,亲友交往空间受限,公共服务设施配置不完善等问题,越来越多的农民工们面临着"进不了城,也回不了乡"的尴尬境地[2]。返乡农民工或选择本地小城镇完成从农民向市民的身份转换,或以创业的方式留在乡村就地城镇化,或以半城镇化的方式在乡村和小城镇之间通勤,还有许多无法融入乡村的农民工选择了再次外出务工。农民工返乡后表现出了活跃的城乡流动,这种流动特征与乡村社会融合之间存在怎样的互动机制,又应如何合理引导这种城乡流动从而更好地推动乡村振兴与城乡融合成为新的现实问题。

1.3 当前研究对返乡群体的城乡流动从社会融合视角讨论较少

现有针对返乡务工群体的研究,主要是从新型城镇化角度进行分析,探讨如何发展小城镇吸引劳动力回归,实现就地城镇化。例如赵民等提出流动人口在东部就业岗位减少和中部崛起的背景下,中部地区必然会出现返乡潮,部分乡镇地区已呈现出"半城镇化"的发展模式[3];李迎成提出要重塑乡土性,推动乡镇发展,通过完善县城和中心镇的公共服务配套设施,提供更多就业机会等方式吸引外出务工人员本省回流,实现家庭的"就地城镇

化"[4];李兵第提出城乡统筹发展中,通过承接产业转移,优化空间布局和优先配置公共资源,促进小城镇就近吸纳农村人口,吸引返乡创业发展乡镇企业,从而推动县域经济发展[5]。目前对于返乡农民工的城镇化动力探讨多着眼于推拉力机制,缺乏从人的城镇化视角与社会融合的维度出发,分析返乡农民工在小城镇与乡村之间的动态流动机制。

因此本文将以典型劳动力输出地区安徽省舒城县为例,基于返乡农民工的一手访谈和问卷数据,探讨返乡群体的乡村社会融合与城乡流动之间的互动关系,并尝试解释其内在动力机制,从而为合理引导返乡农民工的城乡流动与社会融合提供建议。

2 舒城县返乡农民工概况

2.1 研究对象

舒城县位于安徽省中部偏西,毗邻合肥市、六安市,集山区、库区、老区、贫困区为一体,总人口 102 万人(2010 年),每年外出务工人口 25 多万人,劳动力主要输出至长三角地区。作为皖江城市带承接长三角产业转移示范区,合肥产业核的先进制造业配套基地,近年来随着产业转移的深入和经济开发区的建设,2014 年统计返乡就业农民工总数已达 6 500 多人。

本文中的"返乡"农民工指的是:有在户籍所在地外长期务工经历,户籍地在乡镇村庄中,现在返回到户籍所在地生活工作,只在乡镇村庄中有住房,至少每月返回乡村一次的农民工。由于本文重点讨论返乡农民工与乡镇的社会关联以探寻其对于乡镇发展的推动力,因此如果对象完全生活就业于城关镇,则不在研究讨论范畴之内。具体研究对象如图 1 虚线范围所示。

2.2 样本属性及返乡后社会融合情况

基于地方经济发展情况和外出务工人员比例,选择了县城和棠树乡作为主要研究范围,采用问卷调查并随机抽样的方式,对城关镇和棠树乡进行了问卷发放。问卷共发放 96 份,其中有效回收份数 88 份,问卷回收率

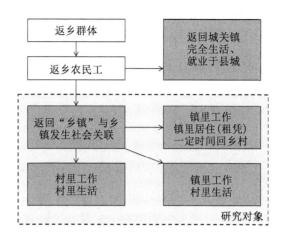

图 1　研究对象界定

91.6%，包括在镇问卷 40 份，在乡问卷 48 份，问卷调查的内容包括个人基本
信息、家庭基本信息、返乡前后就业、返乡后生活情况、社会交往、治理参与
及心理认同七个方面。对样本基础信息进行初步统计，如表 1 所示。

表 1　返乡人员社会融合基础信息

变量名称	变量值	频数	百分比	变量名	变量	频数	百分比
性别	男	29	32.95%	婚姻情况	已婚	76	86.36%
	女	59	67.05%		未婚	12	13.64%
年龄	19~29	28	31.82%	受教育程度	小学以下	6	6.82%
	30~39	20	22.73%		小学	14	15.91%
	40~49	27	30.68%		初中	36	40.91%
	50~59	8	9.09%		高中	26	29.55%
	60~79	5	5.68%		专科及以上	6	6.82%
务农经验	有	47	53.41%	户口情况	农村户口	86	97.73%
	无	41	46.59%		城镇户口	2	2.27%

资料来源：根据调查问卷整理。

返乡农民工以女性（67.05%）为主，平均年龄 38.47 岁，呈现出年轻化的
人口年龄结构特征，在 20~30 岁段和 40~50 岁年龄段出现返乡双高峰，可
能与该年龄段分别对应结婚生子和孩子高考有关。受教育程度以初高中学
历为主，文化程度不高，大多为已婚（86.36%），同时近一半的返乡群体没有

务农经验,可见,返乡农民工以年轻化、低文化程度的已婚女性为主。

其次,从返乡后就业条件来看,职业为商业服务业主以及工业、企业业主比例明显提高达到了 11%,即返乡后创业人群比例显著提升,但职业为建筑工人和工业企业技术管理人员的比例大大降低,从返乡前的 24% 和 16% 降到了 12% 和 5%,同时待业和零工比例达到了 18%,并且 78% 的受访对象表示返乡后就业机会不足。平均薪资水平也从返乡前 3 500 元/月下降到 1 400 元/月,农民工返乡后面临着薪资降低,岗位有限等难题。

从返乡后生活、治理参与和心理状态来看,62% 表示对生活服务设施不满意,18% 在乡村没有朋友,39% 完全没有参与过乡村治理活动。返乡农民工中 32% 表示会继续留在乡村,42% 要迁往县城,26% 选择再次外出务工。总的来说,返乡农民工在就业、生活、交往等多个方面,出现了无法融入乡村的问题,导致他们最终选择再次外出务工或离开乡村。

2.3 返乡农民工的城乡流动特征

返乡农民工虽然户籍在乡村,但是由于就业和基础设施的要求,不得不离开村庄,呈现出半城镇化的状态。他们一部分时间将继续留在户籍所在地的村庄,而另一部分时间会流动到相邻的其他村庄、乡镇或是县城。

根据棠树乡政府的人口流动统计数据来看(图 2),该乡范围内的主要流动目的地有两个,棠树村和西塘村,分别是前乡政府和现乡政府所在地,均具有较多的就业机会和较为完善的公共服务设施。而在棠树乡行政辖区以外,临近的流动目的地包括柏林乡秦家桥街道和张母桥镇张母桥街道两处,均为乡政府或镇政府所在地。

从返乡农民工流动方向上来看,一般都是逐级向上,也会出现跨级现象,但较少发生同级之间互相流动,大多是流动到基础设施配置更好,交通更为便利,尤其是教育设施配备更好的乡镇街道,除了少数集中工业开发区,虽然行政等级较低,但由于提供了大量的就业机会,仍能吸引到较多人流。"我回来就是为了小孩念书的,现在村小都只剩三个年级了,而且教书质量跟不上啊,我们没念到书,小孩将来要考大学啊!"(西塘小学张姓家长,户籍在寒塘村,访谈于 2016 年 4 月。)

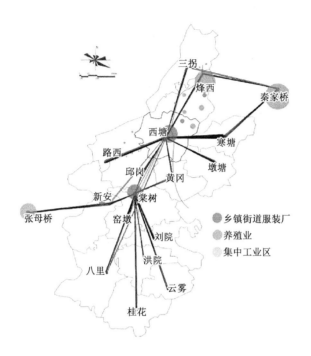

图 2　棠树乡人口流动空间分布图

3　城乡流动典型模式

3.1　城乡流动模式划分

返乡农民工的城乡流动表征为就业地和居住地的分离,本文按照他们的工作地,位于县城、乡镇还是村庄,以及在乡村居住的时间来评价与村庄联系的紧密程度,从而划分城乡流动的模式。

基于上文中提到的城乡流动的层级分布特征,将返乡农民工城乡流动分成了 5 种模式,模型概念如图 3 所示。

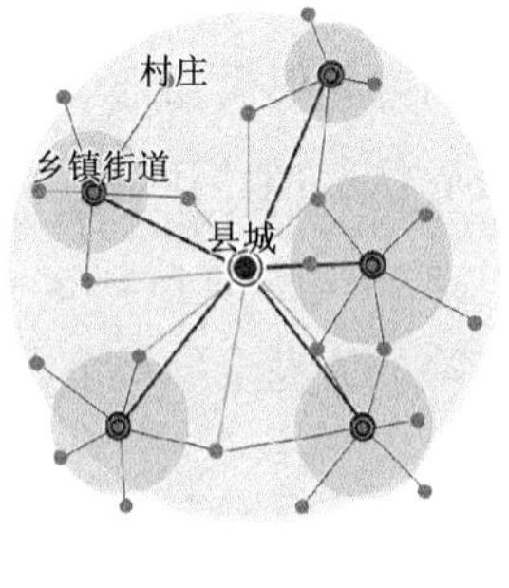

(1)完全乡村化:在乡村生活在村工作、生活、交往、工作均发生在村庄范围中,每天绝大部分时间都在村庄度过;(2)完全乡镇化:在乡镇生活和

图 3　城乡流动模型概念

工作,户籍在乡镇街道,返乡后工作、生活、社会交往都在乡镇上;(3)部分乡镇化:在村生活在镇工作,户籍在村庄,工作地在乡镇,部分生活和交往行为发生在乡镇;(4)部分县城化:在乡生活在县城工作,户籍在村庄或乡镇,工作地在县城,部分生活和交往发生在县城;(5)基本县城化:在县城生活在县城工作,户籍在农村,返乡后由于教育或者其他服务设施,选择在县城购房工作,但父母亲戚还在村里,人在城市根在村里,每个月都回去,停留时间较短。

3.2 不同模式的属性特征

根据上文中的流动划分模式标准,调查问卷样本中各模式占比如图4所示,结合问卷中的社会经济属性特征,总结得到各融合模式的基础信息。

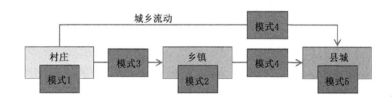

图4 模型分类与城乡流动关系

完全乡村化模式的农民工主要分为两类,包括老一代农民工回乡继续务农安度晚年返乡和新生代农民工由于婚姻或生育暂时返乡。完全乡镇化模式多为从事非农产业的老一代农民工,拥有一定职业技术能力。而部分乡镇化和部分县城化模式的农民工们都是处于不稳定的流动状态,他们在县城或乡镇没有住房,由于工作或子女教育,以租房或者往返通勤的方式在城乡之间流动,这种流动状态可能会随着资本的积累和子女教育阶段的结束而向其他模式进行转换。完全县城化模式则是农民工完全脱离乡村前的最后状态,他们已经具备足够的经济基础,接受城市的生活模式,从事非农产业,但由于血缘纽带的作用,他们仍然与乡镇联系紧密,但他们的子女可能将成为完全的城市人(具体类型情况如表2所示)。

表2   城乡典型流动模式类型分析

流动模式	类型	平均年龄	生活模式	务农经验	家庭结构	返乡原因
完全乡村化	类型1	57岁全部已婚	每天生活工作在本村庄,职业多为务农,与村庄邻居交往密切,偶尔去乡镇	都有务农经验	大家庭结构,包括父母、子女和孙子四代,且子女基本上都外出务工,老一辈外出务工返乡后成为继续留守村庄的主要力量,一般在村中都有建筑质量较好的自建房	多因为年龄大了,落叶归根返乡
	类型2	25岁全部已婚	居住在村庄,暂时无工作,与村庄中人交流也不多,偶尔去乡镇县城娱乐	基本没有务农经验	父母年纪不大,没有赡养负担,尚无孩子或者孩子年龄很小,抚养负担也较轻,在村中一般都是与父母同住	多因为结婚和回来生小孩原因返乡
完全乡镇化	类型3	53岁全部已婚	生活工作均发生在乡镇街道上,职业多为商贸服务和工业生产,与乡镇邻居交往紧密	基本上都有务农经验	父母年岁已高,孩子们已成家立业,在外务工	多因为年龄较大,外出打工工资不高和返乡带孙辈
部分乡镇化	类型4	37岁大部分已婚	生活在本村庄,每天去乡镇上工作,往返通勤,职业多为工业生产	大部分有务农经验	上有逐渐老去的父母,下有正在读书还未成年的孩子。在村中一般都有自建房	多因为孩子读书和赡养父母返乡
	类型5	37岁全部已婚	由于小孩教育,在乡镇上买房或租房,一到两个星期回一次村庄,多在镇上服装厂工作			
部分县城化	类型6	32岁部分已婚	生活在本村庄,每天去县城工作,往返通勤,职业多为商贸服务和工业生产	部分有务农经验	父母年纪不大,没有赡养负担,孩子一般年龄较小,就读小学或幼儿园,由父母照看	多因为回来结婚和在外购房安家困难返乡
	类型7	39岁全部已婚	由于县城教育资源,在县城中小学附近租房陪读,每个月或每星期回去一趟	大部分有务农经验	上有逐渐老去的父母,孩子一般正在就读高中或初中,在村中一般都有自建房	多因为孩子教育和赡养老人原因返乡
完全县城化	类型8	27岁部分已婚	在县城居住、工作和生活,但每月回家一趟探望父母	基本没有务农经验	父母年纪不大,没有孩子或孩子年纪较小	多因为结婚压力和在外购房安家困难返乡

4 社会融合与城乡流动的互动

4.1 社会融合度定义

本文中针对返乡农民工的乡村社会融合,是指习惯了城市生活的农民工群体再次返回乡村环境中逐渐适应,最终实现社会交往密切,经济状况满意,生活环境适应,心理认同乡村,治理积极参与的状态。参考国内外对于融合度的测量指标,本文的乡村融合度分别从就业、生活、交往、心理和政治五个维度,14个指标对其进行评价,如图5所示。

4.2 不同流动模式的社会融合度比较

4.2.1 越向上流动,乡村融合度越低

对上述八种类型返乡人群在就业、生活、交往等维度的乡村融合度的均值进行了比较,我们可以发现随着与乡村联系的减弱,即城乡流动中越向上流动,其对乡村社会的融合度

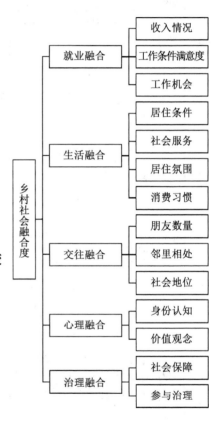

图5 城乡融合度五维模型

就越低,无论是对于乡村的就业状况,生活方式,交往空间还是治理参与度和心里认同,如生活融合度值从1.6降到了0.83(表3),但各维度融合度下降幅度有所区别,其中生活融合和就业融合角度差别最大。其中类型2属于暂时返乡的不稳定状态,还没有做长期在乡生活的打算,因此虽然居住工作均在乡,但各维度融合度均较低。

表3　不同模式融合度情况

	就业	生活	交往	治理	心理	综合
类型1	1.16	1.6	0.38	0.34	0.41	3.9
类型2	0.36	0.91	0.16	0.12	0.3	1.84
类型3	1	1.26	0.32	0.25	0.4	3.22
类型4	0.98	1.17	0.22	0.17	0.36	2.9
类型5	1.03	1.02	0.26	0.19	0.34	2.85
类型6	0.95	1.04	0.19	0.16	0.33	2.68
类型7	0.78	0.96	0.23	0.2	0.33	2.51
类型8	0.56	0.83	0.2	0.16	0.28	2.03

4.2.2　越向上流动,在乡镇朋友越少

根据问卷,整理不同城乡流动模式的返乡农民工的朋友圈的分布情况(表4),一定程度上能反映出乡村交往的融合情况。其中从内圈往外分别代表村中,乡镇街道上,县城和外地,点数代表在该圈层交往朋友的数量。

表4　各融合模式朋友圈分布

类型1		类型2	
	因村中同辈较多且多是亲戚,与本村邻居交往十分融洽,朋友都在村庄之中		多为嫁入村中,同辈和熟人较少,与本村邻居交往较少,基本只与家人接触,朋友大多在外地
类型3		类型4	
	因为本就住在乡镇,与街道上人本就相熟,因而朋友圈基本都在乡镇圈层		居住在村庄,而工作在乡镇,因此乡镇上有工友相熟,而主要朋友还是分布在村中
类型5		类型6	
	大部分时间都生活在乡镇上,因而有乡镇朋友,偶尔回村且有血缘纽带,故在村也有朋友		居住在村庄,而工作在县城,因而在县城有同事好友,但主要朋友分布于村庄

（续表）

类型7		类型8	
	大部分时间都在县城度过,因而日常主要交往朋友仍在城中,但多交往的是在县城的同村朋友		由于已在县城定居,因而在城有朋友分布,而在本村又有血缘关系维持的亲戚朋友

可以发现不同融合模式的人群,其朋友圈具有显著差异,内向型的集中于村庄的模式对应着完全乡村化模式,完全县城化人群由于仍有一定数量朋友在乡村,他们与乡村仍保持着紧密联系,部分乡镇化和部分县城化模式(类型4、5、6、7)由于其流动性较强,因此朋友圈分布也较为分散,包括在城镇就业的同事和在村庄的血缘宗亲。同时由于返乡农民工具有外出务工的经历,往往他们也有外出务工结识的朋友,具有接触所属户籍地以外信息资源的途径。

4.2.3 技术知识越高,乡村就业融合越差,越往上流动

从就业融合维度来看,越往城市流动,对于乡村的就业环境越不满,从他们的社会经济属性来看,年龄相对较轻,文化程度较高或者对教育问题重视程度较高,在返乡前从事有技能要求的岗位,而乡村往往难以提供这些技术含量较高的岗位,因此他们选择了城乡流动。

从返乡前后的薪资水平分布对比来看(图6),高峰前移,即大部分返乡农民工的薪资下降,大概下降了1 500元/月,但高收入群体的薪资水平和人数基本保持不变。薪资水平的变化与职业变化有着直接的关系,在城回乡均从事建筑业的薪资浮动水平不大,都属于高收入群体,而从城市技术管理层回乡创业当老板的人薪资有明显上涨。由于返乡企业大多劳动力价格较低,因此继续从事生产岗位和零售服务岗,收入水平会有所下降,而务农、零工职业群体薪资下滑最为严重。

从各项职业所占的比例上来看(图7),商业服务业主以及工业企业业主比例明显提高,即返乡后创业人群比例显著提升,可能是因为返乡后创业环境较为良好,与城市相比竞争较弱,又有政策扶持。其中比例明显下降的是建筑工人和工业企业技术管理层,建筑工人数量的减少与县城中建筑工地

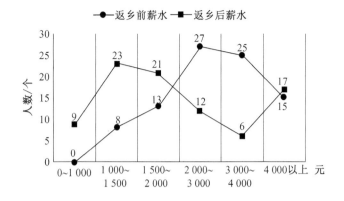

图6 返乡前后薪资对比

相对较少有关,而技术层人员的缺少反映出地方企业多为低技术性产业,多为劳动密集性流水线工厂和小作坊服装厂,因此对于技术管理人才需求大大降低,这些人可能会选择较低收入的生产岗位或较大风险的创业岗位。

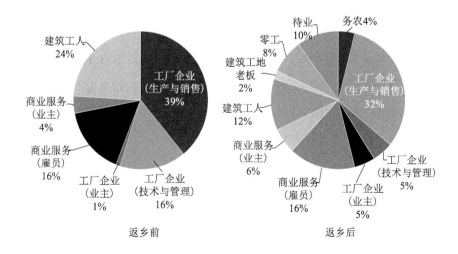

图7 返乡前后职业类型对比

4.3 社会融合与城乡流动的互动机制总结

结合上文中不同城乡流动模式在五个社会融合维度的表现,我们从返乡农民工的个人属性出发,考虑城-镇-乡的现实差距,在五个维度分析其融合情况以及基于融合作出的城乡流动决策,进而总结这种流动对于城-镇-乡的发展带来的影响,如图 8 所示。

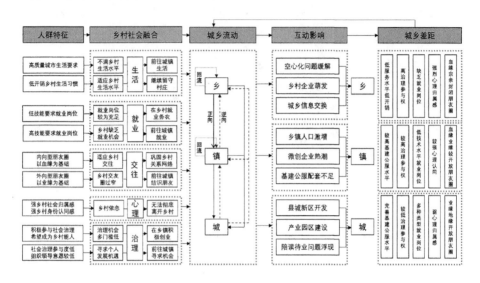

图 8　社会融合与城乡流动的互动机制

城乡间的现实差距主要反映在以下几个方面,基础设施配备和公共服务设施配备的差异,这种差异不仅体现在数量,还体现在服务的质量上。其次就业岗位的数量和种类有显著差距,县城能提供更多的岗位类型和更高的薪酬,而乡镇提供的就业机会极少,薪酬也较低,生活设施和就业机会的差别是促进返乡农民工向上流动的主要动力。但是从治理参与度来看,从村庄到集镇再到县城,越往上,个体的话语权越弱,社会地位也越低。而且越往上,返乡农民工作为城市的外来个体,相比于在村庄,必然交友圈受限,归属感较弱,这也是阻碍他们城乡流动中向上流动的主要阻力。

城乡的现实差距和返乡农民工的个人诉求决定了他们的城乡流动模式。返乡农民工群体可以按年龄和受教育程度大致分为两类,一类为老一代农民工,具有务农经验,在城市中主要从事技能水平要求很低的工作,文化程度较低,生活节俭,主要朋友圈是以血缘维系的内向型朋友圈,乡村身份认同感极强,乡村社会治理的参与度和社会地位往往也较高;一类为新生代农民工,务农经验较少,具有一定的文化程度和职业技能,返乡前的薪资水平也较高,他们往往愿意为更高的生活水平支付一定的开销,朋友圈既有以血缘为基础的乡村朋友,也有以业缘为基础的城镇朋友,交友圈较为开放,其获得外界信息的能力也较强,其中一部分愿意在乡镇创业的群体,往往具有较强的社会治理意识和积极性,乡村身份认同感也越强,另一部分群体则不愿意承担创业风险,更倾向于前往城镇寻找适合的就业岗位,接受更好的服务。但是这些返乡农民工群体大多都在农村出生长大,乡土情结很重,因而即使他们向城镇流动,依然与乡村保留了强联系,在城乡之间流动的过程中为乡村带来了大量的信息和技术资本。

这种城乡流动所带来的人才、技术资本、信息资本等要素的流动,为乡-镇-城系统的演化和小城镇发展提供了动力。对于村庄而言,日益严重的空心村现象得到了缓解,同时随着流动带来的城乡信息交换,让乡村企业萌发成为可能,越来越多的淘宝、微店将农村特色产品直接销售到城市中。对于集镇而言,从村庄中涌入大量人口,对当地的基础服务设施和服务设施产生了较大的压力,但劳动力的集聚也使得乡镇成为承接上级产业转移,微创企业迅速发展的温床。低廉的劳动力价格和相对较为便利的交通设施使得一些劳动力密集产业在集镇中发展起来,许多流动至集镇的农民完成了就近城镇化。对于县城而言,人口规模急速增加,随之而来的是住房压力和就业压力,在住房市场供应不足时,房价过高和低收入人口集聚在老城区的问题开始凸显,新区建设和产业园区的转型升级成为县城镇区发展的重点。

5 城乡流动对城镇空间的影响

5.1 对乡镇空间的影响

对于优质教育资源和就业岗位的需求使得返乡农民工从乡村流动到集镇中,他们往往举家流动,因此不仅需要寻找到合适的就业岗位还需要关注子女教育,在乡镇上没有房屋,大多选择租住在街道附近,如图9所示。

对集镇的空间影响主要有两方面:一是邻近初中小学,出现了规模较小(20人左右),以雇佣陪读妇女为主的小型服装厂。基本是由当地人返乡创业,从以前务工地如杭州、苏州等地拿订单,负责服装加工的劳动密集性产

图9　西塘乡镇空间示意图

业。棠树乡外出务工人群,女性以商贸服务和裁缝两种行业为主,因而返乡后也能很快适应。二是邻近小学的小区开发,租住房的居住质量受限,因此产生了陪读购房的需求。在村小撤并后,西塘小学作为乡镇辅导区小学,生源增加。同时西塘小学紧邻棠树乡政府,因而周边进行了两个小区的开发。

5.2　对县城空间的影响

同迁往乡镇类似,对于更优质教育资源和更多就业岗位选择的需求,返乡农民工从乡村流动到县城。本文以城乡流动类型7为例,探究其对县城空间的主要影响。

该种流动类型群体往往租住在学校周边,尤其集聚在教育质量较好的初高中周边(图10)。比如舒城中学,每一年级30个班左右,超过半数都有家长陪读,租读在学校附近1 000米以内,30分钟步行可达。陪读人数过多,导致租房价格哄抬,一个10平方米左右的房间一个学期需要租金5 000～6 000元。而且居住质量下降,二十几个小家庭挤在一个两层乡村自建房中,

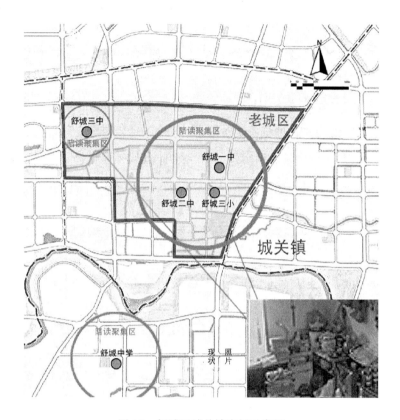

图 10　舒城县城关镇空间示意图

共用厨房和卫生间。由于巨大的利益诱惑,村中违规建房的现象层出不穷。外来陪读人口数量众多,与城市中流动人口聚集的城中村和棚户区类似,作为乡村人进县城的"落脚城市"[6],存在着治安状况,卫生状况差的通病。舒城中学由于远离主城区,对城区的影响较小,但是如一中、二中等学校地处老城区中心,由于陪读现象造成一方面居住质量严重下降,另一方面由于房源紧张房价进一步攀升,农村人无法迁移到县城。

6　结论与建议

长期城乡二元体制下,中国乡村和小城镇面临着劳动力流失、基础设施严重不足、产业凋敝等问题,新型城镇化和乡村振兴战略也对乡村发展提出了新要求,乡村如何重焕生机已经成为亟待解决的重要课题。农民工返乡回流为振兴乡村产业、缓解人口流失问题带来了巨大的机遇,他们返回乡村后呈现出了城乡流动的特征,本文以返乡农民工为研究对象,根据其流动的层级规律,总结出了典型的五种流动模式,并从社会融合的角度探讨城乡流动的动力机制以及该种流动为乡村和小城镇发展带来的机遇和挑战。而乡村和小城镇如何面对这种城乡流动带来的空间、社会结构变化,将反过来作用于城乡流动行为,那么如何引导形成一种正向循环机制,从而促进城乡融合发展。本文结合城乡流动的动力和典型特征,分别针对乡-镇-县给出了建议。

对于乡村而言,部分村庄的萎缩是一种必然趋势,但是选择在城乡流动中已出现地方特色产业萌芽的乡村进行重点培育,通过政策倾斜引导特色产业发展加强基础设施配套,加强以血缘关系为纽带的乡村社会秩序,引导村民返乡留乡,从而建设出有特色产品和乡土生命力的特色村落。其他乡村则合理引导村民流动至城镇完成就近城镇化。

集镇作为承接农村劳动力转移,完成就近城镇化的重要载体,一方面需要提供更丰富的就业岗位和更优质的基础服务设施,另一方面,由于集镇人口构成的多来源性特征,因此如何改进治理机制,让新流入的返乡农民工们拥有治理参与权从而减少创业中的制度障碍尤其重要。同时,集镇需要与县城增强交通、产业、资本以及信息的交流,从而协调好集镇与县城之间人口的有机流动。

县城作为城乡流动的最终目的地,面对大量涌入的返乡群体,要合理提供住房和就业机会,适度开发新城和推动产业园区转型升级,对待业农民工进行技术培训,并且主动加强与乡镇之间的产业联系和功能联系。

参考文献

[1] 乔杰,洪亮平.从"关系"到"社会资本":论我国乡村规划的理论困境与出路[J].城市规划学刊,2017(04):81-89.

[2] 朱红根,康兰媛,翁贞林,等.劳动力输出大省农民工返乡创业意愿影响因素的实证分析[J].中国农村观察,2010(5):38-47.

［3］魏凤,薛会会.返乡农民工再就业状态选择及影响因素分析［J］.人口与经济,2013
　　(4)：89-109.

［4］任远,邬民乐.城市流动人口的社会融合：文献述评［J］,人口研究,2006,30
　　(3)：87-94.

［5］杨菊华.流动人口在流入地社会融入的指标体系——基于社会融入理论的进一步
　　研究［J］.人口与经济,2010(2)：64-70.

［6］张文宏,雷开春.城市新移民社会融合的结构、现状与影响因素分析［J］.社会学研
　　究,2008(5)：117-141.

［7］陈宏胜,李志刚.中国大城市保障房社区的社会融合研究——以广州为例［J］.城市
　　规划,2015(9)：33-39.

［8］任远,乔楠.城市流动人口社会融合的过程,测量及影响因素［J］.人口研究,2010,34
　　(2)：11-20.

［9］刘建娥.农民工融入城市的影响因素及对策分析——基于五大城市调查的实证研
　　究［J］.云南大学学报,2011,10(4)：64-71.

［10］Christian Dustmann. The Social Assimilation of Immigrants［J］. Journal of Popula-
　　tion Economics,1996,9(1)：48-59.

［11］Derek Hum, Wayne Simpson. Economic integration of immigrants to Canada：a
　　short survey［J］. Canadian Journal of urban research,2004,3(1)：46-61.

［12］Barbara Schmitter Heisler. The Future of Immigrant Incorporation：Which Models?
　　Which Concepts? ［J］. International Migration Review. Special Issue：The New Eu-
　　rope and International Migration,1992,26(2)：623-645.

［13］杨菊华.流动人口在流入地社会融入的指标体系——基于社会融入理论的进一步
　　研究［J］.人口与经济,2010(2)：64-70.

［14］田凯.关于农民工的城市适应性的调查分析与思考［J］.社会科学研究,1995
　　(5)：24-27.

［15］道格·桑德斯.落脚城市［M］.上海：上海译文出版社,2012：2-20.

三、小城镇与乡村的
空间规划和研究

乡村振兴视野下乡村风貌空间重构及序参量识别

——河南省长葛市石固镇实证研究[*]

王　敏[1]　张凌羽[2]

（1. 华中师范大学城市与环境科学学院　2. 中国戏曲学院）

【摘要】　本文梳理了 1960 年以来河南省长葛市石固镇乡村风貌空间重构的表现形式、影响因素和演化特征,借助有序度-贡献率-协调度模型,定量解析这一过程的序参量及其演变。研究表明：①乡村建设的主观、随机、非系统思维造成了生态破坏、个性丢失、品位低下的风貌问题。②解决乡村风貌"特色危机"需总结、尊重并响应风貌空间有序化组织规律。③经济活力是当前乡村风貌优化最重要的序参量,社会经济子系统与美学感知系统、生态环境系统的协同作用差、耦合度低。④识别乡村风貌空间重构的序参量,引导序参量的有序化协同动力机制,是乡村风貌振兴和特色村庄营造的关键。

【关键词】　乡村振兴　乡村风貌　空间重构　序参量　石固镇

1　引言

党的十九大报告提出"乡村振兴"战略,明确了从"产业兴旺、生态宜居、

＊　本文原载于《小城镇建设》2019 年 1 期(总第 356 期)。

国家自然科学基金项目"基于序参量演变的乡村风貌空间有序化组织机理研究"(41701199);教育部人文社科基金项目"自生与设计:小城镇风貌优化研究"(13YJC760079);华中师范大学 2018 年教研项目:"乡村振兴视野下'在地式'乡村规划实践教学探索"。

本文获"2018 年首届全国小城镇研究论文竞赛"三等奖。

乡风文明、治理有效、生活富裕"五个方面建设乡村新风貌。乡村风貌(rural-scape),是自然山水、聚落形态、建筑形式、人文传统共同呈现的空间样态,它显现了乡村的形态特征,表达了乡村发展的历史、文化、经济、社会等属性。在系统特征上,乡村风貌形成与演化是要素、结构、功能复合的长期动态过程,具有多层次、动态性、开放性、不确定性的特点。在建设方式上,乡村与城市有根本的不同。乡村建设是政府主导与村民自建相结合,村庄格局不是规划师选的,它是农民世代代跟自然斗争磨合而形成的;建筑设计沿袭自治规则,山墙的形式、屋脊的高度、滴水巷的间距、下水道的接入等都有细致而有效的"村规民约"。这些规则是乡村赖以生存的遗传密码,是乡村风貌空间组织的秩序规则。乡村振兴需站在农村思维考虑问题。改变乡村建设简单借鉴城市模式,解决乡村自身面临的产业结构调整、土地利用优化、基础设施完善、居住条件改善等现实困难,更要加强物质空间重构与乡土文化传承的协同。本文梳理案例区 1960 年以来风貌空间重构的表现形式、影响因素和演化特征,试图透视乡村风貌有序化所遵循的组织规则。

2　多学科视野下乡村风貌研究

乡村风貌关涉建筑、景观、空间、文化、经济、主体行为等多个方面,乡村振兴视野下的理论研究呈现多元化特点,城乡规划学、地理学、系统学等相关研究较丰富。

2.1　城乡规划学

着眼于物质空间形态,代表理论以乡村空间布局、形体秩序和美学效应为主,包括聚落形态论、空间构图论、乡村美学、田园建筑等,从美学、文化和生态角度展开乡村设计、艺术刻画、绿地规划等。侧重物质环境的认识论,研究方法主要为哲学思辨。定性论述物质空间的要素、结构、功能、形态等特征,尚未形成完整的乡村空间理论体系,在规划设计的科学依据方面,尤其需要补充客观规律总结以及可操作的定量测度方法。

2.2　地理学

乡村地理学善于运用多变量统计、GIS 技术、计算机模拟解释人地关系。

引入计量学和行为科学[1],探索乡村聚落的形成、发展及其与地理环境的关系[2];划分乡村聚落类型与区划[3];分析乡村聚落的形态、规模及分布特点[4];研究不同环境条件下乡村景观的结构特征[5];包括乡村景观的改造与建设规划[6]等内容。主要运用地理空间分析方法总结演化规律、结构模式、特征形态、发展趋势及动力机制等,运用的定量手段有拓扑分析、自组织模型[7]、演化仿真 CA 模型[8]、形态集聚度测定、经济学分析,有助于揭示乡村风貌空间的复杂构成与作用机理。但地理研究在尺度上特别集中于区域性的宏观范围,具体落实到风貌空间的中、微观形态塑造,还需合理衔接。

2.3 系统学

机械还原论与系统中心论是科学研究的两个基本方法[9]。系统论在辨证综合的视角下,把事物作为相互联系、相互作用、相互依赖和相互制约的若干组分按一定规律组成的有机整体[10]。基于对乡村地域系统的全面理解,乡村风貌具有复杂系统特性,传统的规划理论和设计模式需要引入复杂系统观[11]。未来中国乡村研究应服务于国家乡村振兴战略需求,综合集成建筑学、规划学、地理学、社会学、生态学等多学科的理论和方法,加强对乡村风貌的微观形态结构和动态系统的重构过程与动力机制的研究[12]。

2.4 多学科视野下乡村风貌空间重构研究

"国际乡村地理研究的代表人物 Micheal Woods 教授将乡村重构定义为:快速城镇化进程中因农业经济地位下降和农村经济的调整、农村服务部门的兴起和地方服务的合理化、城乡人口流动和社会发展要素重组等不同因素的交互影响导致的农村地区社会经济结构的重新塑造。"[13]在此基础上,我国学者龙花楼提出,乡村重构是快速城镇化进程中以土地、人口、农村经济为核心的转型驱使乡村空间、文化、生活特征发生变化的地理过程,包括空间重构、经济重构和社会重构三个维度[12]。乡村风貌空间重构是乡村振兴必然发生的地理过程。

根据系统动力学理论,主导乡村风貌空间重构的控制变量是序参量。通过序参量与乡村风貌空间的互动关系,透视乡村风貌复杂系统的内生机理。序参量的识别及其作用机制是研究乡村风貌组织规律的关键。宏观上,乡村风貌受自然环境基质、经济发展水平、传统文化特征、生态承载力、居民审美、政策引导等多因素影响,它们的影响力有多大?作用机制如何?哪些是序参量?随时间有怎样的嬗变?怎样客观衡量其行为规则?需要科学的测度方法。结合地理数学方法,识别对乡村风貌空间重构起显著作用的序参量,及其与系统运行的逻辑关系,是乡村风貌优化的基本依据。

3 实证研究:乡村风貌空间重构特征

本文选取河南省长葛市石固镇4个行政村:栗庄、朝阳、南张庄、中岳店为研究区域。该区域地处华北平原腹地,占地9.06平方公里,是典型的北方平原村落(图1)。

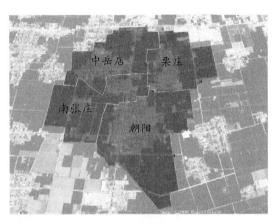

研究区域村落分布图

研究区域在长葛市的位置

长葛市在河南省的位置

图1 研究区域区位图

3.1 聚落形态由独立防御的斑块状向内聚生长的棋盘式扩张

1960年以来,乡村聚落的规模、空间形态、风貌样态发生了显著变化(图2)。早期村庄选址和布局体现血缘聚居、自我防御的传统模式。按照姓氏聚族而居,村外设宽约10米的寨墙,墙外挖渠造水,形成傍水结村、城墙厚筑、向心聚合的空间模式。随着人口增长,宅基地规模扩大,村庄自然分界的寨墙拆除。相邻自然村自然成片,村庄内部肌理延续格网型制,建筑密度增大,转向棋盘式内聚生长(图 3)。

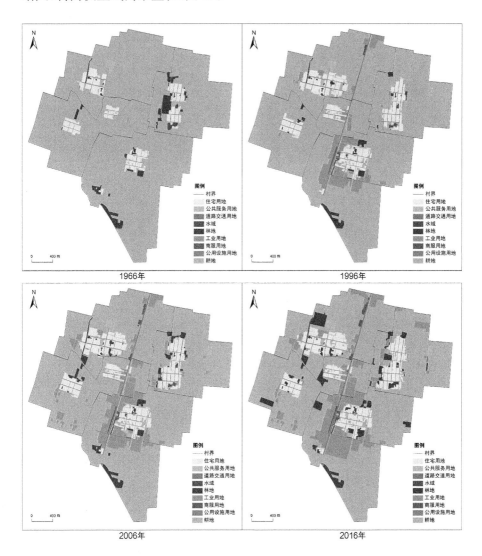

图 2 乡村风貌演化示意图

3.2 特征风貌空间由生产-生活-生态耦合向经济功能主导转型

传统乡村体现了人与自然和谐共处的人居环境样态,尤其表现在生产、生活与生态的"三生"空间高度融合的乡土风貌特色。乡村重构中,居住社区大幅扩大、农业生产区多元化转变、生态保育区急速减缩。早期生产、生

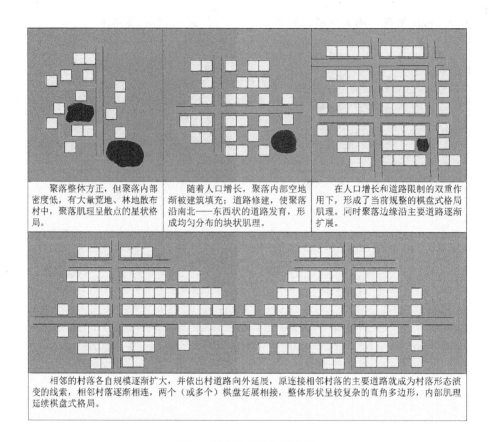

图3 棋盘肌理演化示意图

态区耦合,房前屋后花木掩映,水塘错布。到 20 世纪 90 年代,逐渐表现出生产-生活空间融合发展,生产-生态空间互转的趋势。荒地、菜地转变为宅基地,房前屋后花草树木被水泥场院替代,蓄水防洪的水塘遭到填埋,居住社区的规模扩大、密度增加。生态空间锐减,集中到聚落外围。2006 年以来,传统农业减少,小型工业大幅增加,兴起了观光大棚、休闲采摘、垂钓园等都市农业项目。形成了工业生产-旅游观光-生态保障的复合功能空间,传统乡村风貌在发生了较大改变。

3.3 建筑由传统田园风格急速转向多样拼贴样态

3.3.1 民居

当前村庄内民居样式繁杂,新旧不一,多样拼贴(图4)。

图 4　民居多样拼贴现状图

20 世纪 50 年代的土坯房内部主要功能空间只有客厅和卧室,建筑样态为两面坡顶悬山式,土黄色,极其简陋(图 5a)。20 世纪 80 年代的瓦房,增加院墙围合内院(图 5b);装饰要素增加,外立面呈现红色、蓝色为主的材料肌理。屋顶瓦鸽,屋脊鱼吻,窗下有花纹。20 世纪 90 年代的平房,建筑扩展为 4~5 间,大门强调装饰性,高门楼,门口布置对称石凳,门楣有瓷画,多为吉祥图式(图 5c);面向街道的大门设有照壁,为瓷砖砌画。2000 年以后出现楼房和别墅。正屋、厢房、厨房、卫生间、杂物间统一布局(图 5d、图 5e)。装饰更丰富,喜好白色瓷砖。

3.3.2　公共建筑

村庄的墓葬区成片分布在村口(风水眼),有少量古墓、寨墙遗址、名人故居等历史遗存。村落中部的村部有文化广场,兼具政策发布、村民代表大会、年节请戏、民俗展演等多种功能。中小学在规模较大村庄,多村共用。宗祠、寺庙、道观、教堂点状布局。

公共空间的演变主要在逐渐规划建成一定规模的文化广场,配备绿化和少量健身器材,位于村庄中部,每村一个(图 6)。部分小学合并到较大规模的教学点。寺庙多有翻修扩建,比如中岳店村的中岳庙、朝阳村的白乐宫在近 10 年扩建修缮。

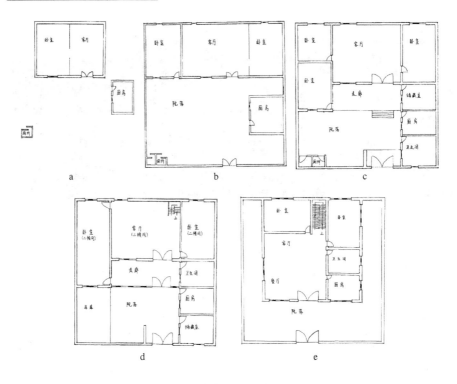

图5　村庄内居民样式平面图

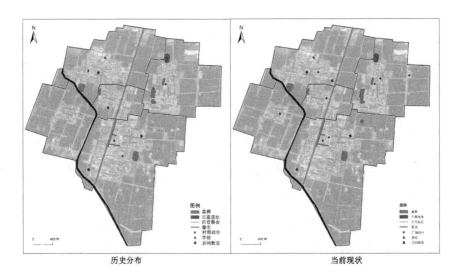

历史分布　　　　　　　　　　当前现状

图6　公共空间布局示意图

4 乡村风貌空间重构的序参量识别

4.1 序参量

序参量(order parameter)是描述复杂系统有序程度的动力参量,协同学中把对形成复杂系统有序状态起主导驱动作用的变量称为序参量[14]。复杂系统理论认为,结构决定功能,功能映射形态,形态动态演化[15]。有序的系统意味着结构稳定、功能明确、形态鲜明。根据系统动力学理论,主导乡村风貌空间有序化组织的控制变量是序参量。

4.2 乡村风貌空间重构的序参量识别

在社会经济、美学感知和生态环境三个层面选取变量,建立乡村风貌空间重构的序参量子集;根据有序度模型,整合形态-结构-功能-意义多目标评价体系,进行乡村风貌空间系统有序度评价。运用贡献率函数和综合协调度模型,进一步判断序参量子集对系统有序度的贡献程度,以及系统整体协调的差异。贡献率越大,该因子的协调作用就越强。最终筛选出乡村风貌空间重构的序参量。有以下四个步骤:

(1) 构建乡村风貌空间重构有序化评价系统,包括衡量生命力的社会经济子系统,衡量承载力的生态环境子系统,以及衡量吸引力的美学感知子系统[16,17](表 1)。分别用 $j=1$、2、3 来表示,记为 $S = f(S_1, S_2, S_3)$,其中,S_1 表示社会经济子系统,S_2 表示生态环境子系统,S_3 表示美学感知子系统,f 为乡村风貌有序度模型。采用几何平均法计算各子系统有序度:

$$f = u_j(e_j) = \left[\prod_{i=1}^{n} u_j(e_{ji}) \right]^{\frac{1}{n}} \qquad (式 1)^{[18]}$$

(2) 运用贡献率函数,评价序参量因子对乡村风貌有序度的贡献效果。设乡村风貌序参量为 e_j,$e_j = (e_{j1}, e_{j2}, e_{j3}, \cdots, e_m)$,其中 $n \geqslant 2$,$\beta_{ji} \leqslant e_{ji} \leqslant \alpha_{ji}$,$1 \leqslant i \leqslant n$,$j = 1, 2, 3$。序参量 e_{ji} 对系统 S 有序度 $u_j(e_{ji})$ 的贡献效果为:

$$u_j(e_{ji}) = \begin{cases} \dfrac{e_{ji} - \beta_{ji}}{\alpha_{ji} - \beta_{ji}}, & \text{当 } e_{ji} \text{ 起正功效时} \\[3mm] \dfrac{\alpha_{ji} - e_{ji}}{\alpha_{ji} - \beta_{ji}}, & \text{当 } e_{ji} \text{ 起负功效时} \end{cases} \qquad (式 2)$$

序参量对系统有序化产生正功效时,取值越大,系统的有序度越高,取值越小,系统的有序度越低;序参量对系统有序化产生负功效,取值越大,系统的有序度越低,取值越小,系统的有序度越高。

(3) 运用协调度模型集成序参量子集对乡村风貌有序度的总贡献,协调度越大的因子,成为序参量。设初始时刻为 t_0,系统有序度为 $u_j^0(e_j)$,对演变过程中的某时刻 t_i 而言,若此时各子系统有序度为 $u_j^i(e_j)$,定义 cm 为乡村风貌系统协调度:

$$cm = \left\{ \theta \left| \prod_{j=1}^{3} \left[u_j^i(e_j) - u_j^0(e_j) \right] \right| \right\}^{1/3} \qquad (式 3)$$

其中 $\theta = \pm 1$,cm 介于 $0 \sim 1$,cm 值越大,乡村风貌的协调性越好,综合效益越高[19]。

(4) 基于协调度模型,构建乡村风貌系统潜力度模型:

$$p = 1 - cm \qquad (式 4)$$

其中,p 代表偏移系统最优解的程度,p 位于 $0 \sim 1$ 之间,p 值越大,乡村风貌可优化的潜力就越大。参考相关研究的评价标准,$p \geq 0.8$,潜力度极大,代表乡村风貌系统无序;$0.8 > p \geq 0.6$,潜力度较大,乡村风貌系统偏离有序状态较多;$0.6 > p \geq 0.5$,乡村风貌系统略游离于有序状况之外,需适当引导和微调;$p < 0.5$,潜力度较小,乡村风貌系统基本有序。

本文基于复杂系统指标体系构建理论,结合乡村风貌综合效益评价相关研究[20-24],选取 35 项序参量指标,构建乡村风貌综合效益评价指标体系,由目标层、领域层、准则层和指标层构成[25]。

表1 乡村风貌综合效益复合系统评价指标体系

项目层	因素层	指标层	单位	含　义	效能	数据来源
生命力社会经济子系统	经济活力	单位面积农产值	元/亩		+	统计年鉴、政府文件
		第二、第三产业产值比重			+	统计年鉴、政府文件
		人均纯收入	元/年		+	统计年鉴、政府文件
		人均纯收入增长率			+	统计年鉴、政府文件

（续表）

项目层	因素层	指标层	单位	含　义	效能	数据来源
生命力　社会经济子系统	社会认可	农产品商业率			±	走访调查
		农产品结构		粮食作物与作物总种植面积比重	－	走访调查
		产业结构		第一产业与第二、第三产业从业人口比	＋	统计年鉴、政府文件计算
	人民生活	恩格尔系数			－	走访调查
		基础设施完善度			＋	走访调查
		交通便捷度	h	距附近县市车程	－	走访调查
		农村合作医疗参与度			＋	政府文件
		农村养老保险参与度			＋	政府文件
承载力　生态环境子系统	生态基底	土壤肥力			－	相关研究
		林木覆盖率			＋	土地利用图计算
		自然灾害发生频率	次/年	平均每年重大自然灾害发生次数	－	相关研究
		人均水资源占有量	m³		＋	政府网站
	异质性	风貌多样性			＋	风貌指数计算
		风貌优势度			±	风貌指数计算
		风貌破碎度			±	风貌指数计算
	荷载度	人口密度	人/km²		±	统计数据计算
		居民点建筑密度			±	土地利用图计算
		容积率			±	土地利用图计算
	有序度	相对均匀度			＋	风貌指数
		居民点总平面布局			＋	走访调查
吸引力　美学感知子系统	自然度	绿化覆盖度			＋	土地利用图计算
		农用地风貌面积比			±	土地利用图计算
	环境状况	清洁度		生活垃圾处理率	＋	走访调查
		安静状况		噪声指数	－	走访调查
		大气状况	天	年 API 优良天数	＋	相关新闻
		水体状况			＋	走访调查
	文化体验	名胜古迹遗存	个		＋	地方志
		传统生活习俗保留度			＋	走访调查
		传统民俗参与度	次/年		＋	走访调查
		文化下乡频率	次/年		＋	走访调查
		自发文娱活动频率	次/年		＋	走访调查

（注："＋"表示正功效，"－"表示负功效，"±"表示接近合理值时产生正功效。其中各个序参量指标合理值及上下限值参照国家相关规范、案例区相关规划等文件确定。）

4.3 研究结果

将研究数据代入上述模型,得出不同时段乡村风貌系统的各项参数(表2、表3、表4)。

表2 乡村风貌子系统因素层贡献度

时间		1966 年	1996 年	2006 年	2016 年
社会经济子系统有序度	经济活力	0.537	0.505	0.544	0.696
	社会认可	0.225	0.448	0.328	0.182
	人民生活	0.255	0.495	0.411	0.430
生态环境子系统有序度	生态基底	0.297	0.222	0.204	0.093
	异质性	0.245	0.521	0.134	0.269
	荷载度	0.089	0.206	0.276	0.362
	有序度	0.052	0.432	0.873	0.508
美学感知子系统有序度	自然度	0.160	0.053	0.036	0.013
	环境状况	0.484	0.206	0.350	0.174
	文化体验	0.467	0.308	0.261	0.383

表3 乡村风貌子系统有序度

时间	1966 年	1996 年	2006 年	2016 年
社会经济子系统有序度	0.313	0.482	0.419	0.379
生态环境子系统有序度	0.135	0.318	0.285	0.260
美学感知子系统有序度	0.330	0.150	0.148	0.094

表4 乡村风貌复合系统协调度、潜力度

时间	1996 年	2006 年	2016 年
协调度	0.177	0.016	0.037
潜力度	0.823	0.984	0.963

结果显示,乡村风貌系统的协调度一直低于有序状况的临界值0.5,有极大的优化必要。其中,1996年的风貌协调度最高,2006年最低,2016年后有回升趋势。

乡村风貌重构的关键节点是1996年,社会经济子系统和生态环境子系统均达到最高的有序度(图7)。其中社会经济子系统始终在整个系统中发

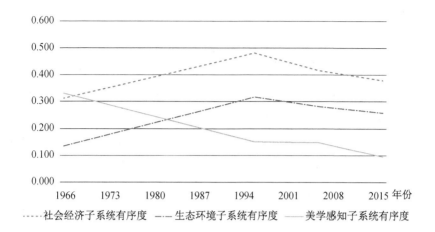

图7　乡村风貌子系统有序度变化折线图

挥最主要的作用,经济活力成为主导乡村风貌重构的序参量。2000 年之后,乡村工业对自然基底和建筑风貌的影响较大。但缺少统一规划,虽然经济状况更好,风貌系统的协调度却有较大的下降。近年来,随着村庄规划、文化广场等建设,风貌协调度略有提高。但由于自然基底破坏严重,环境改善状况未得到显著优化,风貌协调度仍处于较低水平。本案例区中各子系统的协调作用较差,耦合度较低;美学感知系统和生态环境系统作用力较弱,与社会经济子系统并不匹配,是造成乡村风貌异化的根本原因。

5　结论与讨论

5.1　结论

　　研究表明:①我国乡村建设的主观、随机、非系统思维造成了生态破坏、个性丢失、品位低下的风貌问题。②乡村风貌"特色危机"亟需解决,总结、尊重并响应风貌有序化组织规律是先决条件。③经济活力是当前乡村风貌最重要的序参量。社会经济子系统与美学感知系统、生态环境系统的协同作用差、耦合度低,造成了乡村风貌特色危机。④识别乡村风貌空间重构的序参量,引导序参量的有序化协同动力机制,是乡村风貌振兴和特色村庄营造的关键。

5.2 讨论

本文研究的案例并不是资源条件非常优越的村镇,生态环境基础较好,交通便利,文化资源特色不突出。这类乡村的城镇化发展适宜依托现有自然生态资源,加大农业资源规模化强度;在此基础上探索本地区的自然、历史、文化、民族等区域性差异化特色。正如研究结果显示,生态环境子系统中,生态基底贡献度一直呈现下降趋势,由最强作用力演变为最弱。美学感知子系统中,自然度作用力一直偏低,且呈现逐渐下降的趋势,文化体验的作用越来越强。乡村振兴过程中,迫切需要重视乡村风貌空间的生态保育、美学感知和乡土意义的表达。

识别乡村风貌空间重构的序参量属于解释性研究,只是解答了"为什么"的问题。要回答"怎么做"的问题,还需要运用科学方法对它的动力机制进行剖析和模拟。一方面要衡量乡村风貌空间组织的有序度;另一方面,要揭示不断变化的序参量与不断演化的乡村风貌空间在无序走向有序的重构过程中所产生的作用机理。在此基础上,以序参量为驱动,提出乡村风貌空间重构模式与优化策略。这些内容需要在后继研究中加强。由于乡村的类型多样和发展差异,本文选区的数据存在局限性,相关研究结论的有效性、普适性有待进一步验证。

参 考 文 献

[1] 金其铭,董昕,张小林. 乡村地理学[M]. 南京:江苏教育出版社,1990.

[2] 何仁伟,陈国阶,等. 中国乡村聚落地理研究进展及趋向[J]. 地理科学进展,2012,31(8):1055-1062.

[3] 李雷. 乡村景观的研究现状与展望[J]. 中南林业调查规划,2008,27(1):19-23.

[4] 彭一刚. 传统村镇聚落景观分析[M]. 北京:中国建筑工业出版社,1992.

[5] 吴江国,张小林,冀亚哲. 不同尺度乡村聚落景观的空间集聚性分形特征及影响因素分析[J]. 人文地理,2014(1):99-107.

[6] 张京祥,张小林,张伟. 试论乡村聚落体系的规划组织[J]. 人文地理,2002,17(1):85-88,96.

[7] Batty, M. Cities and Complexity:Understanding Cities with Cellular Automata, Agent-based Models, and Fractals[M]. Cambridge, MA.:The MIT Press, 2007.

[8] Beltran M I, David G. Cellular Automata Model of Urbanization in Camigun, Philippines[C]//Information & Communication Technology-eurasia Conference, 2014.

[9] 栾玉广. 自然科学研究方法[M]. 合肥：中国科学技术大学出版社,1986.

[10] 乌杰. 系统哲学[M]. 北京：人民出版社,2008.

[11] 刘彦随. 中国新时代城乡融合与乡村振兴[J],地理学报,2018(4)：637-650.

[12] 龙花楼,屠爽霜. 乡村重构的理论认知[J],地理科学进展,2018(5)：581-590.

[13] 龙花楼. 乡村重构专辑序言[J],地理科学进展,2018(5)：579.

[14] Haken H. Information and Self-Organization：A Macroscopic Approach to Complex Systems[M]. Information and Self-Organization：A Macroscopic Approach to Complex Systems. New York：Springer-Verlag New York, Inc, 2000.

[15] 欧阳莹之. 复杂系统理论基础[M]. 上海：上海科技教育出版社,2002.

[16] 谢花林,刘黎明,赵英伟. 乡村景观评价指标体系与评价方法研究. 农业现代化研究[J].2003,24(2)：95-98.

[17] 刘滨谊,王云才. 论中国乡村景观评价的理论基础与指标体系[J]. 中国园林,2002(5)：76-79.

[18] 刘凤朝,张博,刘源远,等. 城市土地利用协调度评定—以大连市为例[J]. 中国土地科学,2008,22(12)：25-30.

[19] 白华,韩义秀. 区域经济—资源—环境复合系统结构及其协调分析[J]. 系统工程,1999,7(2)：19-24.

[20] 谢花林,刘黎明. 乡村景观评价研究进展及其指标体系初探[J]. 生态学杂志,2003,22(6)：97-101.

[21] 褚兴彪. 山东乡村聚落景观评价模型构建与优化应用研究[D]. 长沙：湖南农业大学,2013.

[22] 陈倩. 试论英国景观特征评价对中国乡村景观评价的借鉴意义[D]. 重庆：重庆大学,2009.

[23] 谢志晶,卞新民. 基于 AVC 理论的乡村景观综合评价[J]. 江苏农业科学,2011,39(2)：266-269.

[24] 王秋鸟,邓华锋. 基于 AVC 的乡村景观综合评价研究——以三岔村为例[J]. 西北林学院学报,2016,31(3)：298-303.

[25] 熊岭. 基于 CVM 的武汉市公共开发空间非使用价值评估研究——以汉口江滩公园为例[D]. 武汉：华中科技大学,2013.

浙江省村镇院落空间的演变与转型趋势研究[*]

杨　清[1]　赵秀敏[2]　石坚韧[3]

（1.2. 浙江工商大学艺术设计学院

3. 浙江工商大学旅游与城乡规划学院）

【摘要】　本文以挖掘院落空间的"质心"与"演进"为出发点,对浙江村镇民居空间进行分析研究,总结其空间布局。并提出四种异质化院落,从六个方面分析异质院落空间差异。为了更适应现代化生活,进而对原有空间模式进行优化升级,形成单一院落结构向复合院落结构的转变。并基于建构新型人地关系,通过加入共享空间的概念,创造院落空间的功能复合,实现院落空间的演变与转型,重构既符合现代生活需求又延续传统空间脉络并还复村落记忆的"民居及村落"空间单元。

【关键词】　村镇院落　布局　重构　转型　共享空间　浙江省

1　引言

住宅是人类自发建造的遮风避雨的场所,人们在长期的生活方式中与自然相互作用,创造了具有地方性特色的生活空间。院落,是中国传统建筑的重要组成部分,是不同时期、不同地域、不同类型、不同尺度的建筑空间构

＊　本文原载于《小城镇建设》2019 年 1 期（总第 356 期）。

浙江省自然科学基金"滨水景区声景观感知数字化解析及组景法则可视化表达"（编号：Y19E080011）；浙江工商大学研究生教育研究项目"乡村振兴与精准扶贫指引下的环艺研究生课程设计与思政教学"（编号：YJG2018223）；浙江工商大学高等教育研究项目"艺术设计与城乡规划学科交叉的翻转课堂教学协同创新研究"（编号：XGJ18039）。

本文获"2018 年首届全国小城镇研究论文竞赛"三等奖。

成中最基本的空间元素,并基于这个空间元素来进行单体或群体建筑的营造。民居建筑中的院落空间,由房屋立面围合形成,是有限的实体空间中,一个包容一方天地的室外空间,上可见天,下可触地,具有对内开放、对外私密的空间特点。院落不仅是自然的一种呈现,表达人们亲近自然的需求,也是生活状态的一种呈现,承载着人们的生活变化。随着现代化进程的加快,传统的村落民居形式逐渐被看作一种原始落后的组成空间,人们在自主改造和新建的过程中,盲目追求高效快速,使得传统民居建筑丧失其原有的多样性和可变性特征。因此,通过对传统民居空间模式和院落空间进行分析与重构,从而探究新的人地关系,建立新的空间组合模式,实现空间发展的可能性是十分重要的。

近年来,对传统民居院落空间及浙江乡村民居建设的研究广泛,主要体现在民居空间构成和院落复兴等方面。陈宗炎基于农村建设控制指标、村落空间形态现状进行了居住单元组合新模式的探究[1];宋光伟对江浙民居的空间构成进行了概述,并分析了民居以“间”为基本单位布局的特征[2];郭鑫归纳出江浙民居的五种布局类型,并总结了民居平面形态特征[3];张晓谦总结了传统院落空间类型,并基于现代生活模式的变化,对现代住宅院落空间类型构成进行分析[4];张文静通过分析院落的空间尺度要素和空间尺度与人的行为关系,探讨院落的保护问题[5];徐怡芳,王健结合深圳万科第五园住区的规划和设计,通过对传统民居建筑的空间理念和集约型聚居区规划的分析,探讨了当代城市住宅规划设计中传统与现代的关系问题[6];徐辉通过对巴蜀传统民居的院落空间研究,深入并拓展孔家研究方法,为现代设计提供依据[7];孟祥武针对多元文化交错区的传统民居建筑研究不足的现状,提出传统民居建筑的保护及发展措施[8];黄继红通过研究江浙地区民居建筑布局和结构形式,分析总结并提出了适合江浙地区建筑的节能技术措施[9];李晓恒基于传统院落空间的塑造与城市文脉肌理及民居体验的关系,解析了传统院落空间与文化的交融[10];张红松分析传统院落空间结构及特征,总结城市传统院落空间的现实意义[11];Amiriparyan分析了伊朗传统住宅中心院落结构式的同质性,并以包括伊斯法罕、设拉子和亚兹德的伊朗大面积的中央城区为研究范围,探讨院落的同质性和变化性特征[12];Soflaei通过比较伊朗和中国传统庭院式住宅,研究分析传统住宅的社会可持续性,并提出了一些社会环境的设计原则[13]。

现阶段的民居建筑研究与乡村聚落研究已经发展至相对成熟的阶段,并取得了一定的成就。本文以浙江乡村及民居院落空间为研究主体,对比研究院落空间在形态及功能上的演进,基于乡村生活模式变化产生的新需求,重构符合现代生活需求又传承乡村风貌的"民居及村落"空间单元。民居院落更新上,提出单核心院落结构向复合核心院落结构的转变的方式,实现一宅一院过渡为一宅多院新的人居单元空间;乡村公共院落更新上,结合共享空间概念,运用中心和边角两种院落组织方式进行共享空间的布局,构成变化不一的共享院落空间;院落功能更新上,融合生产、生活、休闲、景观多元院落于一体,完善院落功能,院落空间的功能复合,从而实现乡村生活质量的升级。

2　浙江传统民居空间构成

浙江地区地属东南部,地势平坦,河网密布,街巷和建筑时常沿河延展,顺地域面积大小而自主变化。因独特的地理环境影响,与北方庄重大气的街巷空间及建筑形态相比,南方的浙江民居多了一分小巧灵活,利用有限的空间,小中见大,创造舒适的生活。

浙江民居空间主要由厅堂、卧室、院落、厨房、卫生间及杂物间这几个基本的空间构成。根据空间的用途,可以划分为功能空间、服务空间和院落空间三个主要空间单元。其中功能空间包括厅堂、卧室;服务空间包括厨房、卫生间、杂物间;而院落空间则是居住空间中连接室内外的空间单元。以院落空间为基点,根据有无院落空间、与各空间单元的围合所形成的院落界面形式以及与住宅中轴线的位置分布关系,可以把浙江民居的空间构成模式分为"线"形、"L"形、"回"形、"凹"形、"H"形几个类型(图 1)。

"线"形空间构成:这类浙江民居住宅空间中无明显住宅内独户院落空间,是主要由功能空间中的卧室以"间"为基本单位,横向拼联而成。

"L"形空间构成:有明显院落空间,院落位于中轴线一侧,并且功能空间

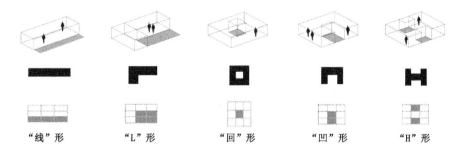

“线”形　　　　“L”形　　　　“回”形　　　　“凹”形　　　　“H”形

图1　浙江民居空间构成

及服务空间两面围合形成长方形的院落。这类形民居空间主要为一户使用,在"一"字形平面布局一端前加一两间房屋,形成长短不一的曲尺形,较长一侧多面朝南,前有院落,作为生活主要用房;较短一侧通风采光较差,作为辅助用房。

"回"形空间构成:同"四合院"类似。院落空间位于中轴线中心位置,且功能空间及服务空间以院落为中心呈四面围合进行房间的布置,形成对外封闭的住宅空间,俗称"对合"。与北方四合院不同的是,浙江地区由于气候较炎热,院内对阳光需求不高,因此院落空间较小,以便夏季纳凉,并且浙江多以楼房形式出现,而不是北方的平房形式。

"凹"形空间构成:也称三合院,有明显院落空间且位于中轴线上靠前端并对称分布,功能空间及服务空间呈三面围合院落。面向院落的房间多用作开敞性厅堂以及居室,而转折处条件较差的房间则做厨房或贮藏之用。

"H"形空间构成:在建筑中轴线上分布前后两个院落,是由两个三合院背向组合而成,有时会在两侧居室一面外侧各附加狭长的院落,进一步改善房间的通风采光。

3　院落空间类型及差异性

3.1　院落空间的类型

院落,不仅是一种独特的景观表现方式,还是一种承载活动的空间场所,表达着使用者对自然的阅读和理解,也记录着使用者对生活的营造过程,蕴含着无限的场地文化记忆与复兴潜能。院落空间其基本功能就是"容纳"。这种功能有着极大的灵活性,空间内部所容纳的不同物质和行为活动会形成院落空间的异质性(图2)。

图2　浙江民居中不同性质院落空间承载及空间特质

3.1.1　文化性院落

　　传统庭院的设计深受古代哲学思想的影响,反映着人们对物质与精神的双重需求,其中的一草一木一池,都蕴含着丰富的文化内涵。文化性院落的形成是对某一种或多种传统文化思想的反映,这种类型的院落尊崇自然,师法自然,院内布局多讲究对称,景观元素丰富多样,如花草、树木、水池、山石、虫鱼、鸟雀等,且这些元素多含有吉祥美好之意。桂、梅、莲、竹等植物,不仅美化了居住环境,还寓意着吉祥、高雅、长寿,辅助人们修身养性;草间虫鸣,池见游鱼,枝头鸟立,彰显生机也传达着"连年有余""喜上眉梢"的美好寓意;"上善若水"的哲学思想体现着水景的重要性,浙江传统民居庭院中多设天井用于聚集雨水,寓意财富的汇聚。文化性院落是传统思想观念的物质表现,也是人们思想观念、审美喜好、精神追求的体现,是人们借以自然表达内心所向往的美好。

3.1.2 景观性院落

景观性院落空间是人们对亲近自然的要求的表现,自然景观元素是构成该院落空间的主体。居民自发性的在院落中进行种植培养,或以经济型果蔬为主,作为家庭的附加收入或食物供给,或是以观赏树种搭配花卉盆栽,形成私人的花圃。

观赏性是景观性院落最基础的空间价值。院落空间中所承载的是这个封闭式庭院住宅中人们的可视景观,是为功能空间和服务空间的居民提供良好的视觉体验的区域,处于室内空间中,人们能通过院落围合墙体的开放程度得到不同范围的院落景观呈现,也可以根据在室内所处的不同位置得到不同视线角度的院落景观呈现,而季节的交替,植物的更换也都能带给人们不同的景观体验。庭院的对内开放性,轻松地满足了围墙内居民亲近自然的渴望,推开窗,踏出门便是自然之景。

3.1.3 生活性院落

"人"与"生活"是密不可分的两个词,因此,生活性院落与人的行为发生直接关系。如果说功能空间和服务空间是人们主要的生活空间,是承载人们日常必需的生活行为的活动空间,人们在这两个空间中,进行着起居、饮食、会客等活动,那么发生在院落中的行为,则是基于人们必要的生活之上,为完善人们更好的生活要求的附加行为活动,如乡居生活必然离不开的洗衣、晾晒、养殖、生产、农作物加工、车辆停放等行为,因此可以将其看作是承载人们生活延展部分的空间。生活性院落主要服务于家庭劳动行为,功能使用丰富多样,并在同一空间中可能同时存在多种生活行为。

3.1.4 休闲性院落

休闲性院落是民居内部提供人们交往休憩功能的空间场所,在这个空间场所中,人们进行家庭聚会、品茶聊天、休闲娱乐、锻炼运动等一系列行为活动,满足人们的沟通交往需求。因此,休闲性院落空间较为开阔,院内摆件少,地面铺装整齐平坦,以便于人们活动。休闲性院落作为承载人们茶余饭后的休闲娱乐活动的场所,在一定程度上受到时间、天气及所进行的活动类型的影响。休闲娱乐活动的持续时间都是阶段性的,时间可长可短,如同饭后锻炼时间较为短暂,而聚会谈天则时间相对较长,或是天气较好时持续时间较长,而天气不好时持续时间较短。没有哪一种娱乐行为为会持续不断的进行,因此,休闲性的院落空间只在人们需要使用时才显示它的空间功能属性。

3.2 异质院落的差异性

以上四种不同性质的院落空间因其使用功能的不同,呈现出多方面的差异性。本文从底界面植被覆盖度、侧界面围合透明度、垂直界面边线比、停留性活动密度、视线开敞度和空间私密性六个方面出发,对不同性质的院落进行比较。

3.2.1 "底界面"植被覆盖度

空间一般为六面围合,垂直四面为侧界面,平行两面分别为"顶界面"和"底界面"。在四种异质院落中,植被都是必然存在的,但因空间场所的性质区别,植被覆盖的程度有所不同(图3),植物类别的特征也有所不同(图4)。植物作为文化性院落的主要表现对象之一,多以单株或小面积片状、团簇状出现,通常结合其他景观元素一起构成院落空间,其中水景在文化性院落中出现比例较大,多以水缸、水池或沟渠等形式;景观性院落中,植物类型多样,多小乔木、灌木、花卉和地被植物,植被覆盖程度高;而生活性院落和休闲性院落,由于是提供人为活动的场所,为保证充足的活动空间,其硬地铺装面积较大,植被面积相对较少。

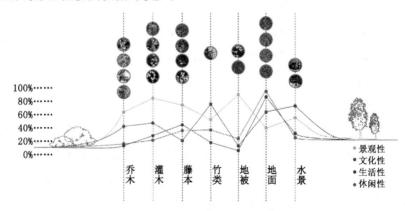

图3 "底界面"植被覆盖度

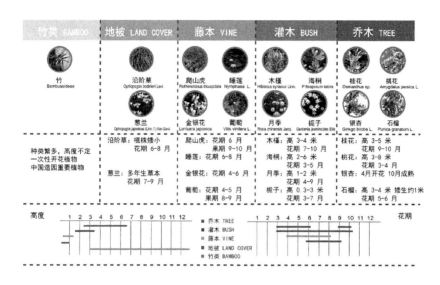

图4 "底界面"植被类别

3.2.2 侧界面围合透明度

院落是由厅堂和两侧厢房等住宅主体建筑围合形成的,其中,实体围合墙面上的开敞部分被视为建筑围合的透明部分,开敞面积越大,建筑与院落的围合界面透明度就越高。浙江一带属于亚热带地区,气候湿润,在夏季多湿热,因此浙江民居较北方围合性建筑相比,更要求建筑的通透性与开敞性,四面均开窗洞,厅堂前后贯通,有利于通风散热。在围合建筑主体中,两侧卧房的开窗数量和厅堂的开敞程度成为了侧界面围合透明度的主要影响因素。由于景观性院落和文化性院落较高的观赏价值,在视觉体验上较生活性院落和休闲性院落要求更为开阔,因此,前两者围合墙体开窗数较多,多开敞型厅堂,厅堂与院落采用无隔断的形式,形成"灰—白"的空间过渡模式;后两者由于多社交和人为活动,出于室内私密性的要求,因此两侧厢房开窗数较少,多封闭型厅堂,厅堂与院落有隔扇门进行分隔,形成"黑—白"的空间过渡模式,从而侧界面围合透明度相对较低(图5)。

3.2.3 垂直底边线比

垂直底边线是指围合院落的建筑侧界面和院落底界面垂直相交的边线。把卧室作为主要生活空间,厅堂和入户门作为交通过渡空间,厨房和杂

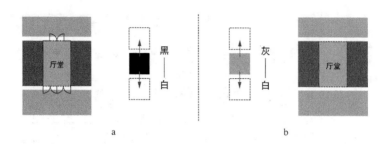

图5 浙江民居厅堂—院落空间过渡模式

物间作为辅助用房,并通过将不同性质院落的底界面边线展开后,可观察与底界面边线相交的侧界面功能空间所占的比例。通过统计分析得出:景观性院落中,院落边线与主要生活空间边线比约5∶3,与辅助用房边线比约5∶2;文化性院落中,院落边线与主要生活空间边线比约5∶3,与交通过渡空间边线比约5∶2;生活性院落中,院落边线与主要生活空间边线比约5∶2,与辅助用房边线比约5∶2,与交通过渡空间边线比约5∶1;休闲性院落中,院落边线与主要生活空间边线比约4∶3,与交通过渡空间边线比约4∶1。

3.2.4 停留性活动密度

乡村农居生活中的停留性活动可以主要分为社交停留、景观停留、劳务停留和休息坐靠停留这几个类型。每种类型的停留性活动在不同性质的院落空间中出现的密集程度也不一样。其中,景观停留和休息坐靠停留在景观性和文化性院落中出现较频繁,社交停留和劳务停留在生活性和休闲性院落中出现较频繁(图6)。

3.2.5 视线开敞度

处于院落中的人的视线开敞度主要受到院落植物的高度、密度以及院落空间大小的影响。植物高度较低,密度较小,院落空间大,那么视野就比较开阔,反之,视野也就相对狭窄。例如,用作私人花圃的景观性院落因其植物种类繁多,空间较小,视线开敞度低;用于社交休憩的休闲性院落,种植少,空间较大,院落开阔,视线开敞度高(图7)。

3.2.6 空间私密性

院落私密性主要是由院落的性质决定的。在四种不同性质的院落空间

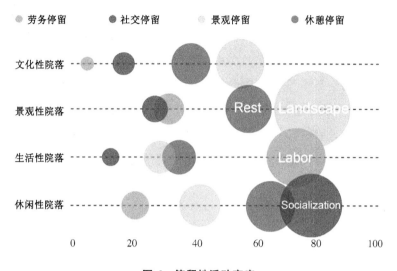

图 6　停留性活动密度

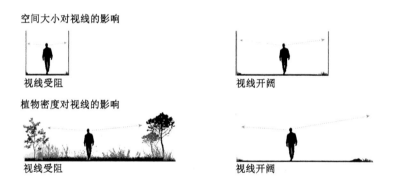

图 7　视线影响分析

类型中,文化性院落对内作为传统思想观念的表达场所,对外是入户大门与厅堂之间的连接空间,并无太大的私密性要求;景观性院落为花圃和果蔬种植,是自赏、自给的院落,因此私密性相对较高;生活性院落多从事家庭劳动或家庭生产制造,这些家庭范围内的活动对空间私密性要求较高;而休闲性院落与人的社交行为关系更为密切,且在院落中进行的活动也包含很多群体活动,因此院落的私密性较低。

　　正因为异质院落空间之间存在的一定的差异性,因此性质不同的院落在主次关系及空间大小需求方面也存在着差异性。

231

从差异比较中可以看出,生活性院落和休闲性院落因其承载活动类型与人的关系更为密切,院落中社交停留、劳务停留及休息坐靠停留活动密度大(图8)。因此,在使用频率及实用性上较景观性院落和文化性院落要大,在现在的乡村生活中显得更为重要。其中,休闲性院落在既保证室内私密性的同时,又不缺乏室外的开放性,空间开阔,且围合的主体建筑中主要生活空间占比大,适合作为住宅中的主要院落;生活性院落因私密性的要求多且与杂物间等辅助用房相邻,适合作为辅助院落;景观性院落则可作为次要的观赏院落,用于美化居住环境。

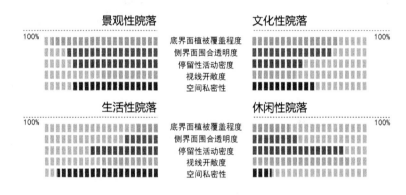

图8 不同性质院落空间差异

空间大小需求由院落的主次关系和空间功能所决定。主要的院落在空间大小上需求更大。供居民休闲娱乐和进行家庭生活行为的休闲院落及生活院落,由于其更为频繁的使用和类型多样的活动,因此在空间需求上较另两种性质的院落要大;而次要的院落如景观性院落,可根据居民自己的喜好或种植类型,可大可小,并没有太多限制。

4 生活空间更新与新型人地关系建构

随着时代的变迁,社会的不断进步,浙江乡村居民的生活方式和价值观念也在不断的改变,传统的生活环境已经不再为居民们所满足,从而导致乡村居民对生活空间进行重新选择。近年来,以规模和速度为核心的乡村建设模式正在面临失去乡村原有活力与生机的问题,建筑外形的西方化和楼层高度成为乡村居民价值指向和物质富裕度的表现,"量化"式和"高效"式的发展难以为继,在取得一定成果的同时,也带来了乡村生活空间质量和活力降低的结果。因此,乡村生活空间的更新作为乡村发展的一种方式,不仅需要关注居住空间的更新,也应该关注公共空间的活力作用,以私人院落与公共院落为媒介,建构新型人地关系,改善乡村居住环境,增强乡村凝聚力,激发乡村活力。

4.1 居住空间的重构

在新的居住空间的重构中,依据传统的浙江民居空间模式,通过位置变换、距离调整等方式,对原有功能空间模式结构进行重新组合,在此基础之上,考虑院落多样化、全面化的需求,对原来的单一的院落模式进行拓展和优化,增加院落空间的供给,建立以日常娱乐活动为主的休闲院落、以家庭生活为主的起居院落、以过渡观赏为主的入户院落及以通风采光院落,构成新的居住单元(图9)。在新的基本单元设计中,基本满足了居民对院落的不同需求,院落界面形式多样,功能空间灵活,私密性与开放性兼具,生活与自然相结合。

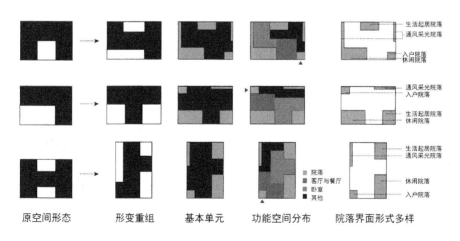

原空间形态　　　形变重组　　　基本单元　　　功能空间分布　　　院落界面形式多样

图9　基本单元演变

4.2 共享空间的相互渗透

乡村公共空间是容纳多元乡村公共生活行为的容器,是反映乡村生活品质的重要元素,丰富的空间体验,多样的空间功能,强化了社会交往的可能性,增强了区域的环境特色和吸引力。在不断追求改善居住环境的进程中,同时也逐渐出现了一种粗放发展的状态,大量兵营式布局农居的出现,不仅失去了村落多样性、可变性的特征,规整的布局也使得村落丧失了公共活动的核心空间。为遵循传统村落自然有机生长的特征,在基本单元的组合方式上,避免整齐划一的形式,而是以中心、边角两种院落组织方式,或两者结合运用的方式进行空间,形成灵活自然、变化不一的组合形式(图10),为今后建设规模的不断扩大保持多样性,还原村落有机生长的自然样貌。在基本单元的组合形式中,边角公共院落与中心公共院落成为居民户外汇聚的共享空间,形成了邻里间、村落内交流汇聚的场所(图11)。

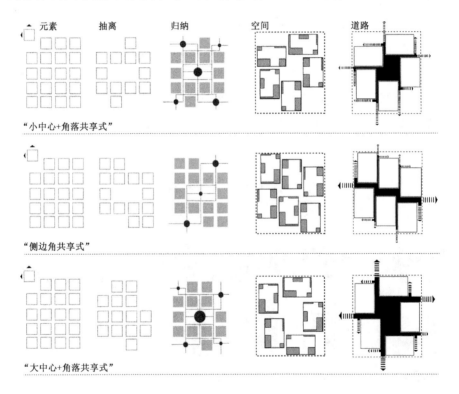

图10　组合形式

4.3　院落空间的功能复合

乡村活动一定是混合的,单一的活动无法构成完整的乡村生活。社交、饲养、农作、家务是在浙江乡村居民生活中较为主要的行为活动。通过对这

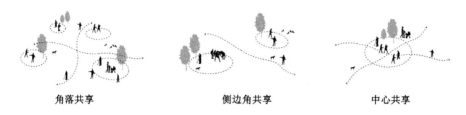

角落共享　　　　　　　　　　侧边角共享　　　　　　　　　中心共享

图 11　活动交往共享空间

些活动的季节性分析可以看出,社交活动及家庭基本劳务,持续时间最长,季节分布最广,在乡村生活中是最为日常的活动;饲养、农作及加工为阶段性的季节活动,其中饲养及加工等家庭附加劳务可在院落进行,务农则在室外有每家每户自己的种植区域(图 12)。

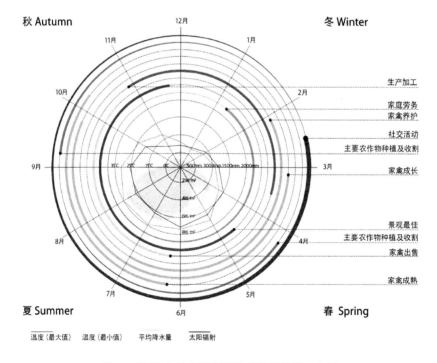

图 12　浙江乡村生活主要活动的季节性分布图

4.3.1　私有居住空间院落

新的基本单元进行了院落空间结构的变化,建立入户、休闲、生活起居及通风采光四种院落(图 9)。这些院落对内开放但也对外封闭,是一种住户私有化的住宅内部院落,它能满足居民日常沟通交流、休闲娱乐、家庭生活、景观欣赏等要求,但由于空间面积的局限性和空间的功能性,私有居住空间的院落在活动容纳规模上较小,并且活动类型上多与家庭或个人相关。

其中,面积较大的休闲院落作为主要院落,是居住空间内部公共性较强的活力区,其活力来源于院落的社交功能,人们的交往、互动行为,一方面促进了信息的交流传播,另一方面也保证了空间自身的活力;生活起居院落作为辅助院落,在进行家庭劳务活动的同时,也不排除对视觉景观的追求,同时做到功能与形态、物质与精神的相结合;入户与通风采光院落,是居住空间中两个相对次要的空间节点,但二者的加入对整体居住环境的提升有着重要的意义,提高了居住空间的生态性和舒适性(图13)。

图13 新基本单元各院落活动

4.3.2 开放共享空间院落

有机生长变化离不开乡村生活的整体性,而乡村居住空间与公共空间的整体性是乡村生活整体性的必然要求。如果说居住空间是分散的个体部分,那么共享空间便是连接和聚集这些部分的重要因素。

区别于私有的居住空间院落,共享空间在容纳规模上和类型上更具开放性,用地多样性让它成为最可变的空间,因此,其在功能复合上的体现更为明显。针对不同的范围界限、场地资源,它能成为天然的聚会场所、体育活动用地、文化展示区域等,能满足不同年龄阶段的活动需求,实现自然景观的收纳,为生态绿化、社交来往、娱乐休憩各要素的相互交织提供可能性,让居民能产生更多的良性互动,成为乡村生活交往和停留的地点(图14)。

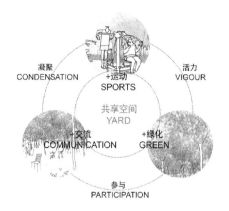

图14 共享空间的功能复合

5 结语

中国的城乡结构正在发生着深刻的变化,在城镇化进程加快的同时,乡村自身的味道更应该被保留,自身发展更应该被关注。乡村民居的建设作为浙江乡村自身发展的一部分,应当注重传统与继承的关系,认识到民居的建设是复兴而不是修复。院落由古至今都是住宅中必不可少的空间组成,是人们情感与生活并存的场所,围绕院落构建新的住宅空间模式,可以在为浙江乡村居民提供更好的居住环境的同时,保留生活的原真性,强化生活的归属感。

参 考 文 献

[1]陈宗炎.浙北地区乡村住居空间形态研究[D].杭州:浙江大学,2011.

[2]宋光伟.江浙地区民居的研究及对现代建筑创作的启示[D].西安:西安建筑科技大学,2015.

[3]郭鑫.江浙地区民居建筑设计与营造技术研究[D].重庆:重庆大学,2006.

[4]张晓谦.传统民居院落空间的再演绎[D].厦门:厦门大学,2007.

[5]张文静.韩城古城传统民居院落空间尺度的保护与延续研究[D].西安:西安建筑科技大学,2006.

［6］徐怡芳,王健.传统民居空间理念的现代运用——深圳万科第五园的思考[J].建筑学报,2008(4)：77-80.

［7］徐辉.巴蜀传统民居院落空间研究框架[J].建筑学报,2011(Z2)：148-151.

［8］孟祥武,王军,叶明晖,等.多元文化交错区传统民居建筑研究思辨[J].建筑学报,2016(2)：70-73.

［9］黄继红,张毅,郑卫锋.江浙地区传统民居节能技术研究[J].建筑学报,2005(9)：22-23.

［10］李晓恒.中国传统院落空间和传统文化的交融[J].城市建筑,2016(9)：210.

［11］张红松.城市传统院落空间分析[J].美术大观,2012(6)：127.

［12］Amiriparyan, P. , Kiani, Z. Analyzing the Homogenous Nature of Central Courtyard Structure in Formation of Iranian Traditional Houses[J]. Procedia - Social and Behavioral Sciences, 2016,216(1)：905-915.

［13］Soflaei, F. , Shokouhian, M. , Zhu, W. Socio-environmental Sustainability in Traditional Courtyard Houses of Iran and China[J]. Renewable and Sustainable Energy Reviews, 2016,69(3)：1147-1169.

乡镇聚居地公共空间活力解析[*]

张璎瑛[1]　赵秀敏[2]　石坚韧[3]

（1. 浙江省重点培育智库　浙江工商大学浙江省文化产业创新发展研究院

2. 浙江省重点培育智库　浙江工商大学艺术设计学院

3. 浙江工商大学旅游与城乡规划学院）

【摘要】　本文基于空间形态学、体育学、行为心理学等，对乡镇聚居地公共空间活力进行研究，提出促进乡镇聚居地公共空间活力营造的策略。本文通过对空间活力相关文献的总结和归纳提出假设：当空间具备畅通的可达性、良好的可视性、恰当的功能混合、适宜的空间形态、充足的绿化量和安全性这六个空间要素时，乡镇聚居地公共空间的活力和质量能够很好地被改善。通过案例分析与比较，将六种空间活力指标外化成为空间活力模式语言，形成积极的乡镇聚居地公共空间活力营造策略。

【关键词】　聚居地　公共空间　活力指标　空间营造策略

1　引言

近几十年以来，伴随着社会的发展和进步，人们的生活从必要需求转为

---

* 本文原载于《小城镇建设》2019 年 1 期（总第 356 期）。

教育部人文社科研究项目（18YJAZH139），健康社区活力空间的图形化解析与积极设计研究；浙江工商大学 2018 教学改革研究项目（2018-43），乡村振兴与精准扶贫嵌入艺术设计教学的微思政实践；浙江工商大学研究生教育研究课题（YJG2018209），教师支部党建与城乡规划研究生课堂微思政。

本文获"2018 年首届全国小城镇研究论文竞赛"三等奖。

可选择的多样化生活的过程。曾经单调、固定的生活也逐渐演变为多姿多彩，人们拥有了更多的选择来过自己想要的生活。与此相反的是，人们的身体素质逐年下降，肥胖、患心血管疾病等现象明显增多。更多的乡镇聚居地居民开始关心自己的身心健康，休闲健身活动逐渐成为一种健康的生活方式。

目前关于乡镇聚居地公共空间层面的活力研究，尚无经典论著，但将"活力"作为衡量空间品质关键词的关于城市活力的研究已有不少。1960 年至今，国内外对城市中空间的活力进行了多方面的探讨。简·雅各布斯通过观察城市街道，认为活力与空间形态、人行密度、功能混合度和建筑年代等有关[1]；扬·盖尔认为可达性、空间形态和功能混合度三个要素对公共空间活力的重要性[2]；高桥鹰志 EBS 组等则强调日常生活中人的行为与环境舒适度之间的关系[3]；Anna Chiesura 提出自然空间对人们生活的重要性[4]。大量的空间活力相关理论和要素被一一提出，2002 年国内开始出现空间活力相关研究。陈圣浩对社区运动休闲景观进行现状调研[5]；孟祥彬、于滨综合健康与运动两者的关系，提出园林运动空间的理念[6]；李萍提出公共空间活力的四个活力影响因素和公共空间活力设计六大手法[7]。

通过对以往文献的研究，可将衡量公共空间活力的主要指标归纳为六大类：可视性、可达性、功能混合度、空间形态、绿化量和安全性。本文也将从这六个方面对乡镇聚居地公共空间活力的影响因素进行重点分析（图 1）。

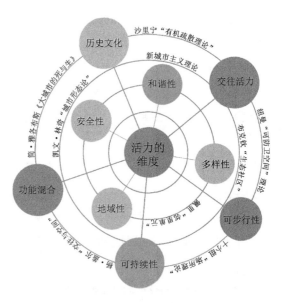

图 1　活力要素构成

2 相关概念

2.1 乡镇聚居地公共空间

"乡镇聚居地"是乡镇区域中拥有联系且有着某些共同特征的人群共同居住的一定的区域，是拥有地域、人、互动和认同四要素的城市"细胞"。而乡镇聚居地公共空间，是向公众开放同时为乡镇聚居地居民服务的场所。其主要功能是承载乡镇聚居地的各类公共使用和活动，并支持人们的交往、满足居民社会生活的需要，且体现出乡镇居住空间的历史内涵与文化传统。

2.2 乡镇聚居地公共空间活力

本文以乡镇聚居地公共空间建设为落脚点，在功能多样化的同时，强调居住与健身合一。乡镇聚居地公共空间活力是指：乡镇聚居地中的休闲运动场所共同形成的活动空间，以适应居民多样化需求，即乡镇聚居地在满足基本室内居住生活功能外还兼具室外休闲、健身、聚会交流等多种功能。在具有活力的乡镇聚居地中，人们生活的重点不再是自己的"一亩三分地"，而是将生活重心外移，进行各式各样的休闲活动(图2)。聚居地公共空间是以人的活动为其空间活力的验证方式，为居民提供更加"积极"的公共空间，促进人的行为活动与交往欲望，给居民带来身心的愉悦和行为与交往活动的持续发生。

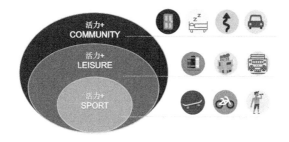

图2 聚居地公共空间活力概念解析

2.3 空间活力指标

本文将乡镇聚居地公共空间活力的构成指标归纳六大项,即可达性、可视性、功能混合度、空间形态、绿化量和安全性。

(1)可达性:活动场地容易到达、方便进出。

(2)可视性:活动场地容易看见,可看见场地的面积大小。

(3)功能混合度:活动场地内可进行多种活动。

(4)空间形态:活动场地边界有形状、场地垂直方向有高差起伏。

(5)绿化量:活动场地中有丰富的植物种类、水景。

(6)安全性:活动场地无障碍、设施安全、场地安全、植物安全。

2.4 活力模式语言

乡镇聚居地公共空间的活力营造是否有规律可循? 是否能够套用经典或是改造变化? 活力模式语言就是寻求空间活化设计的规律,在活力指标范围内建立活力指标影响要素,形成两者的相互关系,将这种关系转变成模式语言。乡镇聚居地和活力建立了关于活力指标和影响要素的模式语言理论体系,用以描绘乡镇聚居地公共空间的场所状态。

3 乡镇聚居地公共空间活力的营造原则

3.1 情感与视觉并重

遵从以情感为导向的运动行为体验和以视觉为导向的乡镇聚居地空间营造两个原则来构建乡镇聚居地公共空间活力。以人的情感作为行为体验的切入点,从人的日常活动行为角度出发,对空间的功能、尺度和形式等方面进行设计,给居民更加丰富的休闲生活体验,从而实现以人为本的公共空间活力设计理念。视觉形式语言是通过设计理念外化的材质、色彩、形状等活力指标所组合而成的视觉样式。乡镇聚居地公共空间活力设计是服务于居民的日常运动、娱乐、休闲和文化生活的,视觉与情感的一体化设计能够满足人们视觉上的观赏美感。情感与视觉相辅相成,视觉景观营造带动人在公共空间活力的行为体验上升到情感层面,为环境或使用者创造积极的价值,从基本的日常生活到复杂的精神世界真正涉及人的需要。

3.2 空间营建多维度

　　活力与乡镇聚居地公共空间的各个维度密切相关,活力的营造应在时间、空间、强度和内容等方面把握合适的"度"。乡镇聚居地记录着人们形式复杂多样的日常生活。正因人活动的多样性,公共空间活力必须能够兼容多种行为、用途和活动,如散步、对话、使用娱乐设施、放松或是定期的乡镇聚居地活动。乡镇聚居地公共空间活力是具兼容性的,能够包容在乡镇聚居地环境中不同类型空间的设计,以运动为核心,涵盖乡镇聚居地生活时间、空间、年龄三个维度,充分考虑老人、青年、小孩等不同人群在乡镇聚居地中的全天候生活需求。打造包括街区广场、线性空间、中心花园、组团庭院在内的多个乡镇聚居地活动场所充分满足居民日常的观赏、娱乐、运动、交往等多样化需求(图 3)。

图 3　多元性社区空间蓝图

3.3 功能复合化

　　多样化的功能间的混合利用不仅会丰富乡镇聚居地公共空间的多样性,同时还会带来更多的从属使用功能,以此来保持乡镇聚居地公共空间活力和"人气"。积极的乡镇聚居地公共空间活力设计必须遵循一定的策略。土地的多样混合使用、通达性优良的街道系统和良好的公共交通系统都能够提高乡镇聚居地居民的物质活动。通过组织广场、游乐场地和街道的系统规划它们的位置,为孩子们及社区家庭创造更加便捷的运动休闲机会。将邻近建筑物设置开放、公共的空间,保障绿色空间的同时,提供类似于跑道、步道、操场和运动场等能够满足各类活动需求并且保证使用者安全的场地(图4)。安全、充满生机并拥有良好通达性的积极设计能够引发更多的步行、骑行的行为。公共空间活力不仅为乡镇聚居地内居民的健康带来好处,也有利于创造良好的生态环境,使乡镇聚居地土地得到最优化使用,催生公共空间活力价值。

图 4　活力社区

4　乡镇聚居地公共空间活力特性分析

本文研究的是乡镇聚居地内部对公共空间活力有直接影响的场所及住宅周围附属的公共空间。影响这些公共空间活力的因素很多,研究须从定性和定量两方面对乡镇聚居地公共空间活力进行解释和分析。

4.1 公共空间活力指标来源

总结国内外关于公共空间活力的影响因素,其中提出了多个活力影响要素,为活力指标的形成奠定基础,而在数据方面还有所欠缺,尤其是将理论运用于所研究乡镇聚居地范围空间的验证实践较少(表1)。乡镇聚居地中营造的公共空间活力与居民的真实需求存在出入。本文紧扣公共空间活力对活力指标在乡镇聚居地内做定量分析,通过摄影记录和重要性打分、现场调研,数据分析等,定量分析乡镇聚居地公共空间活力的影响指标。通过学习城市空间活力已有相关研究,对学者们各自所提出的"活力"影响要素归类,总结并筛选出适合乡镇聚居地公共空间范围的活力指标,六个公共空间活力指标作为公共空间活力可能的影响因素。这六个影响活力指标是活力的物质基础,有效运用和表达出这六个影响活力指标是把握空间性格"活力"的关键。

表1 城市空间活力主要指标

代表人物	影响因素
徐磊青/康琦	空间尺度变量、建筑界面变量、家具
Ewing R	可达性、功能混合度、交叉路口密度
郑思齐等	土地利用规划、交通基础设施建设、城市治安和环境处理
刘黎等	经济、社会、文化、环境活力指标
叶宇等	道路可达性、空间筑形态、功能混合度
郝新华等	街道性质、功能密度与混合度、全局标准选择
凯文·林奇	延续性;安全性;和谐性;稳定性
简·雅各布斯	街道长短;人流密度;功能混合;建筑年代的混合
伊恩·本特利	功能多样
杨·盖尔	整合程度;开放程度;汇聚程度
特兰西克	活动的连续性;轴线与透视;整合程度;界面的连续性;内外混合
卡茨	步行友好;紧凑性;适宜的建设强度;功能混合;经济;公园
蒙哥马利	步行友好;紧凑性;适宜的建设强度;功能混合;经济;公园

资料来源:作者根据参考文献[8]—[18]整理。

本文通过对以往学者研究的归纳整理,将极少使用的非关键活力指标删除,同时将具有相似概念的活力指标合并归类,在咨询相关学者及考虑实际操作可行性的前提下,提取出可达性、可视性、功能混合度、空间形态和绿化量六大公共空间活力指标,以及 23 个指标影响要素(表 2)。

表 2　公共空间活力指标归类

序号	活力指标	指标影响要素
1	可达性	活动场地数量 交通阻碍 到活动场地的道路便捷性 步行可达 场地开放时长 到达场地用时短
2	可视性	场地入口的方便性 场地可看到的面积 场地的导向标识
3	功能混合度	乡镇聚居地内存在多种活动空间 同一/相邻场地可容纳多种活动 活动设施数量
4	空间形态	场地面积 场地边界形状 场地内部高差 场地边界是否封闭
5	绿化量	场地水平绿化面积 场地垂直绿化面积 活动空间水景面积
6	安全性	场地的无障碍设施 场地防止落水保护 场地中植物无毒无刺 运动设施的安全性

4.2　数据获取的可信度分析

为检验原定影响因素的合理性,调查问卷采用了李克特 5 级量表。内容包括 4 个部分,共 26 个问题,完成问卷约需要 8～15 分钟。问卷开始先对调查的目的、要求和单位作了简单描述。文本的第一部分是答卷者的基本信

息。第二部分处理与预定活力指标及其影响要素有关的问题。第三部分为
6大活力指标重要性评分。本调查是通过在线调查问卷、现场与网络解答共
同进行的,目的是为了避免问卷填写过程中的理解误差或疏漏。为答卷人
提供对不解之处与专业名词的解析并多次对问卷不易理解之处进行斟酌和
修改,以便答卷更有效。问卷共发放并回收各为100份,其中有效问卷为98
份,问卷有效率98%。

表3   乡镇聚居地公共空间活力指标重要性调查问卷信度分析结果

活力指标	可达性	可视性	功能混合度	空间形态	绿化量	安全性
α系数	0.906	0.734	0.806	0.799	0.832	0.884

为保证原定的活力指标影响要素的合理性和问卷有效性,本文采用信
度分析对调查结果进行验证。分析采用Cronbach一致性系数(α)进行信度
分析并使用SPSS统计软件对预调研的数据进行处理,结果表明,本问卷所
有项目的一致性系数均大于检验值0.7(表3),因此问卷的可信性较高,问卷
综合可靠性α系数为0.909(表3、表4)。

表4   综合因素可靠性统计

克隆巴赫 Alpha	基于标准化项的克隆巴赫 Alpha	项数
0.905	0.909	29

4.3 乡镇聚居地公共空间活力贡献值分析

本文以层次分析法(AHP)为基础,通过问卷打分予以确定。首先将评
价乡镇聚居地公共空间活力的总体目标相比,选择可达性、可视性、功能混
合度、空间形态、绿化量和安全性作为主要指标的因素相互比较,对于总目
标的相对重要性进行判断,获取数据采集信息和计算乡镇聚居地公共空间
活力指标的权重(计算过程从略)。由计算得出,安全性(0.192)＞可达性
(0.171)＞功能混合度(0.169)＞可视性(0.167)＞绿化量(0.162)＞空间形
态(0.139),获得各指标重要性及权重(表5)。

表5是评估100名居民评价乡镇聚居地公共空间活力指标重要性的结
果。在六个权重乡镇聚居地公共空间活力指标中,安全性指标得分明显高
于其他活力指标,其重要性评价高达97.5%。安全性的评价之所以如此之

表5　各活力指标重要性及权重

序号	活力指标	权重	重要性评价					重要及以上
			不重要	有点重要	重要	非常重要	极为重要	
1	可达性	0.171	1	1	9	6	23	95%
2	可视性	0.167	1	2	8	7	22	92.5%
3	功能混合度	0.169	1	2	7	7	23	92.5%
4	空间形态	0.139	3	4	12	6	15	82.5%
5	绿化量	0.162	2	2	8	7	21	90%
6	安全性	0.192	0	1	3	3	33	97.5%

高,是因为它的重要性在我们生活中无论哪个方面都是不可忽视的,安全是人们进行活动的最基本保障和前提,也是设计者的最低准则。可达性是居民到达活动场地的前提,因此权重系数也较大。空间形态相对其他5个因子,在人们进行活动或置身于场地之内时不能给人直观感受,在此次比较中权重最低,剩余3个因子较为平均。因此,在对空间活力进行营造时,从经济、适用角度权衡指标权重,选取其相应的活力外化模式语言,设计出有活力的乡镇聚居地公共空间。

5　乡镇聚居地公共空间活力的活力模式语言

乡镇聚居地公共空间活力的活力模式语言是基于居民的行为和需求两大方面,对可达性、可视性、功能混合度、空间形态、绿化量和安全性这六个指标的影响要素进行设计,提高要素对活力指标的影响。换言之,活力模式语言是各影响要素由具体做法归纳形成一般性活力营造策略的方式,是影响要素的形成方法,在设计时使用活力模式语言可以营造出更具活力的乡镇聚居地公共空间。本文对部分高活力公共空间的设计案列进行分析,促进更好地理解活力模式语言从基础要素到设计方法的变化。并将这些方法运用于乡镇聚居地公共空间,为其带来活力和价值,为居民的日常身体锻炼、交往、娱乐等行为创造最为方便和丰富的形式。

5.1　自然游乐空间的回归

研究证明,自然空间能够刺激青少年的运动机能更好发育。除此之外还发现,在自然环境中玩耍的孩子在身体健康测试中的得分高于那些在传统活动场上玩耍的孩子们。海牙 Riviere-nbuurt 社区将点状无序分散的设施和相对独立的景观区域整合成为集中式景观与有序性设施相融合的游戏场地(图5)。用带状构筑物将整体的空间划分为几个不规则的区域,同时将中央景观与游乐场地结合,打破传统的自然景观与游乐场地分割模式。外部由不同铺砖形成对传统运动类型场地的分割,将传统与现代结合,将自然与人工结合。结合案例,分析传统游乐设施空间,很容易能发现传统空间的设施和场地是与绿地相互独立且互不干扰的,而在案例中将绿地集中,成环岛状,并在其中布置游戏设施,让孩子们回归到自然中玩耍(图6)。自然空间与游戏空间的结合,让场地更加丰富多变,给人们不同的活力体验。

无序   有序

图5 公共空间活力空间模型

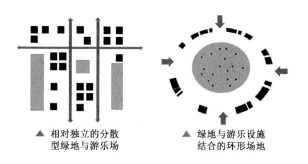

▲ 相对独立的分散   ▲ 绿地与游乐设施
   型绿地与游乐场   结合的环形场地

图6 公共空间活动场地与设施关系

5.2 历史文脉

随着乡镇聚居地居住环境的不断改善,人们在物质上得到了满足的同时,进而需要感受乡镇聚居地的文化活力。这需要根植于本土的,具有特定场所精神的文化,这种文化只能从地段本身去寻找和挖掘。如纽约高线公园,是以一条废弃的铁路改建而成的一座独具特色的线形空中花园,让人们能够充分体验到从历史环境到新景观的转变。高线公园的成功提醒了我们在延续历史文脉时需要保护和发展其自身特色,在丰富与更新空间的活力时,以达到保护历史环境和保证历史文脉、精神的延续。公共空间活力作为容纳乡镇聚居地公共生活的容器,应与本土的历史文脉、风土人情有机地融合,才能呈现具有特色活力和吸引力的景观。

5.3 色彩与肌理

各式各样的纹理、颜色和材质不仅可以给人们带来丰富的感官体验,还可以展现丰富的场地特性和公共空间活力。如丹麦首都哥本哈根的超级线性公园,使用线条与色彩将街区的环境与秩序整合,融入各国的用品及装置、花样邻里交往空间、绿地运动游乐场,供居民运动和游乐(图7)。要使空间充满活力,不仅要有吸引人的自然环境和历史底蕴,还需要有适合的色彩搭配,与相称的材质肌理有机结合。以此丰富空间功能造型,加强空间形态的立体感和统一感,消除单调感。在公共空间活力的设计中,色彩与肌理的营造能够影响空间美观效果乃至决定整体环境的氛围,给人们带来明显的

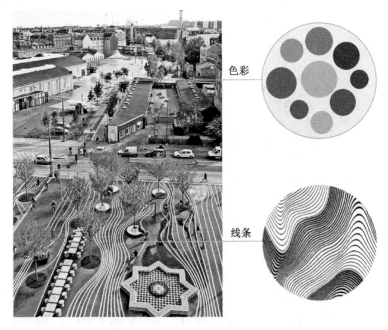

色彩

线条

图7 线条与色彩对超级线性公园活力的提升

视觉冲击与心理感受。

5.4　新技术与新材料

科学技术不断发展,新技术和新材料也层出不穷、日新月异。在乡镇聚居地设计中,生态技术、节能和环保材料等发挥了关键作用,并随着人们的环保意识的不断增强,人们对新技术与新材料在乡镇聚居地中的运用有了更高的质量和功能的需求。如澳大利亚 Blaxland 河滨公园,它的设计中没有过多的栏栅,游乐设施被赋予了新潮的外观,为青少年的活动提供更安全可靠的场所。其活动场地全以彩色的泡沫海绵这种新材料铺设,使其空间更加适合孩子们进行户外活动。运用新技术与新材料,给乡镇聚居地在科技层面一个"新"的力量,促成"新"活力,在增加活力"新"形式的同时,让活动场地更安全、环保,更具吸引力。

5.5　流通

乡镇聚居地公共空间活力在面对大量的人流问题时,需对不顺畅及易堵塞的人流路线进行优化设计。如在巴达洛纳广场的改造中对拥挤杂乱的广场空间进行了"清空"处理,改造后各向同性的均质设计优化了路线,三角形空间几何抽象化的拼接方式回应了场地的复杂性,广场的配色也与周边建筑的色相呼应(图8)。乡镇聚居地公共空间活力是一个对人有吸引力的场所,流通功能是其活力的重要指标之一。以"清空"、几何图形和协调的色彩等形成了空间的"秩序",让无序和混乱的活动空间得以清晰化和具有高识别度,形成空间"韵律感"。这种"韵律感"给乡镇聚居地在空间和形态上更具活力的体验和表情,以及更丰富多彩的活动可能性。

5.6　空间形态

乡镇聚居地活动空间形态要素包括活动空间尺度、规模大小、形状、高低起伏、围合、场所边界等。空间形态本身不具备活力,空间作为活动的场所,其形态是空间精神的外化表现。空间形态对于居民来说不是一眼就明了的,而是在总体的平面上和三维的空间中体验而来。空间活力以其或静或动的状态来表现不同的形象、体态、图案,从而吸引居民来此活动。设计中可以运用空间的不同组合、划分来改变原始空间模式,利用位于地面、下

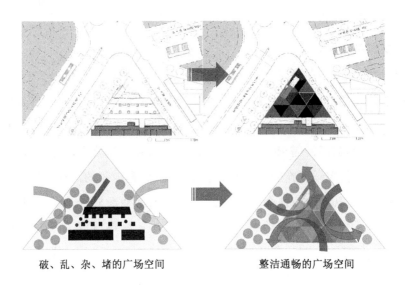

破、乱、杂、堵的广场空间   整洁通畅的广场空间

图8　广场空间流通性分析图

沉及垂直等空间界面的设计丰富空间活力，加强空间活力的层次。恰当地运用空间中曲线和直线，可以营造出有特色的空间秩序。如美国坎伯兰公园（Cumberland Park）是一个由荒地改造成的供居民休闲、娱乐、游玩的场所。该公园运用弧线、空心和峡谷等空间形式，对传统游乐设施和风俗进行创新，使其适合所有年龄人群。此案例将废弃的场所成功转变为一个充满活力和地理多样化的绿色空间，主要可以归因于其对空间形态的充分考虑。在横向空间中大量运用曲线形态，给人带来舒缓、自然、趣味及运动的感觉（图9）。

　　在纵向空间中设计下沉空间，加大可用性空间，且在其内部呈现"空心"状态，增大空间利用的灵活性。空间的丰富形态不断加大了场地的活力值，使得身处此类活动场地的人们更愿意动起来。如日本东京富士幼儿园，其内部为复合空间，以家具分割区域。形成一个没有任何阻隔的环形空间，孩子们可以随意地攀爬，奔跑、跳跃，没有任何束缚。这种环境对孩子们心理、交往和身体能力的提高有利。此外，像坎伯兰公园就是很好地利用内在的"空心"原则，利用桥下废地，打造下沉的空间活动设施，让充满好奇心的人们在其中进行"探险"（图10）。乡镇聚居地公共空间活力是整合居住、娱乐

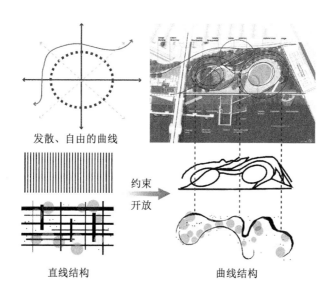

发散、自由的曲线

约束
开放

直线结构　　　　　曲线结构

图 9　坎伯兰公园弧线形式分析图

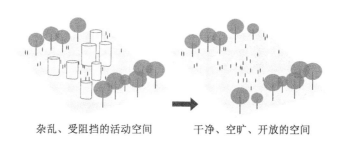

杂乱、受阻挡的活动空间　　　　干净、空旷、开放的空间

图 10　坎伯兰公园"空心"形式分析图
资料来源：作者根据网络图片整理绘制。

和休闲运动等功能的媒介,承载乡镇聚居地生活的舞台,更应容纳多样化的空间活力组合方式,带给居民丰富的空间体验和强化社会交往的可能性。

5.7　废地利用

乡镇聚居地公共空间活力就是通过增加乡镇聚居地的运动属性,对乡镇聚居地公共空间进行积极设计,让空间中的人充满活力。设计应充分利用乡镇聚居地的每个区域,让居民随时随地地进行活动,尤其是对一些不规则难以利用的"失效"场地再设计和改造,使其为人们所用。例如泰国曼谷的孔堤区不规则足球场就是对边角及不规则区域改造利用的成功案例,其所在区域人口稠密,可用空间却少得可怜,生活环境导致孩子们没有任何的生活娱乐,开发商将无用空间改造成了供孩子们玩耍的不规则足球场,从而打造了一个吸引人们前来活动和娱乐的空间(图 11)。此方式不仅解决了孩子们的娱乐问题,还因此提升了空间的可用性。在空间活力设计时应注重对乡镇聚居地中每一块土地、每个角落的利用,将乡镇聚居地的"无用之处"注入活力指标,使其"变废为宝",激发居民的活动欲望并随时随地进行活动。

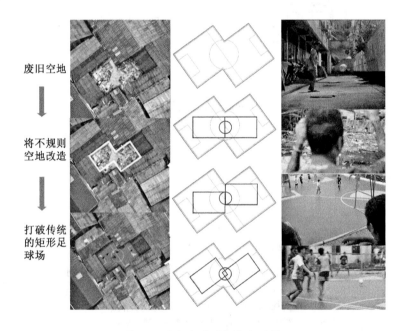

废旧空地

将不规则空地改造

打破传统的矩形足球场

图 11　边角废地球场化变形图

6　结语

　　活力作为在乡镇聚居地公共空间的一种性格在空间中得以展现,形成空间活力一方面对乡镇聚居地居民的身体健康有利,另一方面对于乡镇的形象、品质和功能等方面均有所提升。作为乡镇聚居地公共空间的组成部分,营造出有效活力的乡镇聚居地公共空间特性会成为居民日常生活空间的关键点,为整个空间带来活力。

当然,并不是所有公共空间活力都有相同的理由或以类似的方式运行,每个地区的活力决定因素是不同的,须根据不同自然因素和人文因素。因此,乡镇聚居地公共空间是以不同的活力因素,给人们不同的空间体验。利用活力模式语言,为乡镇聚居地的不同空间带来适宜的活动氛围,从而创造出具有活力的宜居乡镇聚居地,改善、提高、培育乡镇聚居地中的社会交往。乡镇聚居地公共空间活力的打造,一方面以人的行为活动为主题,另一方面以空间的整合为主题,通过对公共空间活力多元要素的整合,建立空间要素的联系网,激活人与空间的互动关系。

参 考 文 献

[1] 简·雅各布斯. 美国大城市的死与生[M]. 金衡山,译. 南京:译林出版社,2005.

[2] 扬·盖尔. 交往与空间[M]. 何人可,译. 北京:中国建筑工业出版社,2002.

[3] 高桥鹰志 EBS 组. 环境行为与空间设计[M]. 陶新中,译. 北京:中国建筑工业出版社,2006.

[4] CHIESURA A. The Role of Urban Parks for The Sustainable City[J]. Landscape and Urban Planning, 2004,68(1):129-138.

[5] 陈圣浩. 居住区休闲景观的营造[D]. 武汉:武汉理工大学,2003.

[6] 孟祥彬,于滨. 园林中的健康运动空间——城市健康运动公园[J]. 中国园林,2003,19(12):47-50.

[7] 李萍. 居住区外部空间环境活力研究[D]. 合肥:合肥工业大学,2013.

[8] 徐磊青,康琦. 商业街的空间与界面特征对步行者停留活动的影响——以上海市南京西路为例[J]. 城市规划学刊,2014(3):104-111.

[9] Ewing R, Cervero R. Travel and the Built Environment[J]. Journal of the American Planning Association, 2010,76(3):265-294.

[10] 徐杨菲,郑思齐,王江浩. 城市活力:本地化消费机会的需求与供给[J]. 新建筑,2016(1):26-31.

[11] 刘黎,徐逸伦,江善虎,等. 基于模糊物元模型的城市活力评价[J]. 地理与地理信息科学,2010,26(1):73-77.

[12] 叶宇,庄宇,张灵珠,等. 城市设计中活力营造的形态学探究——基于城市空间形态

特征量化分析与居民活动检验[J].国际城市规划,2016(1):26-33.

[13] 郝新华,龙瀛,石淼,等.北京街道活力:测度、影响因素与规划设计启示[J].上海城市规划,2016(3):37-45.

[14] 凯文·林奇.城市意象[M].方益萍,何晓军,译.北京:华夏出版社,2001.

[15] 伊恩·本特利,等.建筑环境共鸣设计[M].纪晓海,高颖,译.大连:大连理工大学出版社,2002.

[16] Trancik R. Finding Lost Space:Theories of Urban Design[M]. Wiley, 1986.

[17] Katz P, Scully V J, Bressi T W. The New Urbanism:Toward an Architecture of Community[J]. Environmental Protection,1994,17(2-3):285-300.

[18] Montgomery J. Making a City:Urbanity Vitality and Urban Design[J]. Journal of Urban Design, 1998, 3(1):93-116.

[19] 蔡沁亮.社区运动休闲景观研究[D].南京:南京林业大学,2009.

[20] 殷新,李鹏宇.城市社区公园活力营造与环境行为研究——以南京市南湖公园为例[J].江苏建筑,2016(4):1-4.

[21] 克莱尔·库珀·马库斯,卡罗琳·弗朗西斯.人性场所:城市开放空间设计导则[M].王志芳,孙鹏,俞孔坚,译.北京:中国建筑工业出版社,2001.

[22] 周雁红.社区室外体育休闲场所的研究[D].武汉:武汉理工大学,2003.

辽宁省乡村振兴的空间规划方法探索

——以沈阳市镇域"多规合一"工作为例

刘人龙

（辽宁省城乡建设规划设计院有限责任公司）

【摘要】 党的十九大报告关于乡村振兴战略的提出，为辽宁省农村地区转型发展提供了新的历史机遇。本文基于新马克思主义城镇化理论的视角总结了辽宁省乡村发展的历史进程，剖析了城镇化发展与乡村衰落的内在机制，提出乡村振兴的逻辑并不是工业化与城镇化语境下的空间增长。结合辽宁省市县"多规合一"工作与新型城镇化乡村振兴回归，本文通过镇域"多规合一"工作的实践与探索，从底线控制、多元共治、弹性发展的视角，实现在复杂主体和多元诉求下乡村地区共建共享，通过乡村规划师的介入将"发展共识"自下而上技术途径表达，以探索新时期乡村规划编制方法，为辽宁省乡村振兴提供借鉴。

【关键词】 乡村振兴　镇域"多规合一"　新型城镇化　空间规划　沈阳市

1 引言

近些年来，有关农村发展的问题持续被列入中央一号文件，2013 年中央城镇化工作会议关于"看得见山、望得见水、记得住乡愁"的乡土中国情怀表达引发广泛探讨，也掀起新一轮乡村规划建设的热潮[1]，党的十九大提出"乡村振兴战略"，明确"三农"作为国计民生根本性问题的重要地位，2018 年中央一号文件进一步对乡村振兴做出系统性表达。辽宁省作为东北地区对外开放门户正处于体制机制改革深水区,肩负率先实现老工业基地振兴的历史使命,国家对乡村发展的高度重视为辽宁省乡村振兴提供了新的历史机遇。新型城镇化发展理念转向,"多规合一"空间规划体系重构与现代治理体系建立为乡村振兴发展提供了新路径。但当前辽宁省关于市县层面"多规"管控体系的探索仍建立在城市主导的逻辑下,关于发展优先权的博弈集中在城市政府及其职能部门之间,通过"自上而下"意见征询的方式了解乡村发展诉求,难以满足乡村地区建设项目精细化管控需求,也无法充分体现多元共治的现代治理体系转向。因此,仍需在当前工作的基础上,探索面向实施和善治的乡村地区"多规合一"工作,进一步完善空间规划体系。

2015 年以来,以辽宁为典型的东北地区 GDP 下滑现象引发热议,有关东北老工业基地振兴发展再度成为社会各界关注焦点。在城乡二元体制的作用下,乡村地区难以享受城镇化的溢出效应,学界关于老工业基地振兴的研究更多围绕在工业振兴与城市振兴,县城和重点镇被认为是推进人口城镇化的重要载体[①],辽宁省内覆盖 1 300 万农业人口和 11.53 万平方公里土地的农村地区成为被忽略的空间。本文将辽宁省乡村地区的转型与发展置于城镇化与工业化的历史进程中理解其独特价值,基于镇域"多规合一"空间规划体系重构提出乡村振兴发展建议。

2　乡村发展研究述评

改革开放 40 年来,我国农村地区发展面临的主要问题是传统农业社会在现代工业社会和快速城镇化进程下所遭遇的一系列冲击和挑战[2]。关于乡村振兴的研究多围绕城乡关系展开,从"工业反哺农业,城市支持农村"着重解决"三农"问题[3],到新型城镇化关于城镇化速度提升向质量改善的转变,围绕城乡均等化的福利保障体系建立和农村土地、住房、金融等体制机

---

① 《辽宁省新型城镇化规划》在促进各类城市协调发展中提出"重点发展县城","加强重点镇和特色镇建设"要求。

制改革,为乡村规划建设提供了全新的视角。相关研究涵盖规划体系重构、风貌保护、文化传承、制度创新等领域[4-6]。本文将辽宁省乡村振兴的研究置于新马克思主义空间生产的历史进程中,梳理乡村地区从使用价值向交换价值的转向以及城市资本作用下乡村发展的几次转变。在人民日益增长的美好生活需求新语境下再认识与再发现乡村价值,探索辽宁省乡村振兴的新路径。

在规划研究角度,乡村是城镇化资源配置中生产要素单向流动的供给方[7],由于传统空间规划体系的不完善导致延续千年的乡村景观不断衰退[8]。将其置于尺度理论的研究框架,构建新时期乡村价值的多层次理解[1],生产价值是城乡生产关系下乡村发展的基本职能;使用价值强调乡村作为我国城镇化"蓄水池"提供保障功能[9],也是我国城乡二元体制在面临经济危机和城市收缩所释放的制度红利;家园价值体现在关于传统文化和中华文明的人居环境科学研究领域[10],乡村地区作为延续千年的人类聚落,蕴含人与自然、人类社会组织的内在逻辑。

在建设实施角度,乡村振兴逐步从物质空间建设转向乡村文化重塑与管治体系建构,强调乡村建设在新型城镇化的语境下多元价值的营造[1],不断强调关于农村集体土地上的宅基地用益物权、土地承包经营权、村民住房产权等各项权利的保障,探索一种新的方式使得快速城镇化进程中土地增值收益反馈给无法享受均等化公共服务保障的群体。涉及产业、资本、制度、文化等属性的乡村复兴多元化特征得到普遍认同[11],既要关注乡村的外部物质空间在城乡发展连续性中举足轻重的地位,也要维护乡村自治和内部要素有序流通的自组织特征。"多规合一"作为统筹空间规划体系的重要手段,广泛应用于省、市、县层面"自下而上"的探索,但这一技术手段更多作用于具有较高溢价能力的城市空间,通过"占补平衡""腾笼换鸟"等方式将有效的建设用地空间优先支持城市发展,对乡村用地研究和村民诉求的考虑相对不足。

3 辽宁省乡村发展的过去和现状

一直以来,我国以城镇为主体的制度安排导致农村地区不断承担土地、劳动力等生产要素成本和乡土社会瓦解的隐性成本[12][13]。作为我国工业化起步最早的地区之一,新中国成立初期苏联援建的"156工程"有24项布局在辽宁,围绕重工业建设和布局的城镇化发展模式奠定了新中国成立以来辽宁省高于全国的城镇化水平(图1)。但另一方面,国有企业为主导的计划性发展模式根深蒂固,民营经济及乡镇企业的缺位导致辽宁省乡村发展面临更为严重的困境。结合新马克思主义城市理论[14],从空间的价值,乡村与城市的关系,乡村规划与建设的制度安排三个方面剖析辽宁省乡村发展的历史进程和基本规律。

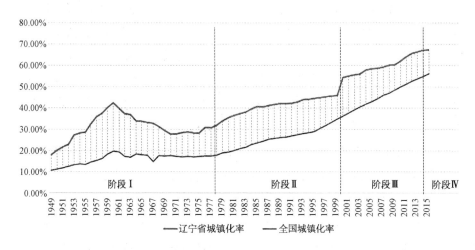

图1　1949年以来我国及辽宁省人口城镇化进程
数据来源:《新中国六十年统计资料汇编》《中国统计年鉴》。

计划经济时期各类工业项目是辽宁省承载国家政策和资金投入的空间载体,农村地区以使用价值为主要形式相对均衡发展。1949—1960年间随着国家重点工业项目在辽宁省的布局,农村劳动力快速涌入城市并引发一波城镇化过度增长浪潮,这一阶段农村地区以单向提供农业产品的形式满足城乡居民的基本需求,由于生产资料和生活资料相对匮乏,社会生产力水平无法支撑城镇化进程,1960年以来,辽宁省城镇化水持续下降。为保障社会生产的基本需求,农村土地通过直接使用的形式促进空间生产,土地本身对于该时期农村发展比货币兑换更占优势,即使用价值大于交换价值。由于制度设立的框架在于鼓励生产,农业劳动是该时期主要社会生产,而农业生产所依赖的土地、劳动力均在农村地区,乡村在城乡关系中占据主导地位。但由于自上而下推行以农养工政策与城乡二元结构抑制了劳动生产效率提升,市场调节机制的缺位导致辽宁省农村地区呈低水平缓慢发展态势。

改革开放后社会主义市场经济制度的建立促使农村地区空间交换价值日益凸显[14],城镇化进程全面推进,农村的大量土地被城市征占,工业资本的发展使得城乡关系由乡村关系为核心向城市关系为核心转变。1978—2000 年间辽宁省城镇化水平年均增长 1.01 个百分点,农村地区存在着巨大的土地红利,即农用地以相对低廉的价格被征用,将集体土地转为国有土地后用于城市拓展,土地的市场价格与征用价格之间的租金差为城市所占有,农村地区土地交换价值释放的红利,进一步促进了城镇化的进程,也加速了乡村地区的衰退。这一时期辽宁省城市建成区面积从 1985 年的 874.3 平方公里增长到 2000 年的 1 558.6 平方公里,农村地区在快速城镇化进程下被不断侵蚀,而农业生产效率并未出现显著提升,人均粮食产量仅由 1985 年的264.8 公斤增长到 2000 年的 275.7 公斤,辽宁省城乡二元分割与城乡差距在这一时期不断加剧。

21 世纪初新农村建设与建成区环境投入是辽宁省乡村振兴的早期尝试。2005 年党的十六届五中全会提出"社会主义新农村建设"战略以来,辽宁省内掀起了一轮乡村规划编制的热潮,包括整合村庄聚落的县域居民点布局规划、改善农村人居环境的村庄整治规划、美丽宜居乡村规划,以及指导宅基地建设和村庄产业发展的村庄建设规划等。这一时期对村庄建成环境的投入使得村庄面貌得到明显改善,但另一方面,增量空间成为城市与区域发展的热点,大量农村土地被转化为国有用地后,以新城、新区及各类开发区的形式用以支撑城镇化进程[15],农村地区的地域文化与街巷肌理被快速侵蚀,撤村并点的集聚发展思路虽在理论上有助于缓解空心村造成的资源浪费,但又有悖村庄生产组织形式。这一时期辽宁省内乡村规划遍地开花,标准化的生产方式和空间组织形式渗透到农村地区,乡村地域特色与传统文化受到巨大冲击。

国家新型城镇化战略实施以来,随着"多规合一"GIS 信息平台、以社区为单元的参与式规划、现代治理体系的探索和构建,辽宁省进入乡村振兴发展新阶段。自2012年党的十八大报告提出"坚持走中国特色新型工业化、信息化、城镇化、农业现代化道路",新型城镇化战略被广泛纳入政府文件及相关研究①。随着宏观经济进入新常态,社会生产的继续扩大与有效需求不足导致产能过剩,基于固定资产投入驱动的粗放式增长模式面临转型[16]。辽宁省乡村建设从投资建成环境逐步向投资科学技术以及促进劳动再生产转向,更多资本投入农村劳动力技能培训、农村教育、医疗等社会福利体系建立。2016年以来,辽宁省市县"多规合一"试点工作的全面推进在一定程度化解了部门分割,然而在城市主导的语境下乡村地区对于生产、生活、生态空间的发展诉求无法有效向上传递并在市县层面得以表达,为破解这一困境,沈阳市率先开展镇域层面"多规合一"工作探索,在划定控制红线的基础上,构建乡村地区多元主体的发展共识,通过技术路径传递争取城乡关系与部门博弈间的优先发展权(图2)。

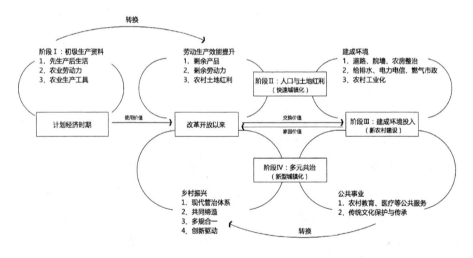

图2 辽宁省乡村发展四个阶段与特征

① 2013年11月,十八届三中全会提出"推动大中小城市和小城镇协调发展"。2013年12月,中央城镇化工作会议提出重点解决农业转移人口市民化。2014年3月,《国家新型城镇化规划(2014—2020年)》出台。2015年2月和11月,2016年12月,国家相继公布三批新型城镇化试点地区名单。2015年12月,中央城市工作会议召开。

4 辽宁省沈阳市镇域"多规合一"规划实践

为探索空间规划体系融合,培育和建设特色小镇,2017 年以来沈阳市启动特色小镇"多规合一"规划编制工作探索。十间房镇位于沈阳市中心城区以北 70 公里,拥有国家级通用航空机场,至今已连续举办六届飞行大会,以通航产业为支撑,相关电子信息、装备制造及旅游产业快速发展。2017 年 8 月,十间房镇被住建部评为第二批国家特色小镇。本文将结合十间房镇的工作实践,介绍以镇域"多规合一"规划为引领,探索多元主体共同缔造,推进乡村振兴的工作开展情况。

4.1 部门分治下乡村规划矛盾与冲突

由于我国村民自治的组织形式,村民委员会层面更多体现的是本地发展需求,不具备区域统筹意识。乡镇作为我国行政体系中的基层单元,对上承接各职能部门管理,对下组织村庄建设与发展,本应对乡村振兴发展起到至关重要的作用,但由于纵向管理体系与横向部门分工相互叠加,面临"上面千条线,下面一根针"的困境。由于乡镇政府相对缺乏独立决策权力和有效技术支撑,导致乡村规划、建设与管理的矛盾难以有效解决。"自上而下"的计划性管控思维在辽宁省尤为突出,市县域层面关于乡村规划的创新存在脱离地方发展实际的弊端,以行政指令为手段的资源配置方式与乡村发展需求也有偏差[17],发改部门制定的重大项目缺乏空间保障,国土部门确定的用地指标又无法落到有效空间,规划部门的发展意图对乡村产业的培育和用地需求考虑不足。十间房镇土地利用规划、城乡总体规划与现状用地存在不匹配,规划之间存在较大矛盾与冲突。

在土地利用规划与现状用地比对方面,根据土地利用变更调查数据,十间房镇现状建设用地规模为 6.98 平方公里,已突破土地利用规划 2020 年 6.21 平方公里控制指标,且在空间上存在较大分异。一是建设用地指标未得到充分利用,以图 3 中地块 1 为例,该地块位于沈康高速公路出口处,交通区位良好,但由于与通航产业核心区存在一定距离,仍处于闲置状态;二是现有建设用地指标被置换导致乡村设施配套难以保障,导致涉及村民根本利益的基础设施和公共服务设施配套项目难以落地,不利于生产生活(图 3)。

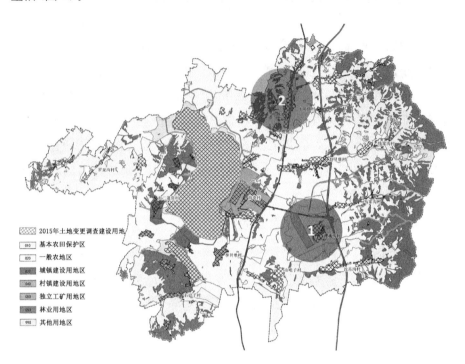

图 3　十间房镇土地利用规划与现状用地对比

在土地利用规划与总体规划用地比对方面,十间房镇总体规划提出 2020 年城镇化水平达到 80%,2030 年达到 94%,对应镇区人口规模分别约为 6 万人和 16 万人。规划 2030 年建设用地面积为 18.09 平方公里,人均建设用地面积 113 平方米。通过对十间房镇"两规"建设用地布局进行空间叠加分析,共确定差异图斑 1 258 块,总面积达到 21.28 平方公里。其中城规为建设用地、土规为非建设用地图斑 1 161 块,总面积 1 971.15 公顷;土规为建设用地、城规为非建设用地图斑 97 块,总面积 153.31 公顷;"两规"均为建设用地图斑 353 块,总面积 552.21 公顷;"两规"均为非建设图斑 956 块,总面积 9 083.81 公顷(图 4)。

4.2　破解时空差异,构建多元共识

在协调"多规"差异图斑的同时,优先保障航空小镇建设发展重点项目

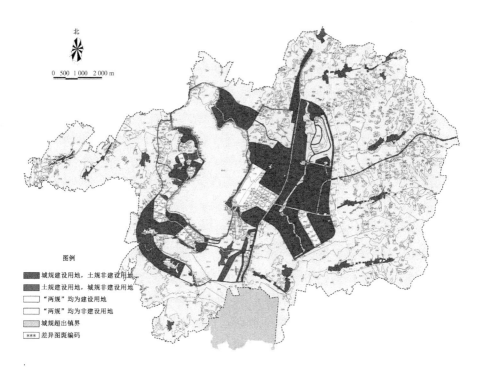

图4　十间房镇多规差异图斑分析图

的用地需求。根据法库县人民政府、园区管委会、十间房镇人民政府及各部门意见,经过与村民、投资商的多次探讨,确定近期建设重点项目,作为2020年差异图版处理的重要依据之一。近期建设产业项目16项,包括飞行基地、飞机制造、机场改扩建等;乡镇基础设施及服务设施项目11项,包括村村通道路工程、宜居乡村建设、污水处理厂项目、农村饮水安全工程项目等;农业产业项目4项,包括现代农业示范区、知青大院、生态养老乐园等,投资总额约20.87亿元。

　　按照优先保护生态用地、不超建设用地规模、重点考虑项目需求、全面统筹建设时序的协调原则,采取差异化措施协调解决各类差异建设用地规划矛盾。差异用地的处理措施主要包括以下三类:一是因河流、道路等线性地物造成的微小差异建设用地,原则上以现状控制为主进行差异用地处理。因城乡规划和土地利用总体规划地块规划边界造成的微小差异建设用地,原则上按土地利用总体规划进行差异用地处理。二是存量建设用地规模不一致引起的差异建设用地。对已取得合法用地手续的存量建设用地,在不影响生态保护的前提下,原则上应落实建设用地规模。对未取得合法用地手续的存量建设用地,原则不安排用地规模。若属市级及以上重点项目用地,由发改部门核定项目级别和规模后,在本行政区域内适当调整解决。三是新增建设用地规划不一致引起的差异建设用地。涉及县(市、区)以上重点建设项目、市政和民生设施项目,原则上应安排建设用地规模。重点建设项目、市政和民生设施项目用地规模较大的,由发改部门核定项目建设规模和开发时序,原则上安排近期建设用地规模。涉及项目用地和镇区发展建设用地的,需由县(市、区)政府组织各局委、镇召开专项会议,审查核定建设用地指标。村庄规划已审批通过的地区,按照村庄规划安排建设用地规模,优先保障村经济发展预留用地和村民宅基地。

与城市地区较大的社会流动性不同,乡村社会组织结构相对稳定,在规划编制过程中充分利用村民自组织系统,让村民全程参与镇域"多规合一"工作。通过开展入户调研的方式了解村民对乡村物质空间的需求,并不断向村民学习,了解村落历史演变的逻辑和智慧。镇政府由过去的管理者转变为工作坊的协调者,为方案交流提供政策指引和相关保障;规划师由过去的专业技术人员转变为工作坊的组织者,协调镇政府、村民、开发商、园区管委会、游客等多元主体。从前期介绍部门规划到确定近期实施重点项目,再到用地图斑调整意向,村庄规划师通过简洁、直观的方式向公众讲解,在明确各类控制底线的前提下,兼顾不同主体利益诉求。经过多次协商与探讨,最终达成发展的共识,并由规划师绘制完成专业技术成果(图5)。至2020年,十间房镇建设用地规模6.21平方公里,与土地利用规划指标一致,根据多元主体发展共识对用地图斑进行系统调整,提出土地利用规划及城市总体规划调整建议(图6),为市县管理部门提供决策参考,通过技术途径自下而上表达乡村振兴的地方诉求。

4.3 多规融合与控制体系

为强化对土地资源的管控以及生态资源保护,建立两级控制线体系,实现覆盖全域的城乡管控。一级控制线是结构控制线,核心任务是明确生态保护和建设空间,包括生态控制线、建设用地增长边界控制线,从构建全域

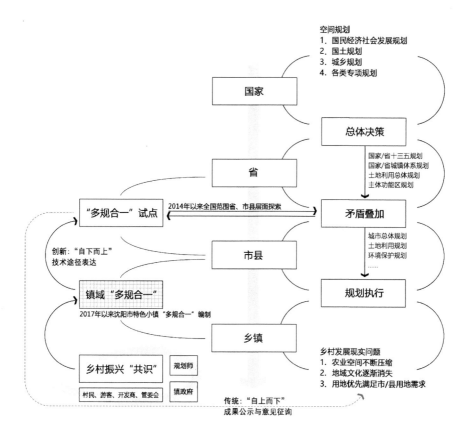

图 5　镇域"多规合一"对乡村振兴空间规划的启示

发展理想空间结构角度出发而形成的控制线类型,重点是对不同类型的空间区域采取特有的空间管制;二级控制线是用地控制线,核心任务是细化一级控制线具体空间内容,是在一定的时间期限内,与城乡规划、土地利用总体规划具体用地进行衔接的控制线类型,重点是面向规划实施,保障"多规"在土地利用布局的一致性,包括生态控制线内部控制线和建设用地增长边界控制线内部控制线,明确各类政策管控区的管控边界线。十间房镇最终划定 2020 年 6.21 平方公里建设用地规模控制线,2.92 平方公里产业区块控制线,明确基本农田、生态林地保护范围(图 7)。

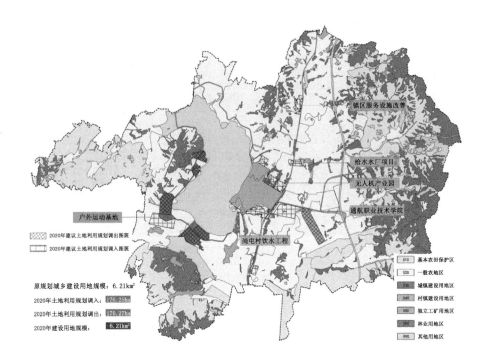

户外运动基地

镇区服务设施改善

给水水厂项目

无人机产业园

通航职业技术学院

尚屯村饮水工程

▨▨ 2020年建议土地利用规划调出图斑
▱▱ 2020年建议土地利用规划调入图斑

原规划城乡建设用地规模：6.21km²
2020年土地利用规划调入：176.25ha
2020年土地利用规划调出：176.27ha
2020年建设用地规模：6.21km²

010 基本农田保护区
020 一般农地区
030 城镇建设用地区
040 村镇建设用地区
050 独立工矿用地区
390 林业用地区
990 其他用地区

图6 土地利用规划调整建议（2020年）

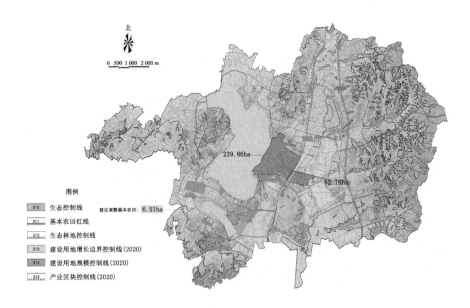

北

0 500 1 000 2 000 m

239.86ha

52.16ha

图例

X10 生态控制线
X11 基本农田红线
X12 生态林地控制线
X13 建设用地增长边界控制线（2020）
X14 建设用地规模控制线（2020）
X15 产业区块控制线（2020）

建议调整基本农田：6.51ha

图7 十间房镇综合控制线规划图

5　结语

目前有关乡村振兴的规划研究在全国范围内有序推进,不同地区的振兴策略因其城乡关系演进的历史路径不同而有所侧重。辽宁省乡村发展经历了计划经济时期使用价值为主导的生产要素单向供给,到改革开放以来交换价值作用下乡土社会逐渐瓦解,围绕乡村振兴的空间规划面临从建成区物质空间改善到多元管治体系构建等问题。辽宁省市县"多规合一"试点工作的开展加快了空间规划体系重构,但尚未打破以城市为核心的发展思路,市区和县城仍然是承载要素投入和资源优先配置的主体。参与式规划实践创新为乡村振兴提供了全新规划视角[18],随着规划师角色的调整,多元主体构成共同缔造的参与者。本文以沈阳市为例,探索通过镇域层面"多规合一"工作将乡村地区发展"共识"技术化表达的有效途径,并结合国家特色小镇实践,介绍镇域"多规合一"在工作程序、内容和技术手段上的创新,希望可以弥补当前"多规合一"编制体系对微观空间和乡村发展把握不足的问题[19]。未来如何将镇域"多规"统筹的意图和乡村振兴发展的愿景置于现有管理体系之中,是体制机制改革和制度创新需要解决的重点问题。

参 考 文 献

[1] 申明锐,张京祥.新型城镇化背景下的中国乡村转型与复兴[J].城市规划,2015,39
(1):30-34.

[2] 华生.城市化转型与土地陷阱[M].北京:东方出版社,2013.

[3] 韩俊."两个趋向"论断的重大创新[J].瞭望新闻周刊,2005(13):12-14.

[4] 林永新.乡村治理视角下半城镇和地区的农村工业化——基于珠三角、苏南、温州
的比较研究[J].城市规划学刊,2015(3):101-110.

[5] 龙花楼,屠爽爽.论乡村重构[J].地理学报,2017,72(4):563-574.

[6] 李和平,高文龙,马宇钢.村庄建设用地选择的双重评价体系研究[J].规划师,
2016,3(32):108-113.

[7] 张京祥,申明锐,赵晨.乡村复兴:生产主义和后生产主义下的中国乡村转型[J].国
际城市规划,2014,29(5):1-7.

［8］鲍梓婷,周剑云.当代乡村景观衰退的现象、动因及应对策略[J].城市规划,2014,
　　38(10)：75-83.

［9］贺雪峰.农村：中国现代化稳定器与蓄水池[N/OL].中国社会科学报,2013-12-25
　　[2014-12-01].

［10］吴良镛.中国人居史[M].北京：中国建筑工业出版社,2014.

［11］张京祥,申明锐,赵晨.乡村复兴：生产主义和后生产主义下的中国乡村转型[J].国
　　际城市规划,2014,29(5)：1-7.

［12］李迎成.后乡土中国：审视城市时代农村发展的困境与转型[J].城市规划学刊,
　　2014(4)：46-51.

［13］张京祥,陈浩.中国的"压缩"城市化环境与规划应对[J].城市规划学刊,2010(6)：
　　10-21.

［14］武廷海.建立新型城乡关系 走新型城镇化道路[J].城市规划,2013,37(11)：9-19.

［15］陈嘉平.新马克思主义视角下中国新城空间演变研究[J].城市规划学刊,2013(4)：
　　18-26.

［16］杜志威,李郇.收缩城市的形成与规划启示——基于新马克思主义城市理论的视角
　　[J].规划师,2017(1)：5-11.

［17］朱江,邓木林,潘安."三规合一"：探索空间规划的秩序和调控合力[J].城市规划,
　　2015,39(1)：41-47.

［18］李郇,彭惠雯,黄耀福.参与式规划：美好环境与和谐社会共同缔造[J].城市规划学
　　刊,2018(1)：24-30.

［19］黄慧明,陈嘉平,陈晓明.面向专项规划整合的空间规划方法探索——以广州市"多
　　规合一"工作为例[J].规划师,2017(7)：61-66.

"多规合一"背景下祁门县乡村地区
"四区"划定研究

汤龙腾　程堂明　张　婕　吴　艮　汪方胜

（安徽省城建设计研究总院股份有限公司）

【摘要】　在"多规合一"的大背景下,各级政府对城乡空间的管制内容将趋于统一。本文以祁门县为例,分析山地型县的典型特点,通过生态敏感性评价、用地适宜性评价等方法对祁门县乡村进行综合评析基础上,在强化生态保护硬约束,紧扣乡村空间明导向前提下,结合空间规划中的空间划定,提出城镇空间、生态空间、农业生产空间和农村居民生活空间的"四区"划定,为类似县域乡村空间精准化管控提供借鉴。

【关键词】　多规合一　祁门县　四区　精准化

1　引言

近几年在"多规合一"的背景下,县域乡村建设规划一再被中央重要文件提及①,一直被要求要贯彻"多规"融合的理念和方法,将规划、国土、环保、交通、发改和市政等部门的各类各级规划要求在空间上统一起来,确保包括乡村地区在内的城乡空间"一张图"落地实施。本文提出的精准化"四区"划定,是在县域乡村建设规划编制思路中强化乡村地区空间管控意识,在规划

---

① 2015年11月24日,住建部出台《关于改革创新、全面有效推进乡村规划工作的指导意见》,2018年1月2日,中央一号文件《中共中央国务院关于实施乡村振兴战略的意见》发布。

中进一步落实"多规合一"理念,实现真正的"一张图"管理机制。

2 研究目的及意义

2.1 迎合乡村振兴战略,乡村建设规划举措

实施乡村振兴战略,是党的十九大作出的重大决策部署,是决胜全面建成小康社会、全面建设社会主义现代化国家的重大历史任务,是新时代"三农"工作的总抓手。从连续十五年被中央"一号文件"关注的内容来看,"三农"问题的重要地位不容置疑。乡村振兴战略在十九大报告中初次提出,2018年1月2日,中央一号文件《中共中央国务院关于实施乡村振兴战略的意见》中提出了"产业兴旺、生态宜居、乡风文明、治理有效、生活富裕"五个总要求。广大乡村地区作为乡村建设的具体空间,推进"三农"工作的最终落实层面,在县域乡村建设规划中明确具体空间,可更好地实现村庄有序发展,产业合理布局,生态全面保障,为乡村振兴战略提供最切实的发展平台。

2.2 贯彻"多规合一"思想,提升乡村地区空间管制能力

习总书记在2017年初提出城市规划建设要做到"合理布局规划先行",把握好战略定位、空间格局、要素配置,坚持城乡统筹,形成一本规划、一张蓝图,率先提出了"多规合一"的规划理念。县域乡村建设规划充分结合"多规合一"工作基础,按照生态保护要求,进一步明确生态红线范围和永久基本农田保护区域,执行刚性约束保护。在乡村地区的统筹建设考虑中,重视乡村的各类用地空间差异、通过分析实现乡村聚集有利因素、限制乡村发展的现实条件等,确定农村居民点的建设发展模式,划定合理的建设范围,提升乡村地区的空间管控与利用,盘活乡村发展内在机制。

2.3 祁门县乡村转型发展需求

祁门县在黄山市"三区四县"中的整体发展水平处在中等,在资源禀赋、区位条件等相近的情况下,与周边黟县、歙县等县相比,镇村特色缺乏,村庄发展动力不足。在乡村振兴战略的发展契机下,如何在市县空间规划、县域

乡村建设规划的新一轮规划指引下,实现祁门县乡村地区生态、城镇、居民点、农业"四大空间"的合理布局、优化结构和有效管控,找寻一条适合祁门县乡村转型发展之路迫在眉睫。

3 精准化"四区"体系构建

近几年我国在空间划分管制方面不断在做出新的尝试,从最初提出的"三生空间"[①],到 2013 年 12 月 12 日,中央城镇化工作会议在北京召开,会议再次提出"按照促进生产空间集约高效、生活空间宜居适度、生态空间山清水秀的总体要求,形成生产、生活、生态空间的合理结构"。有别于"三生空间"的内容,本文在县域层面提出的乡村地区精准化"四区"划定强调的是底线控制。

3.1 "四区"概念内涵

当前,空间规划中"多规合一"理念在建立新型城镇规划管理体系的过程中正发挥着越来越重要的作用,县域乡村建设的统筹规划不可避免地要与空间规划高度融合,因此在县域乡村建设规划中采用空间规划相关的技术手段和分区思路,进一步提出乡村地区精准化"四区"的概念,目的主要是能够实现积极衔接空间规划相关内容,贯彻落实"多规合一"。

3.1.1 生态空间:生态管控优先区域

生态空间是指具有自然属性、以提供生态服务或生态产品为主题功能的国土空间,包括森林、草原、湿地、河流、湖泊、滩涂、岸线、荒地等。这类空间中可能包含有少量的村庄或是农村产业用地,但是出于生态保育的考虑,将县域内生态红线管控的区域及一些生态较敏感地区皆纳入生态空间内,加强生态监督。

3.1.2 城镇空间:城镇建设控制区域

城镇空间是指以城镇居民生产生活为主体功能的国土空间,包括城镇

---

① 2012 年 12 月 8 日党的十八大报告在阐述生态文明建设,优化国土空间开发局中提出"促进生产空间集约高效、生活空间宜居适度、生态空间山清水秀"。

建设空间、工矿建设空间以及预期空间联系紧密的区域交通用地等空间。

3.1.3　农村居民生活空间：乡村居民点规划引导区域

农村居民生活空间是指各类村庄居民点用地,该类用地承载了农民生活的主要活动,应确保农村居民有足够的生活空间,优质的生活环境。与此同时,适度控制村庄建设开发,避免土地资源的浪费。

3.1.4　农业生产空间：基本农田保障区域

农业生产空间是指农产品生产空间,主要指国土规划中划定的基本农田等空间。必须严格落实基本农田保护任务,基本农田边界划定后,任何单位和个人不得擅自改变或占用,交通、水利、能源、通信等基础设施和其他建设工程应尽可能避开基本农田保护区。

3.2　划定原则

3.2.1　底线控制、生态优先

强化底线思维,保障生态安全和粮食安全,优先划定生态保护红线和永久基本农田边界线,严控生态本底,明确保护空间,构建生态安全格局。

3.2.2　依法依规、联动调整

符合现行法律法规和相关技术标准规范等要求,在运行实施过程中,应动态维护规划成果,并加强规划成果与相关法定规划的联动,确保以规划成果为先导,实现规划的动态合一。

3.2.3　集约发展,存量优化

坚持节约集约用地,盘活存量土地资源,合理确定村镇建设用地规模,防止无序扩大用地规模、盲目圈地和乱占耕地等现象;统筹生产、生态、生活空间,优化村镇建设、农业生产、生态涵养等空间布局,统筹镇、乡、村协调发展。

3.2.4　兼顾弹性,分类管控

鉴于乡村建设的多变性,首先对生态空间采取底线控制,明确不可建设用地边界,形成一套具有弹性空间的管控体系。明确各类用地底线,结合多种因素,合理划定区域,对底线控制以外的区域实施弹性管理措施。

4 祁门县乡村地区精准化"四区"划定

4.1 祁门县概况

祁门县位于安徽省黄山市西部,属皖南山区,整体地势北高南低,呈枫叶形状。地貌以山地丘陵为主,中山、低山、丘陵及山间盆地和狭窄的河谷平畈相互交织,呈网状分布,是个"九山、半水、半分田"的土地结构(图1)。

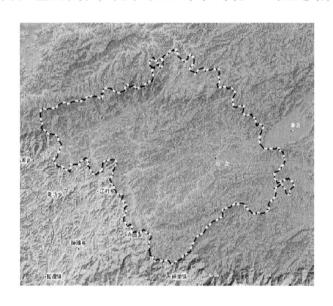

图1 祁门县地形地貌

4.2 强化生态保护硬约束

4.2.1 生态适宜评价

从高程分析(图2)、坡度分析(图3)、生态敏感性(图4)、用地适宜性(图5)四个方面分析祁门县生态适宜性,这些要素决定了乡村居民点建设模式和转化方向,同时也对城乡居民点的建设起到限制性作用,城乡建设不能以降低生态效益为代价。通过运用GIS空间分析技术手段,同时采用定性和定量相结合分类评价"四区"的适宜性程度与等级差异,形成祁门县乡村地区"四区"的综合承载力适宜性评价,为下步划定"四区"提供技术支撑。研究结果显示,祁门县域主要以山区地形为主,S326、S221、X024等道路沿线的乡村地区的用地适宜性较高,其他大部分地区因为高程、地形等因素生态用地适应性较脆弱。

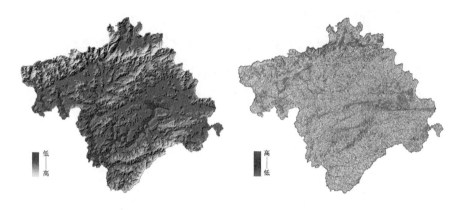

图2 祁门县县域高程分析图	图3 祁门县县域坡度分析图

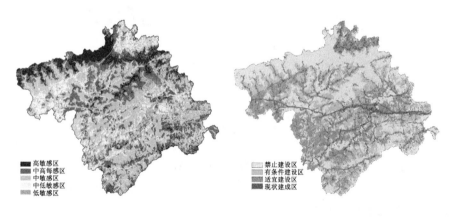

图4 祁门县生态敏感性分析图	图5 祁门县用地适宜性评价图

4.2.2 人口承载解析

围绕"人"主线,提出祁门县人口与空间可持续发展目标的调控和措施。通过校核不同层次规划给予的人口预测、乡村人口流动趋势预测(图6、图7)等,总结出祁门县乡村人口总体出现"核心集聚、线性回流、多村吸纳"的特征,总体仍处于外流趋势。故从总量、布局、结构等方面对人口进行减量调控:合理控制乡村建设总量,调优人口规模,同时进一步优化村镇空间布局,引导人口合理分布,在村庄中预留一定的发展备用地,实现弹性规划。

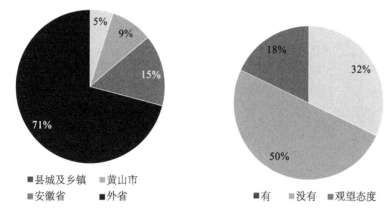

图6 祁门县乡村人口流向分布图   图7 祁门县乡村人口返乡意愿

4.2.3 生态格局构筑

依据生态保护相关规范性文件和技术方法,对祁门县进行生态系统服务重要性评估和生态适宜性评价,并协调土地利用总体规划、城乡规划和其他专项规划等相关规划的要求,将生态敏感地区、地理条件不适宜建设区和维护生态系统完整性的生态廊道等区域划定为生态保护红线,保障城乡基本生态安全。按照《安徽省生态保护红线划定方案》,并通过现状生态资源梳理和生态适宜性评价,构筑祁门县生态格局系统。

4.2.4 农业空间保育

在"乡村振兴战略"背景下,在遵循空间规划及土地利用规划的指导下,祁门县在农业空间重点立足于"茶、林"(图8、图9)两大产业,坚持质量兴农、绿色兴农,以农业供给侧结构性改革为主线,加快构建祁门县现代农业产业体系、生产体系、经营体系,提高农业创新力、竞争力和全要素生产率[2]。优先将布局集中、用途稳定、具有良好水利设施的高产、稳产、优质耕地划定为永久性基本农田保护红线,充分发挥耕地的生态保育功能,倒逼城镇紧凑发展[3]。

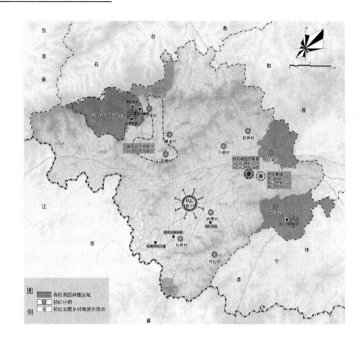

图8　祁门县茶产业发展规划图

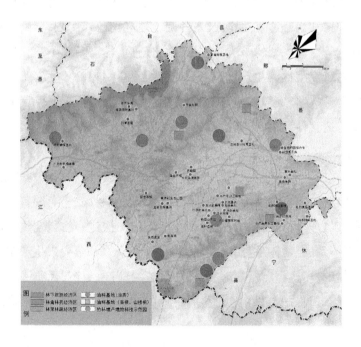

图9　祁门县农林产业发展规划图

4.3 紧扣乡村空间明导向

4.3.1 较优化的"四级"村镇体系构建

按照"精明收缩""多规合一""潜力"型村庄保护的三大原则,结合规划层级,在原有城镇空间格局的基础上,重点分析城镇吸引力、景区影响力、乡村自我发展动力的作用力关系,形成以空间分区为单元的城乡体系结构,分为城-村引导区、景-村引导区、镇-村引导区和村-村引导区四类引导区,并对所有的乡村居民点进行扁平化、标准化评价,进行分类引导。最终形成"重点镇(6个)——一般乡镇(11个)——中心村(97个)——自然村(598个)"四个等级构成(图10),形成以乡镇政府驻地为综合公共服务中心,以中心村为基本服务单元的相对均衡的乡村空间布局模式。

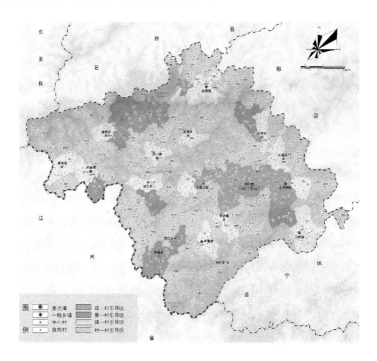

图10 祁门县乡村体系规划图

4.3.2 生活圈引领网络化、多中心空间

重点研究祁门县服务居民生活、需求潜力大、带动作用强的生活性服务领域。按照空间界限、服务人口规模,充分考虑居民的出行特征,引入

"生活圈"理念,根据生活服务圈划分,将祁门县的公共服务体系分为城-村共享服务区、景-村共享服务区、镇-村共享服务区和村-村共享服务区四种类型(图 11)。

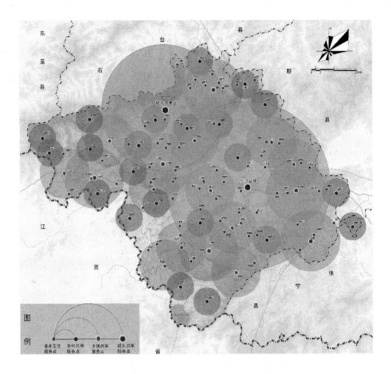

图 11　祁门县生活服务圈划分图

4.3.2.1　城-村共享服务区、景-村共享服务区

主要为经济社会发展基础好,对乡村影响较大,城市级公共服务设施带动强,乡村居民点可通过便捷的交通到城中/景区使用公共服务设施的区域,主要包括祁门县城、金字牌镇、小路口镇、牯牛降景区、倒湖十八湾景区等(表 1)。

表 1　城-村共享服务区、景-村共享服务区生活圈一览表

城镇	祁山镇、金字牌镇、小路口镇、芦溪乡、牯牛降景区
乡村重要聚落	新岭村、光明村、继光村、洪村村、石谷里村、石坑村、湘东村等
典型特征	以县城、景区为核心,经济社会发展基础好,城镇化核心推动趋势凸显,城镇主导功能较强

4.3.2.2 镇-村共享服务区

以乡镇为核心,经济社会发展基础较好,现代农业功能板块带动凸显,镇村互动明显,城镇级公共服务设施带动强,取消乡村居民点中质量较差、使用频率较低的设施,实现集约化布局管理(表2)。

表 2 镇-村共享服务区生活圈一览表

城镇	闪里镇、平里镇、历口镇、安凌镇、溶口乡、渚口乡
乡村重要聚落	桃源村、磻村村、港上村、石北村、大环村、贵溪村、石迹村、中井村、王村村、汪家村、伊坑村、樵溪村等
典型特征	以重点镇、重点村为核心,经济社会发展基础较好,现代农业功能板块带动凸显,镇村互动功能主导

4.3.2.3 村-村共享服务区

以服务功能较强的社区为核心,经济社会发展基础一般,乡村之间的联系较紧密。服务设施配置考虑将多村集中设置,多村共享(表3)。

表 3 村-村共享服务区生活圈一览表

城镇	新安镇、凫峰镇、箬坑乡、大坦乡、柏溪乡、祁红乡、古溪乡
乡村重要聚落	岭上村、团结村、闵家村、伦坑村、外中村、金山村、枫林村、栅源村、新村、黄余口村、牌联村、章村村、赤桥村、榨里村、棕里村、下屋村等
典型特征	以乡镇、农村社区为核心,经济社会发展基础一般,生态功能板块凸显,乡村自我发展为主

4.3.3 线性交通引导乡村旅游联动发展

以 S326、S221、X024 等道路为重点发展沿线乡村片区,同时结合旅游景点开发,以"两带两圈"①为核心,以环牯牛降景区为增长点,加快降上、桃源、燕窝古村落、古祠堂群、古戏台群和古民居群等乡村旅游开发,不断完善环牯牛降旅游公路、倒渚公路网建设,积极发展以乡村休闲、民宿体验、农家餐饮、农事体验、特色农业为主的乡村旅游休闲项目,实现沿线村庄旅游产业联动发展(图12)。

4.4 "四区"划定方案

结合祁门县空间规划,在遵循四线(生态保护红线、永久基本农田边界、

---

① 两带:"黄山168"户外运动旅游带、倒湖十八湾茶香风情旅游经济带;两圈:牯牛降乡村旅游经济圈、城郊休闲旅游经济圈。

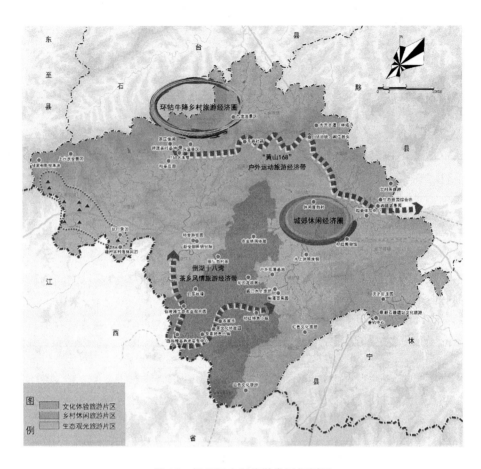

图12 祁门县乡村旅游发展规划图

城镇开发边界、重要基础设施廊道控制线)、三区(城镇空间、农业空间、生态空间)的基础上,细分农业空间中农村居民生活空间和农业生产空间,精准的划定农村居民生活空间,通过"四区"(表4)空间管控(图13),构建农业产业、生产、经营"三大体系",促进"三产"融合发展,按照"多规合一"要求进一步调优祁门县乡村地区空间布局(图14)。

表4 祁门县"四区"划定一览表

空间类型	面积(平方公里)	占用地比例
城镇空间	27.55	1.24%
农业生产空间	215.36	9.72%

（续表）

空间类型	面积（平方公里）	占用地比例
农村居民生活空间	52.01	2.35%
生态空间	1 920.06	86.69%
合计	2 214.98	100%

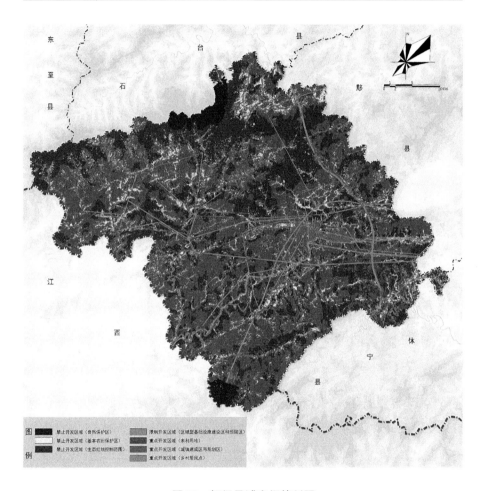

图 13　祁门县域空间管制图

4.4.1　划定生态空间，严控生态保护红线

生态空间主要包括风景名胜区、水源保护地、森林公园、水域、林地、耕地等，祁门县生态空间约 1 920.06 平方公里，占比重为 86.69%。针对祁门县不同类型的生态红线区域，实行分级保护措施，明确环境准入条件，强化

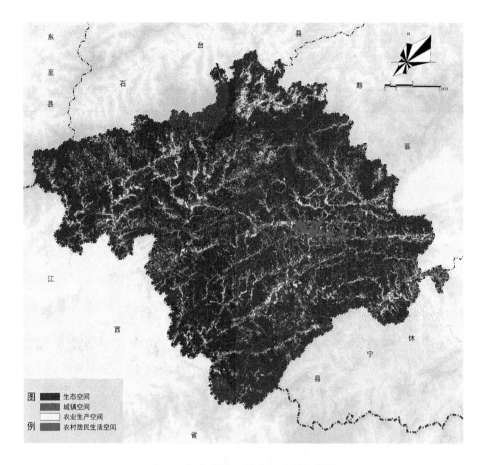

图 14　祁门县"四区"空间布局规划图

环境监管执法力度,确保各类生态红线区域得到有效保护。禁止大规模城镇开发建设;严格保护有价值的山体林地、湿地以及水域空间;基本农田保护区内,任何单位和个人不得改变和占用,确需占用基本农田的,必须依法按照相关程序经国务院批准。

4.4.2　划定城镇空间,锁定城镇开发边界

城镇空间与《安徽省祁门县空间规划(2017—2030 年)》中的划定空间保持一致。乡村开发边界内土地使用按照城乡规划法律法规进行管理和控制。

为了促进祁门县乡村地区发展边界所确立的空间管理的目标与效力,

应为乡村地区发展边界的相关类型确立明确的许可管理制度。建议根据乡村地区发展需求制定近期建设计划,在乡村地区发展边界的基础上划定近期建设边界,对近期范围内的土地使用采用从宽审批策略,对近期范围外的用地使用采用从严批复策略。

4.4.3　划定农业生产空间,强化永久基本农田红线

按照"总量控制、评估调整、增减挂钩、布局优化"的原则,在基本农田保护区与建设用地图斑对比的基础上,对接国土部门土地规划调整和永久基本农田范围,划定祁门县农业生产空间约 215.36 平方公里,占比重为9.72%。

严格落实祁门县基本农田保护任务,基本农田边界划定后,任何单位和个人不得擅自改变或占用,祁门县人民政府与乡镇人民政府、乡镇人民政府与村民委员会或农村集体经济组织应签订基本农田保护责任书。交通、水利、能源、通信等基础设施和其他建设工程应尽可能避开基本农田保护区,开展基本农田质量监测,定期开展基本农田质量普查与分等定级成果更新工作,及时对基本农田土壤地力和环境质量变化状况、发展趋势进行动态监测和评价。基本农田保护区内土地按照《基本农田保护条例》进行管理。

4.4.4　划定农村居民生活空间,调优乡村建设用地红线

结合祁门县村庄不同职能需求,划定农村居民生活空间,约 52.01 平方公里,占比为 2.35%。对于乡村居民点管控范围内的村庄建设用地,重点安排农民住房、基础设施和公共服务设施;在生态环境保护的前提下,适度建设农业产业化设施和旅游设施;禁止建设任何其他形式的第二产业建设项目,如乡镇企业和小型加工作坊等。

5　结语

新形势下,县域乡村建设规划广受中央关注和地方重视,是具有一定统筹带动能力,是指导涉农资金精准投放、实施乡村振兴战略的中观层次规划类型。祁门县域乡村建设规划结合乡村自身特色及政策引导扶持的方向,对乡村建设提出了多维度的控制引导。乡村地区精准化"四区"划定更是从

结合"多规合一"的具体实践,引导村庄用地合理布局的角度出发的一次规划尝试,能为同类型地区全面实施乡村振兴战略、完善具有地域特色的县域城镇化战略和城乡规划体系提供参考,激发乡村发展活力。

参 考 文 献

［1］中共中央,国务院.关于实施乡村振兴战略的意见[Z].2018.

［2］史家明,范宇.基于"两规融合"的上海市国土空间"四线"管控体系研究.城市规划学刊[J].2017(S1).31-41.

［3］住房和城乡建设部.关于改革创新、全面有效推进乡村规划工作的指导意见(建村〔2015〕187 号)[Z].2015.

［4］安徽省住房和城乡建设厅.安徽省县域乡村建设规划编制导则(建村〔2016〕209 号)[Z].2016.

［5］安徽省住房和城乡建设厅.安徽省市县空间规划编制标准[Z].2017.

［6］陈安华,周琳.县域乡村建设规划影响下的乡村规划变革——以德清县县域乡村建设规划为例[J].小城镇建设,2016(6).26-32.

［7］冯真,邹叶枫,单涛,等.贫困县县域乡村建设规划的"两区共建"探究——以河北省行唐县为例[J].小城镇建设,2018(2).87-92,97.

［8］杨玲.基于空间管制的"多规合一"控制线系统初探——关于县(市)域城乡全覆盖的空间管制分区的再思考[J].城市发展研究,2016(2)：8-15.

四、小城镇与乡村的文化保护和发展

基于 GPS 技术的游客行为与传统文化街区空间关联性研究

——以三河古镇为例 *

胡文君[1]　钱媛媛[2]　李　早[3]

（1. 安徽省城乡规划设计研究院　2. 3. 合肥工业大学建筑与艺术学院）

【摘要】　随着现代旅游业在传统乡镇中的快速升温,传统文化街区风貌保护和空间发展等方面面临着诸多问题与挑战。本文以环巢湖周边全国历史文化名镇——三河古镇的三河镇中街道为例,运用 GPS 设备追踪古镇游客的游览路径,从轨迹线、轨迹点、核密度分布三个角度对全局跟踪路径进行分析,并提取慢速与快速移动轨迹线和轨迹点,把握游客在游览过程中的行动分布特征,进而探讨特色空间风貌与游客行为偏好的关联性。研究发现,道路周边的建筑风貌、景观布置及旅游相关业态的分布,均对游客的游览路径产生较为重要的影响。对于乡镇旅游发展中的古镇更新、保护与规划具有一定的指导意义,同时对传统街巷游览空间设计与规划提供了优化策略和新的思路。

【关键词】　古镇风貌　GPS 技术　行动轨迹　关联性

1　研究背景

随着三河古镇 1991 年洪灾之后的更新改造,基于当地传统风貌与历史

---

*　文化产业聚集区规划技术体系研究(项目编号 1402052010)。

本文获"2018 年首届全国小城镇研究论文竞赛"二等奖。

文化的特色旅游业也得到了相应发展。快速增长的游客量在促使当地产业迅猛发展的同时，也对古镇的规划布局以及聚落的特征产生了一定影响。研究古镇内游客的行动路径将有助于探讨三河交通结构特征，对现有街巷空间提出优化策略；研究人的行动偏好将有助于把握场所相应的空间特质，概括现有特色风貌进而完善游览区布局。

2　研究对象

研究选取巢湖西岸的中国历史文化名镇——三河镇作为研究对象。三河古镇自 2001 年正式启动旅游项目以来发展迅速，一直作为皖中地区传统聚落的代表向人们传递江淮文化精神。古镇中的建筑多形成于清朝晚期和民国时期，其建筑形式和周边景观风貌均具有鲜明的地域特色。三河镇先后被确定为全国小城镇建设试点镇、全国创建文明村镇示范点、全国综合改革试点镇，省小城镇建设中心镇、示范镇等，1999 年被建设部评为全国小城镇建设先进单位。

3　研究方法

3.1　GPS 技术

利用手持 GPS 取得人的路径轨迹线来分析其行为模式与空间之间的关联性目前已取得显著成果。韩宇宁等人利用 GPS 计测小学生放学轨迹线，对放学途中停留的室外场所的滞留人数、频率、时间等进行统计，揭示小学生停留的场所类型特征[1]。李早等运用 GPS 行动追记法，选取合肥市两所具有代表性的小学探究小学生放学后的行动路径，利用核密度图像识别学生行为聚集区，对小学生滞留行为空间的要素特征进行深入的探讨[2]。叶茂盛等使用 GPS 设备记录文化商业街区中行人的行动轨迹线和轨迹点，总结文化商业街区中空间特质与人的行为特点的关联性，并对相应空间提出优化建议[3]。

研究选取集思宝 G360 系列手持式数据采集器进行步行行动记录实验。记录过程中启用 SBAS 进行线采集，轨迹点每隔 3 秒钟记录一次。终点的确定共分三类：回到游客中心、进入室内游览时间超过 15 分钟或团体游客解散。GPS 记录过程起始于三河古镇游客中心，调查人员在仪器信号大于 4 格且连续超过 5 秒时随机选取游客进行追踪，追踪时详实记录被试者属性特征（表 1），调研过程中共获有效数据 32 组。

表 1　GPS 追记调研属性（单位：组）

属性		第一次调研	第二次调研
调研日期		2017.1.1	2017.1.2
调研时间		10:26～16:12	9:20～16:38
天气		晴　14℃　东北风 1～2 级	晴　13℃　东北风 1～2 级
有效调查数量（个）		7	25
对象属性	团队	3	8
	家庭	2	10
	朋友	2	7
游客全程时间	30～60 min	3	9
	60～90 min	2	9
	90 min 以上	2	7

3.2　核密度分析

Kernel 密度推定（Kernel density estimation）是在概率论中用来估计未知的密度函数，属于非参数检验方法之一[4]。运用 ArcMap 软件，可以将处理后的轨迹点数据进行空间分析工具（Spatial Analyst Tools）中密度计算（Density）下的核密度计算（Kernel Density），形成能够直观反映轨迹点聚集程度的核密度图像。

$$\hat{f}(x) = \lim_{h \to 0} \frac{1}{h} \text{Prob}\left(x - \frac{h}{2} < X < x + \frac{h}{2}\right)$$

$$\lim_{h \to 0} \frac{1}{h} \frac{f\left(x + \frac{h}{2}\right) - f\left(x - \frac{h}{2}\right)}{h}$$

$$\approx \frac{1}{nh} \sum_{i=1}^{n} K\left(\frac{x - x_i}{h}\right)$$

其中　$K(x) = \frac{1}{\sqrt{2\pi}} e^{-\frac{1}{2}x^2}$

4 游客行动路径分析

4.1 调研街道分区

笔者共梳理了13条主要街巷,其中5条东西向街巷空间依次命名Ⅰ-1
至Ⅰ-6,7条南北向街巷空间依次命名为Ⅱ-1至Ⅱ-7(图1),因三河镇内街巷
复杂交错,街巷长度常常跨度较大,因此研究者将Ⅰ-1和Ⅰ-2沿河划分为西
段和东段(Ⅰ-1W、Ⅰ-1E;Ⅰ-2W、Ⅰ-2E),将Ⅱ-5和Ⅱ-7按街巷尺度和周边
环境的变化划分为北段、中段和南段(Ⅱ-5N、Ⅱ-5M、Ⅱ-5S;Ⅱ-7N、Ⅱ-7M、
Ⅱ-7S)。利用ArcMap软件录入街巷单体数据时,用第一个数字1或2分别
代表东西向或南北向,第二个数字代表同向街道的编号,尾数代表该单体信
息编号,如110000001代表东西向第一条街道中的第一个单体数据。

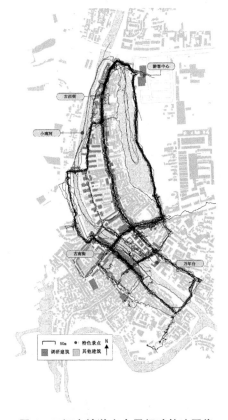

图1 调研街巷分布及编号　　　　图2 三河古镇游客全局行动轨迹图像

4.2　游客行动路径轨迹线总体分布特征

研究将 32 条行动轨迹线进行叠加,并与古镇总平面图相关联,得到三河古镇游客全局行动轨迹图像(图 2)。图 2 表明,游客从东北角的游客中心进入主要景区之后,主要沿古西街和护城河景观带开始游览,陆续经过小南河、望月阁、三县桥、杨振宁旧居、万年台、太平天国古城墙等特色景点,最终在大捷门、游客中心等处离开景区,或在万年台解散开始自由活动(团体)。从轨迹线的密集程度来看,古西街入口处、古南街一人巷附近的线较为密集,两处街巷宽高比均较低,路面狭窄,且特色景点与售卖特色旅游商品的店铺较多,造成游客线路密集的现象。古西街中段、南段、大捷门附近的游客路径较为稀疏,这些路段的街巷较为开敞,且两侧建筑多为商住结合的多层建筑。整体来看,游客的游览轨迹密集程度与景区规划中景点的密集程度较为一致,但在局部空间中,如望月桥、万年街等特色景点周边的游览轨迹数量仍然较低。同时,游客往往在寻找一人巷、杨振宁故居的过程中迷路,将古西街与古南街混淆,产生重复性线路,使得轨迹线的密集程度增加。

4.3　各街巷区间的游客通过频率

将 32 组行动轨迹线与街巷分区进行结合分析,研究者得到各街巷区间内的游客通过频次(图 3)。通过对各街巷内游客通过频次的分析,把握游客对各街巷空间的偏好程度。

由图可知,三河古镇内不同街巷的游客通过情况存在较大的差异,Ⅱ-3、Ⅱ-7N、Ⅰ-2E 街巷的通过频次较高,尤其在建筑风貌、街巷尺度等方面延续传统特色的古南街、古西街中游客的游览通过率较高。由此可以看出,三河古镇中游客对传统型街巷空间较为偏好。同时,游客通过频次分析也可在一定程度上反映出古镇空间规划与利用的缺陷,例如,街巷Ⅰ-3、Ⅰ-4、Ⅱ-6 相对集中,且均位于特色景点万年台和鹊渚廊桥附近,零游客轨迹通过量既反映了街巷本身空间特征的缺失,也反映了由周边景点至该街巷的可达性较低。

4.4　游客行为轨迹分类

受环境影响,游客在游览过程中的轨迹往往复杂而多变,在不同街巷分

街巷编号

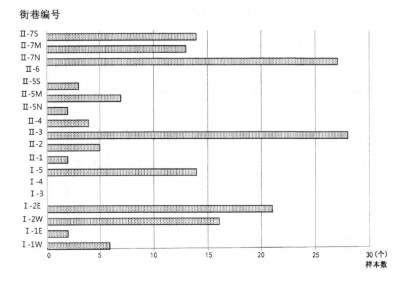

图3　各街巷游客轨迹通过频次

区中,轨迹线的特征往往不同。研究者将游客轨迹特征进行归纳(表2),并对32组 GPS 行为轨迹进行类型化统计(表3),进而探讨不同空间中游客的行为特征(图4)。

表2　各类型轨迹主要分布及代表图片

行为轨迹分类	主要聚集街巷	轨迹平面截图		
直线型	I-1W、II-1、II-4	I-1W	II-1	II-4
折线形	II-5N、II-5M、II-3、II-7N、II-5M、I-1E	II-5N	II-3	II-7N
往复型	II-5S、II-3、II-4、I-5、I-2W	II-5S	II-4	II-5

街巷编号

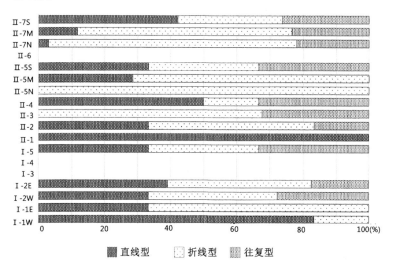

图 4 各街巷轨迹类型分布

表 3 GPS 点速度属性

属 性	数量统计
轨迹点总数	38 967 个
有效轨迹点数	38 881 个(100%)
$V<0.7$ 米/秒	19 685 个(50.6%)
$1.3\geqslant V\geqslant 0.7$ 米/秒	14 940 个(38.4%)
$V>1.3$ 米/秒	4 256 个(10.9%)
平均速度	0.746 906 米/秒

（1）直线型轨迹线具有方向单一、线型平稳的特征,此类轨迹往往是由于游客的行动方向、目的较为明确或区域空间内要素吸引程度不够所致。在三河古镇街巷中,直线型轨迹多分布在Ⅰ-1W、Ⅱ-1 和Ⅱ-4 中。其中,Ⅰ-1W 和Ⅱ-1 为住宅较为集中的街巷,游客往往进入此空间之后发现与特色景点距离较远,因此径直走向其他区域;Ⅱ-4 为小南河周边的临水街巷,街巷中设有一处游船码头,游客下船后往往具有目的性地寻找景点,因此直线型轨迹比例较高。

（2）折线形轨迹线通常呈折现或曲线状,整体呈单一方向性,此类轨迹多是因为空间或空间中的某要素具有一定吸引力,或空间布局有一定限制性,造成了游客减速或停滞行为的出现。在三河古镇街巷中,折线形轨迹线多分布在Ⅱ-5N、Ⅱ-5M、Ⅱ-3、Ⅱ-7N、Ⅱ-7M、Ⅰ-1E。其中,Ⅱ-5N、Ⅱ-5M多为改造后住宅,游客通过古西街中的小巷道穿越进入此空间,在Ⅱ-5N和Ⅱ-5M交接处有双子树一棵、1991年抗洪浮雕一座以及1991年洪水平面刻度线。游客多驻足停留,并细细观察。Ⅱ-7N、Ⅱ-7M分别为古西街和东街,众多特色景点多使得游客产生拍照、观赏等行为,因此路径较为曲折迂回。

(3)往复型轨迹线是指游客游览路线存在一定的重复性和折返性特征,此类轨迹线在一定程度上反映了空间的强烈吸引作用,或是在空间中迷失寻找目的地的现象,在三河古镇中出现的频率较低。主要体现在Ⅱ-5S、Ⅱ-3、Ⅱ-4、Ⅰ-5、Ⅰ-2W。其中,Ⅱ-5S多数店铺经营状况不良,因此游客进入街巷后停留不久后即折返离开。Ⅱ-3、Ⅰ-5处于特色景点聚集区,一人巷、万年台等令游客在游览过程中不断寻找最佳观赏点。Ⅱ-4、Ⅰ-2W处于特色景点周边街巷,此处的游客往往处于不断寻找景点的过程中,因此造成重复路径,进而留下折返型轨迹。

5 游客行动轨迹与街巷风貌关联性分析

5.1 游客行动轨迹速度与街巷风貌的关联性

对游客行动轨迹速度的研究分析有助于把握游客的运动特征及其对古镇各空间的感知利用状况。如表4所示,在有效数据中,游客的平均速度为0.7米/秒,超过半数的轨迹点速度低于平均值。通过对数据的分析以及既往研究,将游客移动速度划分为三类:平均速度小于0.7米/秒、平均速度介于0.7~1.3米/秒和平均速度大于1.3米/秒[5]。其中,平均速度小于0.7米/秒的轨迹点能够反映游客滞留行为,或在一定区域内迂回、折返等行为;速度大于1.3米/秒的轨迹点反映了游客疾行或快速通过某一区域的行为。

5.2 轨迹点、线及核密度与街巷特色风貌关联性分析

街巷空间是三河古镇游客游览过程中关注的重要区域之一,道路周边

的建筑风貌、景观布置及旅游相关业态的分布,均对游客的游览线路的选择产生较为重要的影响。因此对GPS设备所获取的数据进行进一步分区域分析,以把握主要游览线路中的游客分布情况(表4、表5)。

表4 东西向各街巷轨迹点、线及核密度分布(W＝西侧,E＝东侧)

编号	轨迹线	轨迹点分布	核密度	空间特征分析
I-1W				调控作用弱 通过率较低 吸引力较弱
特点	直线前行	轨迹点少而均匀	密度低	
I-1E				调控作用弱 通过率较低 吸引力较弱 两侧聚集程度高
特点	折线前行为主	轨迹点少而均匀	路口密度高于路段	
I-2W				调控作用弱 通过率较低 吸引力较弱 路口聚集程度高
特点	线多转折迂回	轨迹点散布均匀	右侧路口密度较高	
I-2E				调控作用较强 通过率较高 具有较强吸引力 路口聚集程度高
特点	直线或折线较多	轨迹点疏密不均	路口密度较高	

（续表）

编号	轨迹线	轨迹点分布	核密度	空间特征分析
I-3 I-4 I-5				调控作用不足 通过率不均 具有一定吸引力 路口聚集程度高
特点	线多转折迂回	轨迹点疏密不均	路口密度较高	
图例	轨迹点　　　　轨迹线		密度低 ■■■■□■■■ 密度高	

表5　南北向各街巷轨迹点、线及核密度分布（N＝北侧，M＝中部，S＝南侧）

编号	轨迹线	轨迹点分布	核密度	空间特征分析
II-1				密度极低 吸引力低
特点	仅一条直线轨迹穿行	轨迹点稀疏且均匀	密度几乎为零	
II-2				密度较低 吸引力较弱 人流调控力不足
特点	穿行线，折线为主	轨迹点少且分散均匀	人口密度低且无波动	
II-3				密度高 吸引力较弱 有一定调控力
特点	穿行线，折线为主	轨迹点多密集程度 差异大	两处高密度且 波动强烈	

（续表）

编号	轨迹线	轨迹点分布	核密度	空间特征分析
II-4				密度较高 有一定吸引力 调控力较弱
特点	直线，往复线型为主	轨迹点少密集 程度不均匀	密度较高且 有一定波动	
II-5S				密度较低 吸引力不足 调控力较弱
特点	穿行线为主	轨迹点少 且均匀	路段密度低路口 密度高	
II-5M				密度分布不均匀 有一定吸引力 有一定调控力
特点	穿行线为主	轨迹点少但分布不均	密度较低有波动	
图例	轨迹点	轨迹线	密度低 ▮▮▮▮▮ 密度高	
II-5N				密度较高 有一定吸引力 调控力不足
特点	折线轨迹为主	轨迹点稀疏且 分布不均	密度低有波动	

299

（续表）

编号	轨迹线	轨迹点分布	核密度	空间特征分析
II-6				密度较低 吸引力弱 调控力不足
特点	无轨迹穿行	几乎无轨迹点	密度较低有波动	
II-7S				密度较高 吸引力较强 有一定调控力
特点	穿行，折线为主	轨迹点数量一般 且不均	密度较高且有波动	
II-7M				密度较低 有一定吸引力 调控力强
特点	折线轨迹为主	轨迹点量多且均匀	密度较低有波动	
II-7N				密度较高 吸引力较强 调控力较强
特点	折线轨迹为主	轨迹点多且不均	密度较高且波动大	
图例	轨迹点	轨迹线	密度低 ■■■■■■■ 密度高	

（1）游客滞留行为轨迹线、点的分布与核密度分析

游客滞留行为聚集程度较高的波峰主要分布于 II-3、II-7N、I-2E 和 I-

5 两端(图5)。其中,Ⅱ-3 为一人巷和杨振宁故居两处特色景点附近,人流量大,空间狭窄,且周边特色产品商铺较多,种类丰富。Ⅱ-7N 为景区入口,此处有仙归桥和天然亭一座,雕塑若干,游客往往在进入古西街之前在景观建筑及小品附近摄影留念。同时,此处的聚集程度一直延伸至街巷中部,多是由于人在较窄的街巷中穿行速度缓慢所致。Ⅰ-2E 的慢速行为多发生在小吃零售摊位附近,而Ⅰ-5 的滞留行为多体现在观看万年台表演、坐憩和使用附近的洗手间等驻足停留行为。由此可见,游客的低速行动特征与街巷空间尺度、景观小品设置、服务设施或旅游业态的分布有关,其中狭窄的街道、提供休憩或能够观赏的构筑物、特色商铺或游客服务点能够降低游客的行动速度。

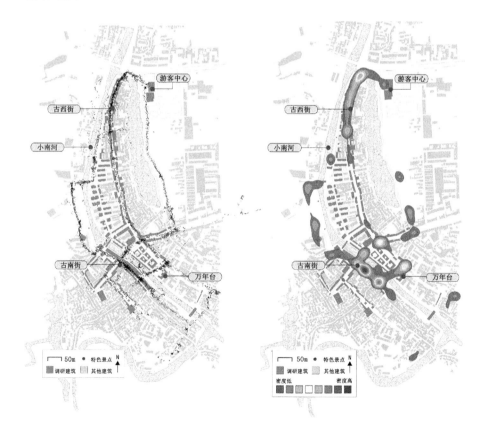

图5　游客滞留行为轨迹线、点的分布(左)与核密度图像(右)

（2）游客速行行为轨迹线、点的分布与核密度分析

游客快速行动区域分布较慢速行动分布更为广泛，并有多个波峰出现，分别在Ⅰ-2E中段和东端、Ⅱ-3中段及Ⅱ-5N附近达到峰值（图6）。其中，大捷门附近（Ⅰ-2E东端）波峰分布范围较大，此处游客多以寻找出口为主，往往目的性较为明确。而Ⅰ-2E中段为十字交叉型路口，空间开敞。Ⅱ-3中段为古南街主入口，此处人流由空间较为狭窄的古南街过渡至较为开敞的路段北侧，因此游客移动速度加快。Ⅱ-5N为古西街，靠近北端的波峰多是由于街巷入口附近6处较为集中的歇业商铺所致，靠近南侧的波峰一方面由于狭窄空间与开敞空间在尺度上的差异对人流造成一定影响，一方面受到此处相对集中的5个歇业商铺所致。由此可见，古镇游客快速行动的区域几乎覆盖整个景区，开敞的街巷尺度、街道尺度的陡然变化往往造成游客行动速度的提高。

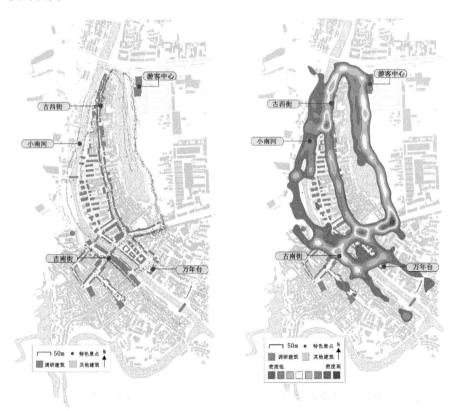

图6　游客速行行为轨迹线、点的分布与核密度图像

6 结语

研究通过追踪游客游览行动路径,将轨迹线、轨迹点、核密度分析图与所处空间相关联并进行比较分析,把握游客行动偏好、移动速度与古镇游览空间风貌的关联性。主要分析结果如下:

整体来看,三河古镇南北向空间布局较东西向空间布局更具有吸引力,且对人流的调控能力相对更强。从风貌聚集程度来看,特色鲜明的街道游客聚集程度高,而有待特色提升和完善的街巷则多数分布于东西向街巷和跨度较小的南北向街巷。

街巷尺度的变化、游憩空间的有无、景观构筑物及特色商铺的布局对游客的行动轨迹路径及行动速度产生一定影响。其中狭窄的街道、提供休憩功能的场所,旅游型特色业态能够降低游客的行动速度;较为宽敞的街巷空间及突增的街道尺度能够提高游客的行动速度。

随着传统街区旅游业的快速发展,以人的角度探索风貌要素对人的活动所产生的影响,进而完善既有空间十分必要。对于传统文化街区,应注重空间的整体特征,并抓住各部分特色保持均衡发展;在游客驻足区域或慢速游览集中区域设置标志鲜明的指示牌,并且将各特色景点有机串联,优化游览路线;增加相应的特色空间,合理布置景观建筑小品、完善游憩空间设施,有效把握游客的行动轨迹、街巷尺度和景观设施之间的关联性。研究初步探索并建立了街区空间特征与人的行为之间的关联性,进而促进传统文化街区旅游开发和空间管理的良性循环模式。

参考文献

[1] 韩宇宁,宗本顺三,湯川晃平,等. GPSを用いた長浜市における小学生の放課後の屋外行動その1&の2[C]. 日本建築学会大会学術演講梗概集(中国),2008(09):865-868.

[2] 李早,陈薇薇,李瑾. 学校周边空间与小学生放学行为特征的关联性研究[J]. 建筑学报,2016(2):113-117.

［3］叶茂盛,李早,曾锐,等.文化商业街区步行行动特征与空间要素的关联性研究［J］.
建筑学报(学术专刊),2013,1(9):85-89.

［4］刘坤,王建国,唐芃.基于 Kernel 密度推定法的城市居住空间形成研究［C］.//中国
城市规划年会.2012.

［5］高非非.基于 GPS 的商业步行街环境行为研究的［D］.合肥:合肥工业大学,2012.

文脉传承下的历史文化名村风貌特色营造研究

张文君　谢榆佺　刘　磊

（郑州轻工业大学艺术设计学院）

【摘要】　传统村落作为人们生产和生活的物质载体,孕育了独特的人文脉络和建筑肌理,是中国社会发展过程中不可忽视的建构单元。在乡村振兴战略下,乡村建设工作如火如荼地开展,文化脉络作为乡村地域的"活"着的灵魂,在风貌塑造上起着重要性作用。湘南地区传统村落作为中国传统村落的重要组成部分,拥有特殊的宗族信仰与文化积淀。本文基于文化学、地理学的方法,以湖南省永州市富家桥镇涧岩头村为例,首先分析村落的地理区位与历史沿革、文脉传承与聚落形态;其次将风貌要素分为物质要素(自然环境、农业斑块、建筑肌理)和非物质要素(文化资源、人文脉络、传统工艺)得出现有风貌症结表现;最后,结合文脉传承和宗族文化,将乡村风貌特色营造分为传承文化、提升环境、分类建筑和激发产业四个层次。

【关键词】　文脉传承　历史文化名村　乡村风貌　特色营造　涧岩头村

　　党的十九大首次明确提出实施乡村振兴战略,以产业兴旺、生态宜居、乡风文明、治理有效、生活富裕为总要求,实现全面建成小康社会的美好愿景[1]。村镇是构成我国人居环境系统的基本单元,历史文化名村更是凝练华夏悠久文化传承的 DNA 与博物馆。美丽乡村建设工程和乡村振兴计划方兴未艾,乡村风貌受到了越来越多的关注。现阶段,我国对历史文化名村的研究,仅停留在旅游视角、建筑视角以及文物保护等视角,忽视了乡村风貌的特色营造,基于文脉传承视角下的特色风貌营造更是凤毛麟角。

　　村落风貌作为一个生态的有机整体,是当时当地人文历史和传统风俗习惯、审美价值取向的具体体现。建筑形态、民俗情态和环境氛围共同构成了乡村的风貌与格调[2]。乡村不同于城市的营造，乡村聚落的形成和发展多缘发于内生性，要从根本上规避"复刻化、拼贴化、商业化"等不良开发弊端，自然环境中的人地关系与宗族社会下的血缘关系是决定性因素[3]。本文以湖南永州市富家桥镇涧岩头村周家大院为例，在周氏家族历史文脉的基础上，探讨乡村风貌的营造策略。

1 涧岩头村地理区位与历史沿革

1.1 村落区位背景

涧岩头村位于湖南永州市零陵区富家桥镇东南 18 公里庞岭北麓，零陵盆地南壤何仙观，是潇水支流之一的贤水河发源地，地形走势东南高，西北低。村落自然环境优越，历史文化资源丰厚，2007 年入选中国历史文化名村，是一座规模较大、保存较为完整的明清古建筑群。据涧岩头村《周氏重修宗谱》[4]记载，明嘉靖二十九年(1550 年)，宋代著名理学家周敦颐①之子周焘②的十六代孙周佐迁居至此，自始建家立业，繁衍生息。因当地居民同宗同姓，聚族而居，大都姓周，故称之为周家大院。

1.2 村落下辖范围

周家大院分别由明代建筑老院子(图 1)、红门楼、黑门楼(图 2)和清代建筑新院子、子岩府(图 3)、四大家院(图 4)六座单独院落组合而成，占地面积 6 万平方米，其中建筑面积达 3.5 万平方米，有门楼 6 座，正、横屋 180 余栋，大小房屋 2000 多间，天井 136 个，廊亭(游亭)36 座，巷道、走(回)廊 43 条[5]。建筑结构均为三进三厅，布局严谨，院落呈纵、横中轴对称，宽敞晾亮、错落有致。充分体现了"向中呼应""宗族礼制"等家族聚居而生的建造渊源。

---

① 周敦颐(1017—1073)，又名周元皓，原名周敦实，字茂叔，谥号元公，北宋道州营道楼田堡(今湖南省道县)人，世称濂溪先生。

② 周焘，字迪循，号桐圃，清乾隆四年(1739 年)举进士。

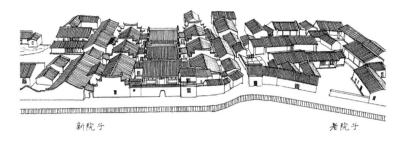

图 1　老院子、新院子

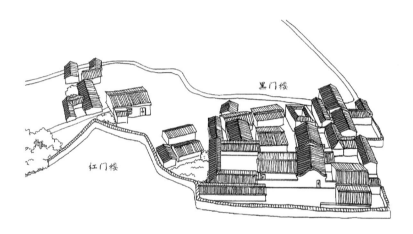

图 2　红门楼、黑门楼

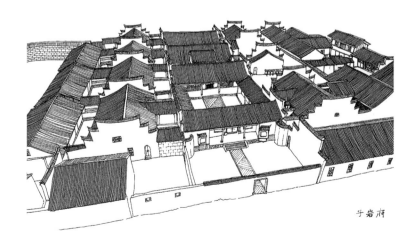

图 3　子岩府

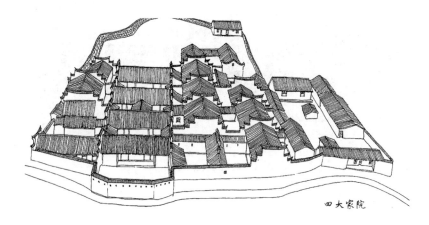

图 4　涧岩头村四大家院

1.3　村落轨迹反演

涧岩头村的血缘性质较为明显(周姓人口占90%),这就说明其生长更容易受到"分家机制"的驱力影响。建设之初,基于风水观念、资源利用等方面的考虑,村落选址与湘南大多传统村落一样,呈现背山面水的景观格局[6]。此后,受"分家"机制的影响,由直系亲属所构成的家庭单元率先向后方(北)延伸,当触及后方的山体"红线"时,又转而向东拓展,并最终形成了如今东西向沿河道排布的风貌形态(表1)。

表 1　涧岩头村生长反演轨迹

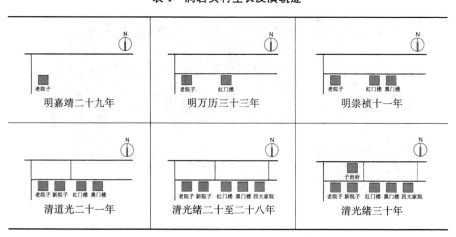

2 涧岩头村文脉传承与聚落形态

冯骥才先生言:"传统村落保护的目的是为了保护好我们的历史文明,是为了让我们的后代能够拥有和享受,最终目的则是中华文明的传承。"[7]从文脉的发展演变轨迹来看,农业文明是中国文化根源与基座。从景观风貌形成的过程来看,即为选址倾向、形态特征、功能结构这三方面,是不同地域特色风貌可识别性与个性认同的重要依据。

2.1 文脉传承与选址倾向

涧岩头村三面环山(青石岭、凤鸟岭、锯齿岭),一面临水(进水、贤水)(图5)。左边青石挂板,右边双凤朝阳。门前二龙相会,屋后锯子朝天[8](图6)。村落选址讲究风水文化,要求"负阴抱阳"的山水环境,山可挡风,傍水方便饮用洗涤,又可以灌溉农田[8]。六大院落自西向东呈北斗星形排列,建筑风貌井然有序、刚柔相济,远观仿若一把太师椅俯卧中央。

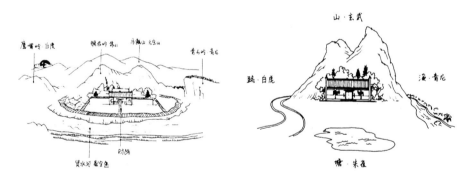

图5　三环山、一环水　　　　图6　涧岩头村风水布局

2.2 文脉传承与形态特征

形态指的是村落的形象势态,如村域轮廓、建筑、街巷、院落等都是其涉及的范围。《易·系辞上》曾曰:"在天成像,在地成形。"村落的整体形态即是在营造者的精神引领下衍生的。传统村落(镇)所呈现的景观特质,并非只是地表外貌或经验上的物质化客体,而是一种文化再现的形式[10]。事实上,所有的地域聚居形态及其肌理风貌,都与地域文化存在着深层关联。涧

岩头村建设年限虽跨度久远,有分有合,却浑然一体,各自独立而相互共生。涧岩头村的聚落演变形态呈现出植物蔓延生长的特点,是以一种有序生长的方式,遵循宗族礼制、文脉传承、和谐共融的理念,与周边自然环境相契合[11]。轴线构成"丰"字形布局,将聚落形态与宗族血缘关系融为一体,充分显现"尊卑有伦"的结构特征。

2.3 文脉传承与功能结构

涧岩头村整体格局为矩形,凸显中轴对称,结构质朴且厚重。建筑依次按明清时代排序,其场域由小变大,功能由少及多,技艺由简至精。所有院落正、横屋在构筑的规格、品位上泾渭分明,充分体现了封建社会尊卑长幼宗法制度的森严。正屋高大气派,庄重威严,为长辈居所;东西两侧的横屋向中而立,相对低矮,为晚辈居所。依此类推,最外一排最为简陋的横屋,则是仆佣们居处[12]。

3 涧岩头村风貌要素解析与症结表现

3.1 物质文化要素

3.1.1 自然环境

水作为农业生产的必要要素,是村落选址与营造的重要考量因素[13]。《博山篇》①中说:"洋潮汪汪,水格之富。湾环曲折,水格之贵。直流直去,下贱无比。"围绕周家大院的贤水河从鹰嘴岭、进水河、小江河处几经弯曲最终形成了灌溉农田的主要水源,全长19公里,贤水河水质自古就有"寻龙认气,认气尝水"之说。《博山篇》中如是说:"其色碧,其味甘,其色香,主上贵。"贤水河水浅而清,据考证此河中有云母粉,水质较好,寓意宗族财势兴旺。

3.1.2 农业斑块

农业是乡村赖以生存的产业,田地是生产劳动的根基。在传统聚落中,农田的面积可以直接影响到该聚落可能容纳的人口,是与聚居者生产生活密切

---

① 《博山篇》是唐末五代风水大师黄妙应集毕生之所学所著的风水宝典。

相关的斑块类别。涧岩头村拥有肥沃的良田,村人皆事农桑,但由于人口的增加与现代工业的迅速发展,事农在该地所占比重逐渐下降,经济相对落后,造成了居住斑块与农业斑块交互发展,用地性质面临支离破碎的困境。

3.1.3 建筑肌理

肌理作为群落形态,肌理由骨骼和基本形组成,基本形的形态可以是任意的;基本形可以是单一元素的,也可以是多重元素组合而成的复合体单元,不同比例尺度下,组成聚落肌理的"骨骼结构"与"基本形"各不相同[14]。在传统村落的历史演变中,最能体现特色风貌的关键要素即为建筑与环境之间的明与暗、分与合关系以及建筑材质、布局不一的建筑肌理(表2)。这些由古至今遗存完整的建筑,负载着千百年的历史文化与乡土情怀,是乡村振兴建设中最为核心的风貌价值体现。

表 2 涧岩头村建筑肌理

院落名称	建造年代	院落肌理	立面肌理
老院子	1550 年		
红门楼	1605 年		
黑门楼	1638 年		

（续表）

院落名称	建造年代	院落肌理	立面肌理
新院子	1841 年		
子岩府	1894—1902 年		
四大家院	1904 年		

3.2 非物质文化要素

3.2.1 村落文化资源

宗族文化和传统习俗是村落人文风貌的强有力体现。涧岩头村的宗族文化总体可分为两个方面：家规和先贤崇拜，一个是在外的约束，一个是内外的追求。《周氏重修宗谱》中明文记载的十六条家规是宗族文化符号的隐性基因，而在历史长河演变过程中，不断发展着的宗族本身对人事的影响则为显性基因。周家大院世代以耕读传家，祖辈皆崇尚读书入仕，"一等人忠臣孝子，两件事读书耕田"，足以彰显周系家族热爱读书与耕种的魄力。另外，周敦颐为代表的濂溪文化也是整个家族所敬仰的代表文化。

3.2.2 村落人文脉络

先贤崇拜指的是对涧岩头村历代拔萃之才的崇拜。在《周氏重修宗谱·名寿录》里记载的取得功名、入仕为官者就多达数百人。其中最为著名的就是"九代三进士"，即九代人不到三百年间分别出了三位进士，分别为周希圣、周圭、周崇傅（表3）。

表3　涧岩头村人文脉络

人物	周希圣	周圭	周崇傅
生辰	明世宗嘉靖三十年	不详	道光十年
字号	字维学，号元汀	不详	字少白，号子岩
中进士时期	万历十七年	乾隆年间	同治七年
任职	四川成都府华阳县令、尚书司丞、左通政、南京刑部右侍郎、南京户部尚书	山东济南府陵县正堂	县令、入翰林，授编修、镇迪，高平等处观察使

3.2.3　村落传统工艺

周家大院建筑材质均为系砖木结构，封火山墙，四周房屋连成一体，似"一颗印"。其木雕、石刻、砖雕、堆塑、彩绘、壁画、纹饰细腻、精美绝伦、神态逼真。雕刻内容主要有动物、植物和祥纹三种类型（表4），寓意深刻，愿景美好，也在一定程度上反映了村落的历史传说、民风民俗等。因濂溪文化在当地的重要性与独特性，故莲花纹样被大量采用，彰显了周敦颐后人"爱莲"的家族遗风。

表4　涧岩头村部分雕刻纹样

动物	植物	祥纹
喜狮	莲花	花草如意纹
喜上梅梢	菊花	寿桃如意纹

（续表）

动　物	植　物	祥　纹
伏鹿	寿桃	梅纹

　　在装饰技法上，大量采用了阳刻、阴刻、浮雕、圆雕和镂空等手法，技艺精湛，表现力和感染力十足。无论是雕饰、彩绘纹样，还是做工、手法技艺，无不深受民俗民风和宗族文化的影响，充分展现了传统居民的美好生活写照。

　　周家大院雕刻工艺最主要的展示是在窗饰上，木雕工艺集中在槛窗上，分为花草拐子和冰纹嵌花两种，石雕工艺则表现在牖窗上，为花草拐子（图7、图8）。

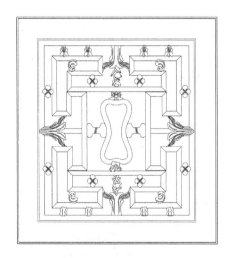

图7　牖窗花草拐子

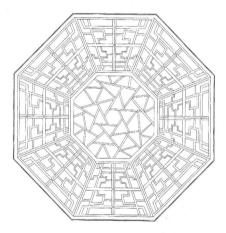

图8　天花藻井

3.3　症结表现

3.3.1　自然环境保护性损耗

　　涧岩头村整体格局保存完好，周边环境资源富饶，但局部污染较为严重，水体生态保护层遭到破坏，流量减少、部分溪流干涸、枯竭。物质遗存损毁，能够代表历史风貌的古井、围墙、石阶、铺地、驳岸、古树名木等也受到了不同程度的人为破坏；生活垃圾未能集中处理，造成了生态环境的逐渐恶化,绿地面积也在不断减少。

3.3.2　建筑风貌维护性缺失

由于风化、雨雪、雷击、地震等自然灾害对六大院落造成了不同维度的侵蚀之外,部分有重要历史价值的建筑也已坍塌,如小姐楼、红门楼门厅。另一些传统建筑因年代久远,已出现局部立面损毁、结构断裂等现象。除自然因素外,居民因保护意识不足和传承思想淡薄而对传统构筑物的肆意拆毁与重建,也影响了建筑的维护与修缮。

3.3.3　历史文脉传承性埋没

周家大院集自然山水、传统礼制、伦理道德、乡风民俗、建筑特色于一身,积淀了身后的历史文脉底蕴,拥有珍贵的考古、艺术、科学价值,然而,伴随着过去 30 年国内经济社会的快速发展及城镇化进程的不断推进,传统乡村文化正在严重消失,村庄犹存而活力不再。朴素的耕读文化与濂溪文化正在消失殆尽。

4　涧岩头村乡村风貌特色营造策略

基于现阶段涧岩头村的分析和文脉传承的思考,在乡村风貌的特色营造方面,可归纳以下四个层次:第一层次为着重表现中国传统村落集群生活的宗族文化;第二层次是优化空间结构,提高土地利用率,增加文脉观赏节点等;第三层次是通过对水系和植被的整治来提升整个环境的质量;第四层次是附属文化产业的活力开发,带动当地经济增长的同时,也能宣扬历史文化的优良传统。尊重历史,而不是推陈出新,以传统村落的标准进行重塑,使村落成为一片具有生命力的活着的濂溪文化与耕读文化胜地。

4.1　传承文化

以空间为载体,以文脉为灵魂。对非物质文化遗产(宗族文化、民俗活动、历史事件等)的传承与保护,必须要找到合适的载体,如传承人、节事纪礼、物质空间等,才能得到有效的发扬与延续。文学中的"文脉",被定义为"文学几千年发展中最高等级的生命和审美潜流"[15]。若从建筑学、风景园林学等专业角度审视,对于文化的传承,首先,政府应当采取积极措施,如补助、津贴等,鼓励有传统手工艺的匠人有效传承;其次,把具有地域代表性、历史环境重要性的传统建筑,如寺庙、祠堂、书院等,进行风貌上的统一修葺,内部功能置换作为民俗博物馆或展览馆展示濂溪文化与耕读文化。

4.2 优化空间

如何提升空间利用率是优化空间结构的关键问题。通过对闲散荒废地块的再挖掘,重利用,设置组团绿地,提升空间体验感的同时,形成一脉相承的风貌观光节点,最终达到优化空间结构,提升周边地块的整合作用(表5)。

表5 涧岩头村增设组团绿地

老院子		
新院子		
红门楼		
黑门楼		
子岩府		
四大家院		

4.3 提升环境

在充分尊重和维护自然生态环境的前提下,从植被和水系两方面对涧岩头村进行综合环境的整治,一方面,保护现有代表性植物如椿树、香樟及芦荟,掺杂速生植物杨树、柳树与慢生植物木莲、兰果树等丰富景观层次,增加景观色系,通过"高低错落、立体配置、乔灌草结合、彩色绿化"的方式,达到"三季有花、四季常青"的景观效果,富含人文精神与宗族文化的水生植物如莲花贯穿村落角落。另一方面,贤水河是涧岩头村独具特色的水系风貌,是水系营造中的关键要素。通过恢复以及整治水系以展示传统村落风貌,加强对贤水河的疏浚管理,严禁倾倒垃圾,保留现有的生态驳岸,禁止水泥驳坎,增加亲水平台,保证水流的畅通等。

4.4 分类建筑

村落建筑主要从核心建筑保护、破损建筑修葺、新造建筑融合三个方面进行分类。核心建筑保护指六大院落空间形态、立面肌理的维护,确保在此范围内的传统建筑、街巷及历史环境不受破坏、不得拆除,并保护规划确定以外的新建或扩展活动[16];破损建筑修葺主要通过在年久失修的历史建筑表面按原有材质加入防腐、防潮材料,并对已坍塌的建筑如小姐楼、培园书院进行复原;新造建筑要求确保在现有损毁风貌的建筑物和构筑物予以拆除和更新,重新结合宗族文化提炼出的元素符号统一建筑风貌(表6)。

表6 涧岩头村文化元素提炼

类型	元素提炼
木雕	
墙头	

（续表）

类型	元素提炼			
屋脊				
地铺				

4.5 激活产业

现代乡村旅游的可持续需要依靠乡村自身的力量和社区居民积极主动的参与才能实现。洞岩头村乡村风貌的特色营造，不仅营造村落传统风貌的物质载体与文化内核，更要让传统村落这个生命体可以不断持续地生长。激励是更新的外部推力，是为实现既定更新目标而进行的激发和奖励，在旅游发展背景下，政府加大宣传，鼓励招商引资和旅游企业投入，激发广泛的社会参与，有助于特色风貌的塑造[17]。

5 结语

乡村风貌审美，今日何存？现代乡村人居美学标准还未形成，对洞岩头村物质要素（自然环境、农业斑块、建筑肌理）和非物质要素（文化资源、人文脉络、传统工艺）进行提炼和分析。基于文脉传承的视角下，对洞岩头村乡村风貌（文化传承、空间优化、环境提升、建筑分类）进行整合与归纳。营造沿袭历史文化名村地域文脉，突出地域文化传承与特色风貌营造之间的活力提升，最终实现乡村振兴这一任重而道远的可持续发展研究和重建工作。

参考文献

[1] 徐斌,洪泉,唐慧超.空间重构视角下的杭州市绕城村乡村振兴实践[J].中国园林,2018(05)：11-18.

［2］叶定敏,文剑钢.新型城镇化中的古村落风貌保护研究——以楠溪江芙蓉古村为例
［J］.现代城市研究,2014(04)：30-36.

［3］何依,孙亮,许广通.基于历史文脉的传统村落保护研究——以宁波市走马塘村保
护规划实施导则为例［J］.小城镇建设,2017(09)：11-17.

［4］杨林.零陵涧岩头周家大院［N］.中国文物报,2011-12-02(006).

［5］黄禹康.明清古建筑——周家大院［J］.上海房地,2012(04)：58.

［6］刘磊.传统村落景观肌理的原型辨识及应用——以河南省新县西河大湾村为例［J］.
地域研究与开发,2018(02).

［7］冯骥才.传统村落的困境与出路——兼谈传统村落是另一类文化遗产［J］.民间文化
坛,2013(01)：7-12.

［8］文热心.周家大院的"风水"奥秘［N］.湖南日报,2014-08-21(005).

［9］张耀.浙江典型地区传统村落风貌研究［D］.杭州：浙江理工大学,2015.

［10］刘磊.中原地区传统村落历史演变研究［D］.南京：南京林业大学,2016.

［11］刘磊.传统村落的文脉辨识、提炼及应用——以中原地区为例［J］.世界地理研究,
2017,26(1)：93-97.

［12］黄云珊,曹浩然,王少君.宗族文化视角下漳州山重村聚落形态研究［J］.华中建筑,
2017(12)：106-110.

［13］李辉政.传承、弘扬、创新、超越——零陵"周家大院"映射出的古建筑延续空间［J］.
中外建筑,2014(12)：46-48.

［14］邱枫.基于 GIS 的宁波城市肌理研究［D］.上海：同济大学,2006.

［15］刘磊.基于"簇-群"联结的传统村镇风貌解析与修复——以李渡口村为例［J］.中国
园林,2018(05)：72-76.

［16］程海帆,李楠,毛志睿.传统村落更新的动力机制初探——基于当前旅游发展背景
之下［J］.建筑学报,2011(09)：100-103.

［17］张文君.对传统村落的景观风貌要素修复与更新策略研究——以河南省卫辉市小
店河村为例［J］.Science Innovation, 2018, 6(3)：149-155.

文化基因视角下传统村落保护与复兴探索
——以婺源理坑村为例

陈碧娇[1]　孔令龙[2]　陈翰文[3]　陈　颖[4]　康　喆[5]　吕宏祥[6]

（1.3. 江苏省城市规划设计研究院　2. 东南大学建筑学院
4. 曼彻斯特建筑学院　5. 浙江天然建筑设计有限公司
6. 福州大学建筑学院）

【摘要】　回归乡土热潮下,传统村落作为乡民氏族的聚居群落与乡土文化的有机载体,其文化价值的保护与培育受到越来越多的重视,传统村落的文化保护与复兴也受到更多关注。历史文化底蕴深厚的传统村落数目众多,但不是每一座都能享誉盛名,蓬勃发展。本文以婺源理坑村为例,就传统村落保护与复兴进行探索。理坑村属全国历史文化名村,官邸建筑文化遗存丰富,历史背景深厚,但是优渥的资源条件下却依然是简单的资本输出模板的复制,发展效益不佳。本文从文化基因视角提取甄选主要文化构成意象,采用对比分析法,评价村落文化资源条件水平,并分析村落保护复兴的现状情况,同时借鉴国外乡村复兴的经验,主张通过明确村落角色,找准文化发展定位;梳理文化资源,转化产业价值;借助文化旅游,实现经济振兴;唤醒精神文化,重塑良好风尚来打造理坑村独特的文化品牌,由里及表复兴传统村落,以期对同类村落的保护复兴有一定积极作用。

【关键词】　文化基因　资源评价　乡村复兴　价值转化　复兴策略

1　引言

文化是传统村落的灵魂,文化基因是村落不断繁衍的内生动力源泉。

现阶段许多传统村落的保护与复兴还停留在简单的资本输出模板的复制，并没有抓住村落自身的文化特色，这其中不乏许多先天资源优厚的历史文化名村，盲目随波逐流，造成同质化恶性竞争，发展状况不佳。习总书记在十九大报告中指出："实施乡村振兴战略是决胜全面建成小康社会需要坚定实施的七大战略之一。只有把传统留住、把文化留住，同时适应时代的变化，才能建构具有饱满品位特征、具有生动气息的新乡土、新农村，才能留住青山绿水，记住乡愁。"

本文立足乡村复兴大背景，基于文化基因视角，以婺源理坑村为例，就传统村落保护与复兴展开探讨。文化基因视角的分析帮助理清乡村发展内在机制，使其内生发展力量得以继续诠释延续到新时代社会当中。

2 传统村落文化基因概念与内涵

"基因"本是生物学用词，20 世纪 50 年代，英国学者查理德·道金斯最早提出文化基因的假说和研究，随后更多学者进一步研究丰富该理论内容。本文综合前人研究以及自己的总结理解，认为传统村落的文化基因，首先是基于原始聚落生活中人类活动、社会生产力的发展，逐渐形成的抽象层面的文化遗传密码，其核心内容是集体价值观、习惯、信念、意识、逻辑，是历史形成并传承至今而被共同遵循着的"精神家园"。这种抽象的文化遗传密码，进一步催生出具象层面文态的民俗艺术、宗教信仰、方言、乡规等，以及物态的聚落形态、建筑遗存、饮食文化等。各种文化元素，按其特有的内在逻辑关系排列组合，形成地域文化基因图谱，展示其文化特性、内容、要素及其相互关系。其保护传承路径重在核心价值的保护与培育，将其作为资源实现产业化转换和市场化运作，促进价值积累，通过与现代文化嫁接而复兴，同时注重载体维护创新和文化信息的符号化嫁接植入与体验参与等。

3 文化基因视角下传统村落研究

3.1 理坑村概况

理坑村属历史文化名村,位于江西省婺源县①沱川乡。村庄发源于北宋末年,是南宋著名哲学家朱熹的故里,古时候村中人好读成风,有"耕读甚殷,崇尚朱子理学"的传统,被世人赞誉为"理学渊源"。历史长河里,村中人才辈出,走出过众多大儒、高官,因此它还有"中国第一官村"之称。村中保留了大量的传统官邸和徽派特色的商宅及民居,其官邸数量及规模均居徽派传统村落之首,2006 年凭此入选中国世界文化遗产预备名单,被誉为"中国明清官邸、民宅最为集中的典型古建村落"[1]。

3.2 理坑村文化基因表征意象及资源评价

3.2.1 传统村落文化基因表征意象

在国内传统村落的价值评价体系中,建筑遗产最早进入人们的文化视野,也是最重要的资源要素,其后逐渐增加其他具象层面的物态环境和抽象层面的非物质文化遗产,包括选址、格局、街巷、建筑群、民俗活动、传统技艺、传统文化风尚、价值观念等。本文的文化基因表征意象包括"建筑遗产"和"其他物态环境"及"文态环境"三大板块(图 1)。

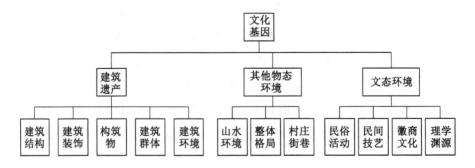

图 1 传统村落资源评价结构

---

① 古徽州六县之一

本文总结理坑村突出的文化基因亮点有五点：

（1）数目第一的官邸遗存

理坑村保留至今的官邸总数有 120 余座，居婺源地区之首。加上明清时期建造的一批特色商宅和民居，共有徽派建筑 242 幢，总建筑面积 25 767 平方米，其中全国文物保护单位 5 栋，省文保单位 1 栋，县文保单位 27 栋[1]（图 2）。这些历史悠久的官宅是重要的文化资源亮点，是扎根于村庄文化基因的

图 2　文保单位分布图

建筑精品，也是聚落文化和精湛工艺长期融合积淀的结晶，更是"第一官村"名号的物质载体，如大夫第、司马第、云溪别墅等。

官邸相比普通民居，建筑外观语言更加丰富，古朴典雅、清新隽永，整体高低错落，统一于整体而又不失变化。其门楼皆高大挺拔，多为空斗砖木结构，穿斗架与抬梁混合架构。多砖雕、木雕、石雕，"花开富贵""龙凤呈祥"的精美雕饰随处可见（图 3）。马头墙、古牌坊、照壁、水口建筑是最常见的构筑物类型。以花园式别墅"云溪别墅"为例（图 4），这是清代一品官员故居，原有三合院，如今只剩一个主要院落，内部天井区别于普通徽派民宅，被放大成内院，便于采光通风，但又保持徽州民居总体特征。原始的正门在东侧，外部严谨朴素，内部却雍容华贵。外部石库门枋上简单配有垂花柱式门头，

图 3　云溪别墅木雕电子复原图

额枋上刻了"云溪别墅"四个大字。内部却是木结构的重檐门楼,八组斗拱挑出两对戗角。屋内雕梁画栋,美轮美奂,无比精致。

图4　云溪别墅测绘图

（2）倚水抱拳的山水形胜

理坑村山明水秀,东南枕河而居,溪流水冽清澈,四环密林缓丘,北接良田沃野,十里杏花红艳,因此被评为全国首批"景观"村落（图5）。历代文人墨客也就此为这里留下了许多美丽的诗篇①。村庄整体规划遵循"天人合一"的传统理念,并吸取堪舆学的空间理论,选址背山面水,使村落人工布局巧妙融合自然地貌,与良田沃土、青山绿水相得益彰。

图5　理坑村山水环境

在徽派传统村落风水学中,水口具有重要地位（图5）,旧时这里是整个村庄文风文脉的传承之地,古代理坑的水口建筑群由亭台、庙宇、文峰塔、文昌阁、牌坊、水碓等组成。同时它还是集传统文化、民俗观念、园林艺术于一体的公共园林,一处"父老兄弟出作入息,咸会于斯"之所。理坑村的水口原有兼做义塾的文昌阁,规模宏大的五开间,三层楼宇,层层飞檐翼角,可惜均

---

① 如朱熹:"堂下水浮新绿,门前树长交枝。""胜日寻芳泗水滨,无边光景一时新。"

已损毁,如今只剩下村口的理源桥——一座以块石叠砌而成的单孔石拱桥,长10米,宽5米,高8米。桥上有五开间的廊亭,青砖砌墙,青瓦覆顶。桥上门洞旁提有"山中邹鲁""理学渊源"等字。

(3)独具特色的街巷肌理

理坑村传统街巷空间保存完好,从图底分析(图6)看到,整体保持传统的肌理形态,中心部分建筑密度较高,沿街巷自然生长,外围依地形水系建筑密度逐渐稀疏,绿地与菜园嵌入。村庄街巷狭窄,青石板路。建筑多为四水归堂组织模式,天井院落空间丰富。

图6 村庄肌理

借助空间句法进一步分析街巷网络(表1),该村在中部有一条连接度和整合度都较高的东西向街巷,该街巷也是文物保护单位最集中,街道尺度最宽的一条主街,整体呈现出以该街道为中心,向外围发散生长的特征。理坑村的街巷体系可理解度并不高,即连接值和整合度都高的街巷不多,同样以主巷为中心向外围衰减,这一点恰恰是传统村落区别于现代城市空间的一个重要特征——街巷整体曲径通幽,深远悠长,别具韵味。同时,先民们认为,弯曲的道路利于藏风聚气,留住财源,更能阻止外来的车马闯入,保护村庄宁静安全。

表1 街巷空间句法分析

	连接值	集成度	可理解度	特点总结
理坑村句法分析				中心集聚,发散生长

（4）丰富多彩的民俗活动

理坑村有丰富的民俗文化活动。如"傩舞"——一种消灾祈福、迎神驱邪的古老仪式。老一代村民相信新春舞鬼戏，可驱邪消灾，保佑家庭康泰和睦，来年风调雨顺、粮畜兴旺。此外还有目连戏，跳抬阁等民俗活动。"徽剧"是当地盛行的剧种，古代每逢婚嫁寿诞喜事，皆会请徽剧班到现场演奏，增添喜庆气氛，这一风俗习惯被延续至今。此外还有元宵节灯会舞龙灯等。

（5）名儒辈出的理学渊源

理坑村之所以能在古代生生不息，繁荣发展成中国第一官村，与该村自古以来形成的"理学渊源"文化有莫大关系。作为朱熹故里，村中自古以来形成的崇尚朱子理学，好读成风的优良传统，培养出了一百多位学者和官员。独具特色的官员文化、名人文化，以及名人与村庄的故事，名人学者为村庄留下的诗词歌赋，都是可深入挖掘的重要文化基因亮点。

徽商自古闻名天下，该村也有诸多巨富商人。古代村中男子，不是"入世"就是"出仕"，诞生在理坑村的商人受理学文化影响，贾而好儒，在发家致富之后不忘反哺乡里，以商养文，从而形成良性循环，推动村庄的富裕和繁荣。这种具有深层次精神内涵的文化基因在当代已经快丢失了。

3.2.2　文化资源条件水平评价

理坑村独具特色的文化基因表征是村庄不断繁衍生息的力量之源和辉煌历史的印记。本文采用类比打分法（表2）研究该村在同类型徽派村庄中的资源条件水平，基于调研过程对同类型村庄的考察比较，将各村庄各子要素得分区间定位为1～5，类比皖南宏村、西递、婺源汪口、江湾、篁岭这几处有名的旅游目的地。由图7可看出，理坑村相比于宏村西递，建筑遗产资源价值稍弱，但是比婺源同类型几个有名村庄都要高。其他物态环境板块，理坑村不及宏村西递和以"篁岭晒秋"自然风光闻名的篁岭，但是比江湾、汪口等村庄高。文态环境，宏村西递以徽商文化闻名，而理坑以独一无二的理学文化见长。

综合评判理坑文化资源，可总结出其物质资源条件较宏村、西递这两座世界级文化遗产村落有一定差距，但优于同类型的婺源其他村庄，且理学文化底蕴深厚，是一笔宝贵的精神文化财富。理坑村的徽派官邸遗存、理学渊源文化是可深入挖掘的文化亮点，山水环境等物态文化和非物质文化遗产是可合理利用的文化资源。

表 2　资源价值对比评价

文化基因板块		宏村	西递	江湾	篁岭	汪口	理坑
建筑遗产	建筑结构	4	4	3	3	3	4
	建筑装饰	5	5	3	3	3	4
	构筑物	4	4	3	3	4	3
	建筑群体	5	5	4	4	4	5
	建筑环境	5	5	4	5	4	4
合计		23	23	17	18	18	20
其他物态环境	自然环境	4	4	4	5	4	4
	整体格局	5	4	3	4	3	4
	村庄街巷	5	5	3	4	3	4
合计		14	13	10	13	10	12
文态环境	民俗活动	3	3	2	4	2	5
	民间技艺	3	3	2	3	2	3
	徽商文化	5	5	3	4	4	3
	理学文化	2	2	2	2	3	5
合计		13	13	9	13	11	16
三板块总得分		50	49	36	44	39	48

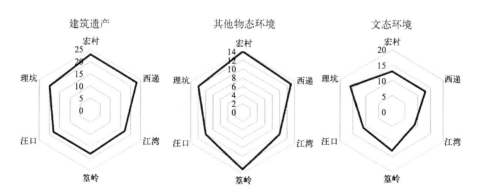

图 7　资源价值对比雷达图

3.3 村庄保护与复兴发展现状

3.3.1 物质保护工作初具雏形

该村已编制历史文化名村保护规划,文保单位得到了一定的修缮和保护。遵循恢复原状,修旧如旧的原则,尊重村庄的原始风貌和徽派建筑的原有建筑形制与结构特点。如大夫第的修缮工程,根据原始样式进行了大木构件替换,如柱、梁、椽等,使古建筑恢复成最初的样貌。理坑村的开发也遵循着"双村保护"机制,依靠沱川乡建立旅游集散中心,提供综合服务,包括特色民宿、酒店餐饮、纪念品销售等。外来游客和写生的学生均安置在沱川乡宾馆内,不干扰理坑居民生活。同时注重环境保护,建设有集中的写生污水处理池。总体而言,物质保护工作初具雏形。

3.3.2 文化旅游是主要复兴途径

文化旅游是现阶段大多数传统徽派村落采用的文化保护与复兴发展路径,是婺源地区的主导经济性产业之一。旅游业增加了就业机会并带动第三产业的发展。过去十年,婺源地区每年的旅游人次从 340 万上升至 2 100 万,每年的旅游综合收入也从 6 亿元上升至 160 亿元,且持续高速增长(图8)。由大数据公司统计的信息可看到(图9),婺源县的游客 12.87% 来自上海、12.03% 来自北京,此外依次是上饶、武汉和杭州等地。婺源景区影响力以长三角地区为主,同时辐射京津翼和珠三角地区。这对于婺源地区是巨大的发展机遇和挑战——如何在不破坏历史环境的前提下,既呈现原真徽

图8　婺源县近十年旅游发展状况

数据来源:政府统计公报。

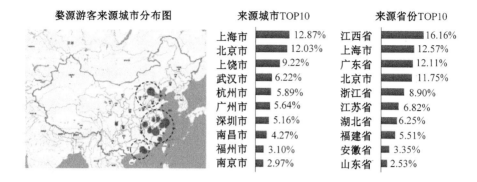

图9 婺源县旅游客源

图片和数据来源：WIFIPIX线下大数据中心。

派文化又满足更高层次的消费人群需求。总的来看，婺源县文化旅游市场潜力巨大，未来将会吸引更多的客源。理坑村等传统村落实现乡村文化复兴并不缺乏外界的机遇和支持，应促进内生性的改变和提升以适应文旅需求。

3.3.3 村庄发展定位偏离核心价值

徽派村落普遍存在盲目模仿西递宏村样本，导致同质化恶性竞争的弊病。从婺源县旅游交通游览图（图10）可看到，理坑村位于县城最北端，先天地理区位不占优势。进一步类比上述几座村庄的开发情况（表3）。可看到理坑村在婺源地区尽管拥有相对优厚的物质资源条件，并且较

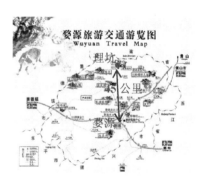

图10 婺源旅游交通游览图

图片来源：网络。

早入选国家历史文化名村，但在实际发展过程中，旅游效益不如人意。这与交通区位条件有一定关系，但更重要的是整体开发定位偏离核心价值，江湾、篁岭、汪口都在自身资源条件一般的情况下，找到各自的发展特色，选取合适的发展定位，借助文化旅游推动经济繁荣。理坑村最鲜明的特色，应该是物态文化基因和精神文化内涵，明清官邸建筑群在婺源地区独一无二，独特的"官员文化""理学渊源"更是文化亮点。

表 3　徽州村落开发定位比对

同类型徽派村庄	距今历史	村庄法定地位	建筑遗存及构成	当前开发定位
埋坑村	800 多年	第二批国家级历史文化名村	242 幢:120 栋宫宅,122 栋民居;(5 栋全国文保单位,1 栋江西省文保单位,27 栋婺源县文保单位)	徽派建筑大观园、著名明清官邸建筑群
宏村	800 余年	世界文化遗产、国家 5A 级风景区	140 余幢:巨商豪宅、传统民居、祠堂	徽派建筑大观园与写生基地、罕见的牛形村庄布局规划、徽商云集,巨商豪宅
西递	960 余年	世界文化遗产、国家 5A 级风景区	近 200 幢:明、清古民居124 幢,祠堂 3 幢	徽派建筑大观园与写生基地、徽商云集
江湾	930 余年	国家 5A 级景区	几十余幢:省、县级文物保护单位 10 座	优质林地、宗族文化、国家领导人故里——江泽民祖籍地(主席本人曾到访此地)
篁岭	600 余年	国家 4A 级景区	几十余栋民居:多为普通民居	"晒秋"景观、梯田山居村落、影视基地、500 米天街商铺、一站式乡村旅游目的地、户外体验
汪口	1 100 余年历史	国家 4A 级景区、第三批国家级历史文化名村	300 余幢古民居:明代建筑11 幢,清代建筑 250 幢,商铺 80 余家	古埠名祠、千烟之地——市井生活文化

3.3.4　保护与发展陷入实际困境

纵然有初步的物质遗产保护,有良好的文旅开发市场背景,然而城镇化的巨大冲击和村庄原生力量不足,使传统村落无法适应新时代的生产要求。底蕴深厚的文化资源得不到有效的价值转化和市场运作,村庄现实发展呈现出声名埋没、主客疏离、文化衰落的困境。

"理学渊源""中国第一官村"的名号逐渐埋没,在村内写生半月的学生甚至都不知道该村是朱熹故里。村庄名气与其他同类型的徽派建筑代表村落相距甚远。作为第二批历史文化名村,理坑呈现明显的发展滞后。大量年轻人外出务工,人口流失严重,空心化问题明显。老人和小孩是村庄主要人口构成,外来的游客在白天短暂的走马观花式游赏结束后也纷纷离开村庄。游走在村里,已经感受不到当年村人好读成风的盛景,文风文运逐渐没落,古代"以商养文"的优良传统也不复存在。"出世"便是一去不复返的逃离乡村,而"出仕"更是鲜有耳闻。

3.4 国外乡村保护与复兴经验借鉴

部分发达国家在快速城市化过程中也经历了严重的乡村危机,但最终通过有效的干预政策使乡村地区实现了文化和功能的双重复兴。

3.4.1 法国

法国在第二次世界大战后曾经出现乡村人口大量流失、功能单一、景观衰败以及文化边缘化等问题。政府深入分析法国现代乡村的合理角色,明确它四大主导功能分别为多元的生产功能、品质优越的居住功能、自然生态涵养功能、可持续的旅游休闲功能,进而采取有效的干预政策。并悉心梳理不同传统村落的文化意象,彰显和传承不同地方的特色文化,实现功能与文化的双重繁荣及人口的大幅度回流。法国的乡村复兴主要有两大亮点:其一是制定了政府主导的乡村特色保护与发展政策,不同类型的村庄制定不同的复兴项目;其二发起了社会多方参与的乡村特色保护与发展行动,激发民众的创造力与积极性。

3.4.2 日本

20 世纪 60 年代日本进入经济快速增长期,工农收入和城乡差距不断拉大,传统村落迅速没落,人口大量流失,为实现传统村落的复兴,日本先后发起过三次新农村建设运动。从最初单一注重农村基本建设和环境改善,到中期开始注重造血功能培育和人居品质提升,再到后来通过一村一品运动,日本充分挖掘乡村魅力和特色,推行包含生态、经济和文化等全面内容的乡村复兴运动,最终实现乡村功能和文化的全面复兴。

4 传统村落文化保护与复兴策略

综合以上资源条件评价及国外发展经验借鉴,本文梳理文化基因传承图谱,以理坑村为例提出以下四点传统村落文化保护与复兴策略(图 11)。

4.1 明确村落角色,找准文化定位

传统村落每个村庄的资源文化条件各有异同,应在宏观地域范围内分析村庄的发展优势,立足自身文化特色,明确村落角色分工,找准自身发展

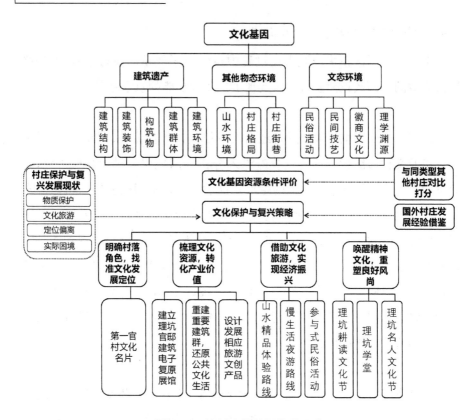

图11　理坑村文化基因传承图谱

定位。以理坑村为例，"中国第一官村"是它最有吸引力的文化名片，应被重点塑造和彰显，除了被划为文保单位的官宅以外，其余的70多栋官宅，也应尽可能得到修缮和维护，实现明清官邸保护的全覆盖，展现明清官邸最集中村落的原真面貌，强化该文化名片的物质印象。

4.2　梳理文化资源，转化产业价值

文化基因具有可传承可再生的内生属性，其对应的物化表现形式也应根据新时代的发展要求，实现资源价值的转化和再生，形成新时代的文化表征。以理坑村为例，明清官邸建筑遗产、自然山水环境、民俗文化活动、理学风尚文化是其主要的文化构成意象，梳理文化基因传承图谱，实现文化资源的产业价值转化，具体措施包括以下几个方面。

4.2.1　立足官邸资源，建立电子复原展馆

建议在33栋历史保护建筑内部开辟小型展馆，展示官宅原主人生平事

迹的同时还兼作建筑电子复原展馆。使游客进入理坑内部,能深层次感受到理坑的官村文化,使该称号能有文化展示空间,官邸建筑当年的盛况也能呈现在世人眼前。

4.2.2 重建重要建筑群,还原公共文化生活

前文提到了水口在徽州村落中具有重要地位。从现存的理源桥亭,我们可以判断理坑比其他徽派村庄更加强调文化教育,更加彰显"书香传统"和科第成就,这也是其理学渊源文化的真实写照。复建水口建筑群,可以是整体也可以是局部,并给这些场馆植入新的功能,如理坑文化馆,用以再现"理学渊源,好读成风"的传统盛况。同时设置理坑书院,打造亲子学堂,形成古代儒家礼仪文化、理学渊源文化、书法诗词文化的传播基地。据大数据公司市场调查,婺源地区亲子游偏好指数极高,因此理坑学堂的亲子教育应具有较大的亲子游客吸引力。还可以植入朱熹等历史人物的名人文化馆、名人诗词馆于村落水口建筑中。围合出开敞空间供村人和游客休憩,演绎古代村口群贤集会的新时代画卷(图12)。

图 12 古代水口建筑群

4.2.3 延伸文化产业链,发展周边文化产品

各项非物质文化遗产可以通过文化作坊或文化墙的方式来展现,还可在重大节日举办一定的节庆活动来吸引人流,汇聚人气。进一步延伸产业链,发展关于大儒文化的富有特色和趣味的周边文化产品,如北京故宫开发

的一整套以清朝宫廷为原型的文化产品（图 13）。

图 13　故宫题材文创产品
图片来源：网络。

4.3　借助文化旅游，实现经济振兴

　　丰富的物质文化资源应融入文化旅游，提供更加多元的旅游体验（图14）。利用现有优美山水格局，打造徽州山水精品体验路线，沿途可植入射击、攀爬、赏景品茗、大健康生活养生馆等活动点；结合街巷肌理空间，设置

图 14　旅游线路策划

理坑慢生活夜游路线,在人流密集的街区植入商业网点,提供餐饮服务,售卖旅游纪念品和文创产品;节庆活动、傩舞、拾阁等传统民俗活动可以发展为旅游参与式项目,现有一定规模的农家乐也可鼓励进一步扩大和丰富。形成融乡土娱乐、朱子理学文化、官员名人文化、徽派建筑文化体验于一体的乡村旅游产品体系。

4.4　唤醒精神文化,重塑良好风尚

大力弘扬古代"以商养文""好读成风"的优良精神传统,鼓励更多的"出世"青年能反哺乡里,鼓励更多少年秉承古人"好读成风"。加强村庄精神文化建设,制定特色文化复兴项目,如举办理坑特色耕读文化节,吸引亲子游客,同步设立理坑学堂举办相关学习活动,学习古代礼仪、古代文化……定期举理坑村名人文化节,介绍古代官员名人文化,传递远古理学渊源的文化风尚。

5　总结

理坑村自古是一个动可经商、静可读书的名村宝地,在当代却迷失了方向。这里的年轻人离乡上学工作,却不再还乡,留下的人,守着一座座逐渐衰败的官邸私宅,只有无尽的叹息。这也是我们这个时代的叹息,名村保护开发的步调赶不上乡土消亡,空间载体与场所精神在疏离中衰落,代代相承的文化基因逐渐遗失。

面对传统村落保护复兴的困局,当代规划师需要做的,绝不仅仅只是一纸策划营销,也不能停留在物质修缮,而是要探寻梳理村落衍落至今的脉络与渊源,通过唤醒文化基因,重塑空间场所的精神魂魄,深层次复兴村落,多次元打造品牌。这既是规划师对历史转译的基本态度,也是一次面对当代中国乡土困局的解答与尝试。

参 考 文 献

［1］张新荣. 理坑明清官邸考证记[J]. 兰台世界,2013(18):79-80.

［2］汪梦林,谭洁. 理坑古建筑保护与修缮研究[J]. 小城镇建设,2014(02):100-103.

［3］苏汉钦.传统聚落中的商业文化精神——解读诸葛村［J］.南方建筑,2006(03):53-55.

［4］徐林.景区开发中对景区资源的效用评价［D］.南京:南京理工大学,2004.

经济理性下的乡村文化遗产保护

——以扬州市为例 *

祁　娴　于　涛

（南京大学建筑与城市规划学院）

【摘要】　随着市场化经济发展的深入，乡村文化遗产的保护受经济理性思维长期捆绑而存在诸多的问题。在当前乡村面临多重的政策机遇、市场青睐与社会关注的大环境下，本文以经济理性视野分析新时期乡村文化遗产保护问题。在梳理全国历史文化遗产保护特点的基础上，进一步以扬州乡村遗产保护为实证分析，探究过度追求经济效益、公共话语缺失下的乡村文化遗产保护问题。在经济理性捆绑下，乡村文化遗产面临四大显著问题：市场主宰的乡村文化遗产保护受制于乡村旅游发展；中心城区虹吸乡村人口，乡村文化遗产见物不见人；公共话语缺失下文化遗产政策倾斜，城乡差距显著；文化人才与创新人才问题突出，遗产继承后继乏力。由此，单一经济还原主义下的乡村文化遗产保护是不具有可以持续性的，未来应该增加公共对于乡村文化遗产保护的意识。

【关键词】　乡村文化遗产　经济理性　扬州　问题

1　前言

我国目前已成为世界上第二大遗产大国，中国几千年的乡土文明孕育

＊　国家自然科学基金项目"中小城市高铁新城地域空间效应与机制研究——以京沪高铁为例"（NO. 51878330）；中央高校基本科研业务费专项资金资助（NO. 090214380024）。

出丰富的乡村文化遗产,在乡村振兴成为国家战略,文化消费日趋盛行的今天,乡村文化遗产既是乡村谋求全面振兴的挑战,亦是乡村实现特色化转型的重要机遇。

文化遗产,概念上分为有形文化遗产、无形文化遗产,包括物质文化遗产和非物质文化遗产[1]。乡村的物质文化遗产主要有整体村落、文保单位、传统街巷、古树名木,乡村的非物质文化遗产主要是与乡村相关的风俗习俗以及手工艺等。

我国的文化遗产保护与乡村建设命运紧密挂钩。我国的乡村建设的源头可追溯到梁漱溟等人的乡村实践,新中国成立后,致力于战后生产力恢复需要,城市成为建设的主要阵地,乡村一直是关注的边缘地带,而乡村的文化遗产也没有成为重点的关注对象,但此刻的乡村文化遗产与居民日常的生活息息相关,乡村的文化遗产价值主要在于其生活意义。"文革"开始后,全国各地出现破坏文物古迹的风潮,乡村的文化遗产遭受巨大的破坏,此刻乡村乃至全国的文化遗产价值皆落入偏差认知。改革开放后,城镇化进程大大加快,城市大拆大建现象突出,引发社会对于文化遗产的关注。发达国家战后城市恢复的经验更是促使大量学者对于城市的文化遗产提出重要呼吁。同时,乡村文明逐渐瓦解,与之相对应的是乡村文化遗产的保护逐渐被经济理性所捆绑。

经济理性下捆绑的乡村发展与乡村文化遗产保护已潜移默化影响着社会、政府的价值观。以市场化拯救文化遗产是长期的经验,但是完全依托市场化的保护弊端早已显现。尤其对于非遗而言,众多非物质文化遗产在适应市场经济效益下,进行传统技艺的改良,迎合时代与消费者的需求。在乡村旅游开发中,众多对于古村落急功近利的模式化改造,造成了千村一面,拆真建假,拆旧建新的现象[2]。市场可以带给文化遗产机遇,但市场的逐利性、效率至上的特性,也给文化遗产带来许多负效应,乡村文化遗产保护在新一轮资本下乡中的保护值得探究。

2 相关研究进展

"文化遗产"概念的缘起最早可以追溯到20世纪70年代。1972年,联合国教科文组织在《保护世界文化和自然遗产公约》首次提出将"文化遗产"作为该公约的核心概念。自文化遗产的概念被提出后,文化遗产的概念辨析、文化遗产的分类研究就不断增多[3]。由于文化遗产的概念十分宽广,现有研究大多落于某一类的文化遗产研究。对于乡村地区的文化遗产而言,传统村落一直是文化遗产领域研究的重点对象[4]。总体来看,虽然有学者梳理了我国乡村文化遗产保护的历程与实践[5],也有学者对乡村文化遗产保护提出了三大困境[6],但大多停留在问题探讨层面,缺少理论的统筹与实际案例的实证。实际上,无论是对文化遗产商业化还是对传统村落整体异化的关注,其背后都无法脱离经济规律。

经济理性最早由亚当·斯密在《国富论》中提出,经济理性的内在逻辑要求追求效率第一和利润至上,其伴随着自由竞争资本主义的迅猛发展而得到全面扩张[7]。与经济理性相对应的还有社会理性、政治理性、生态理性等。每种理性均有自身的边界,超越经济理性的边界则容易出现功利主义[8]。经济理性主导的社会将会面临生态与社会的双重危机。而经济理性的概念具有解放和异化的双重属性,经济理性捆绑下的乡村文化遗产保护,尤其是乡村文化遗产的过度市场化开发是与文化遗产的"继承性""见证性"相悖的,经济理性是可以用来分析新时期乡村遗产保护经济学理论。

3 我国乡村文化遗产保护历程与实践:由单线走向多元

3.1 乡村社会主义建设下的社会整体保护意识薄弱

新中国成立后改革开放前的中国乡村经历了曲折的社会主义建设,乡村的文化遗产同样遭遇曲折的待遇。乡村一方面成为服务于城市工业化生产的附属品,大量文化遗产遭受破坏。另一方面乡村仍然是活力充沛的生产生活场所,一些物质与非物质文化遗产仍然是与村民日常生活相关的,因而得以延续。随着1956年第一次文物普查工作的展开,这一时期文化遗产保护的范畴多落于文物古迹排查上,1963年,文化部颁发《文物保护单位保护管理暂行颁发》,开始初步构建我国的文物保护体质框架[9]。可以看出,此时的文化遗产的概念相对单一,文化遗产的经济价值属性尚未得到认识,社会对于文化遗产的整体保护意识相对薄弱。

3.2 名城名镇名村制度下政府主导的市场开发兴起

从 1982 年开始,我国的遗产保护实践基本围绕挂牌认证与政策法律制定两大保护系统展开。同时伴随旅游经济的刺激,政府自上而下推动名城名镇名村申报的热情不减。1982 年,我国确立了中国历史文化名城保护制度,1985 年,首次提出历史文化村镇保护,2003 年,确立了中国历史文化名镇名村保护制度[10]。从 2001 年后,中国历史文化名城每隔几年便出现增补,仅 2011 年即增补 6 个。截至 2014 年,中国历史文化名镇名村已经达到 528 个,其中名镇有 252 个、名村有 276 个。这一时期,中国文化遗产的保护历经了抢救性的静态保护到市场化开发过程,这与政府的有力推动紧密相关。在政府的大力推行下,此时的乡村遗产保护紧密围绕旅游市场开发进行,经济还原主义逐渐渗入文化遗产保护[11]。被经济支配的遗产开发存在众多的矛盾,这不仅是学界的共识,也逐渐在乡村的实际发展中得到验证,如乡村绅士化、商业化、异化问题等。

表1 我国与遗产保护相关的立法

时间	与遗产保护相关的法律
2003 年	《中华人民共和国文物保护法实施条例》
2006 年	《城市规划编制办法》
2006 年	《风景名胜区条例》
2007 年	《中华人民共和国文物保护法》
2008 年	《历史文化名城名镇名村保护条例》
2008 年	《中华人民共和国城乡规划法》
2011 年	《中华人民共和国非物质文化遗产法》
2013 年	《历史文化名城名镇名村保护规划编制要求(试行)》

3.3 乡村振兴背景下文化遗产保护多主体趋势显现

在乡村振兴的大背景下,随着美丽乡村的深入开展,形形色色的乡村建设不断喷涌而出,如特色小镇、田园综合体、特色田园乡村等。新的乡村价值观得以树立,乡村的各种资源活化利用的机会大大增多[12]。对于文化遗产而言,一味追求经济利益的乡村旅游开发造成的"千村一面"更是凸显出乡村文化营建的重要性。如果说,在历史文化名城制度下,文化遗产保护多依托政府自上而下的关注,那么,随着资本下乡热潮以及自媒体时代的来临,文化遗产得到了社会各界的重视。例如,社会公益组织——古村之友的出现即是公共力量介入文化遗产保护的典型代表。乡村文化遗产的活化保护以及乡村振兴已逐渐成为多维主体的关注。但在具体的实践中,受长期经济利益导向思维的影响,在大多数的文化遗产保护与乡村建设仍然受经济理性的束缚,并逐渐产生新的保护问题。例如,特色小镇、田园综合体建设等沦为圈地工具,地产开发大过实质保护等。

4 扬州乡村文化遗产保护现状

从 20 世纪 90 年代以来,扬州就十分重视历史文化保护工作。尤其是 2000 年以来,名城保护工作有序推进,保护框架全面展开,并相继编制了一系列的保护规划。目前,市域范围内拥有 2 个中国历史文化名镇、5 个具有传统特色、风貌的古镇及 4 个具有一定传统特色、风貌的古村落。具有传统特色、风貌的古村落,包括徐集村、船村、清真村、龙虬庄。而非物质文化遗产有 254 项,其中 3 项列入联合国教科文组织"人类非物质文化遗产代表作名录"、16 项国家级非物质文化遗产、46 项省级非物质文化遗产、189 项市(含区县)级非物质文化遗产(表 2)。

表 2　扬州乡村文化遗产现状梳理

文化遗产	保护对象	地点	等级类型,时间
市级及以上文物保护单位	龙虬庄遗址	高邮市龙虬镇龙虬庄村	国家级古遗址,2001
	庙山汉墓	仪征市新集镇庙山村	国家级古墓葬,2002
	祭墩、竹墩、奋墩	宝应县射阳湖镇射南村	省级古墓葬,1982.3.25 重新公布
	周邶墩遗址	高邮市卸甲镇周邶墩村	省级古遗址,2006.6.5
	菱塘清真寺	高邮市菱塘回族乡清真村(原新景村)	省级古建筑,2006.6.5
	隋炀帝陵	邗江区槐泗镇槐二村雷塘	省级古墓葬,1995.4.19

341

（续表）

文化遗产	保护对象	地点	等级类型,时间
市级及以上文物保护单位	胡笔江故居	广陵区沙头镇晨光村胡家墩	省级近现代重要史迹及代表性建筑,2002.10.22
	甘泉山汉墓群	邗江区杨寿镇宝女村宝女墩、甘泉镇甘泉村、老山	省级古墓葬,2006.6.5
	郭村战斗指挥部旧址	江都区郭村镇郭村社区杨家巷 6 号	省级,1982.3.25
	神墩遗址	仪征市陈集镇丁桥村高塘组 8 号居民房以北	省级古遗址,2006.6.5
	郭山遗址	仪征市新集镇江宁村郭山组东侧	省级古遗址,2011.12.19
	帽儿墩汉墓	邗江区平山乡朱塘村	市级古墓葬,2012.7.20
	金鼓墩汉墓	邗江区西湖镇金槐村	市级古墓葬,2012.7.20
	麻油墩汉墓	邗江区西湖镇经圩村蒋巷组	市级古墓葬,2012.7.20
	小墩汉墓	邗江区杨寿镇宝女村	市级古墓葬,2012.7.20
	大王庙大殿	邗江区城北乡黄金村	市级古建筑,2012.7.20
	唐王墩遗址	龙虬镇唐高墩村	市级古遗址,1987.6
非遗代表名录	高邮民歌	高邮	国家级非物质文化遗产代表性项目,2008.6
	十番音乐(邵伯锣鼓小牌子)	邵伯	国家级非物质文化遗产代表性项目,2008.6
	傩舞(跳娘娘)	邗江	江苏省非物质文化遗产名录,2007.3
	丁伙龙舞	丁伙	江苏省非物质文化遗产名录,2011.9

但是扬州的文化遗产多集中在城市地区,乡村的物质文化遗产与非物质文化遗产的数量、等级均与城市差距明显。扬州乡村的历史村落较少,物质文化遗产以古墓葬古遗迹为主,非物质文化遗产以地方民俗、民歌为主（图 1）。非遗传承人主要集中在传统手工艺、传统美术领域,与乡村相关的民俗民间文学的传承人较少（图 2）。在乡村文化资源禀赋并不富足的制约下,依赖于市场化路径的文化遗产保护面临诸多问题。

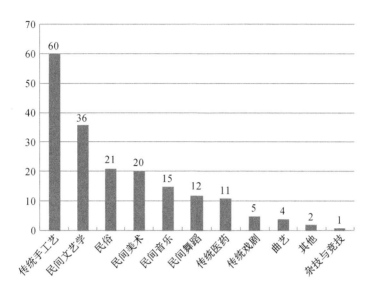

图1　扬州非物质文化遗产数量(项)

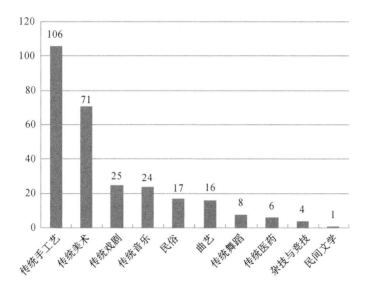

图2　扬州非物质文化遗产传承人数量(人)

5 经济理性下扬州乡村文化遗产保护问题

5.1 市场主宰的乡村文化遗产保护受制于乡村旅游发展

扬州乃至全国的乡村文化遗产市场化利用多寄托于乡村旅游带来的保护契机。一方面这是因为当前乡村的物质环境以及社会结构均变迁,物质与非物质遗产的生态环境已经嬗变[13]。而乡村文化遗产尤其是非物质文化遗产恰恰是根植于长期的农耕生活中,与当时当地的生活紧密相关。例如高邮民歌、邵伯秧号子均是以前在劳作当中形成的,由于原生态的改变,当前号子、小调甚至方言的存在都难以延续,必须创新才能继续传承。

但由于扬州城市自身体量限制及周边南京苏州等众多火热的乡村旅游的存在,扬州的乡村旅游面临客群市场小、知名度低、特色不明显等问题,其乡村旅游发展一直不温不火。文化遗产保护如果没有内生保护机制,单纯依靠乡村旅游实现的话,其市场风险巨大。文化遗产保护附庸于乡村旅游开发,其产品的市场迎合性将使文化遗产丧失原真性。例如宝应县跑马镇,虽然参演人数多,气势宏伟,表现劳动人民团结协作的精神风貌。但属于一种观赏式的眼球经济,缺乏体验互动,既与当前旅游消费转型不匹配,也违背其文化内涵。

在乡村角色逐渐由农耕时代的生产生活转变为休闲生产等多种功能并举的今天,文化创意产业可以与乡村文化遗产进行良好的结合,摆脱文化遗产对于旅游经济的依赖。但是,扬州文化遗产的城乡差异显著,在扬州整体文创产业发展滞后、文化创新转换动力不足大环境下,乡村文化遗产价值的挖掘还远远不够。

5.2 中心城区虹吸乡村人口,乡村文化遗产见物不见人

良性的文化遗产在于动态使用,而不是静态保护。城乡二元化下利用主体的流失则是当前乡村文化遗产保护不得面临的巨大挑战。2017年,扬州市城镇人口净增加36 151人。在城镇人口的增量中,乡村人口迁入、城镇人口迁入、出生人口分别占39%、18%和24%。城乡属性调整、撤村并点等

被动城镇化与城乡差距过大、村民主动进城形成的双重拉力,持续诱导乡村人口萎缩。据统计扬州有 54% 镇区人口小于 3 万人,39% 小于 1 万,表明当前扬州乡村人口直接跳过县镇一级,流向城市,乡村老龄化问题进一步加剧。由此带来乡村遗产保护的主体减少,农民大量进城务工,大多数房屋空置,乡村文化已经散掉。没有本地村民的参与,即使政府投入了一定的保护资金对破旧的古建古迹进行修缮,也只是修复了乡村文化遗产的外壳,文化遗产见物不见人。在菱塘回族乡中,修缮的清真寺仍然被当地穆斯林日常所使用(图 3)。周山镇是以革命烈士英名命名的红色热土,先后接待数十万各界人士在此接受红色教育(图 4)。而高邮市的送桥镇境内的神居山据说是尧的故乡,原先由苏州科赛集团旅游投资,但是目前工程已停止建设,项目已经烂尾,修建的帝尧铜像也没有发挥实际效用(图 5)。

图 3 日常使用的凌塘乡清真寺

5.3 公共话语缺失下文化遗产政策倾斜,城乡差距显著

经济理性捆绑相对应的是社会公共话语的缺失,在此环境下的文化遗产保护并不能完全交与政府[14]。长期的分权化改革使地方政府易受经济发

图4 周山镇周山革命烈士陵园

图5 无人管理的神居山帝尧铜像

展思维影响,并不能对文化遗产进行完平等的保护。例如从保护规划的编制已经法律保障的制定上(表3),可以看出,扬州的文化政策长期倾斜于城市地区。从1982年开始,围绕名城建设展开的各项保护规划与专项规划层出不穷,但是镇村一级的保护规划十分少。即使是大桥镇、邵伯古镇已被纳为历史文化名镇,其保护规划还未得到审批。在遗产保护的立法层面,与苏州相比,虽然2018年增加了非遗的立法,但是古镇乡村一级的立法始终没有得到补充(表4)。

表3　扬州相关历史文化遗产保护规划

时间	相关保护规划
1982 年	1982 年版扬州总规里设置《扬州历史文化名城保护规划》专项
2000 年	2000 年版邵伯镇总规对历史文化保护进行了专项规划
2002 年	2002 年版扬州总规单列历史文化名城保护章节
2002 年	编制《扬州市老城区控制性详细规划大纲》
2004 年	2004 年版高邮总规对历史文化名城保护进行了专项规划
2008 年	编制扬州市历史文化名城保护的专项规划研究
2008 年	编制《扬州东关历史文化街区保护规划》
2009 年	编制《扬州城遗址(隋至宋)保护规划》
2009 年	编制《大运河遗产(扬州段)保护规划》
2009 年	高邮市编制《城南历史文化街区修建性详细规划》和《城北历史文化街区修建性详细规划》
2015 年	补充编制工业遗产专项保护规划

表4　苏州、扬州保护法规比较

城市	苏州市	扬州市
保护法规	2002 年《苏州市古建筑保护条例》 2003 年《苏州市城市紫线管理办法(试行)》 2003 年《苏州市古建筑抢修保护实施细则》 2004 年《苏州市区古建筑抢修贷款贴息和奖励办法》 2005 年《苏州市历史文化名城名镇保护办法》 2005 年《苏州市古村落保护办法》 2006 年《苏州市昆曲保护条例》 2018 年《苏州历史文化名城保护条例》 2018 年《苏州市古城墙保护条例》 2018 年《苏州市江南水乡古镇保护办法》	2006 年《扬州市历史文化街区保护与整治暂行办法》 2011 年《扬州市扬州古城保护管理办法》 2011 年《扬州市历史建筑保护办法》(征求意见稿) 2018 年《扬州市非物质文化遗产保护条例(草案)》

5.4　文化人才与创新人才问题突出,遗产继承后继乏力

经济快速发展下,扬州人才结构以企业经营管理人才、科技人才、交通运输人才为主,与城市的产业特征十分契合。在扬州整体分行业的人才规模中,农村实用人才、传统工艺人才均处于较低的水平(图6)。文化遗产人才不足的困境十分显著,对遗产的后继产生巨大压力。

非物质文化遗产保护传承方面,传统技艺、传统手工艺、传统戏曲得到

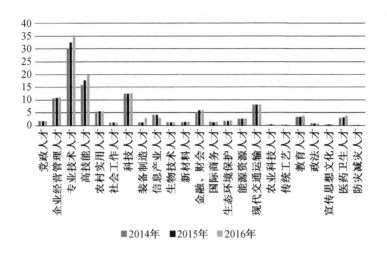

图6　扬州三年分行业人才规模(万人)

的关注较多,而其他经济价值不显著的文化遗产关注不够。从扬州非遗传承的推广来看,目前主要的推广手段是集中教学实施学校联合办学,开展非遗进校园活动。以大中小学校为重点,一校一品一特色为目标,如:扬州文化艺术学校,教学弹词、木偶、清曲等,先后举办 18 期清曲培训班,培训了600 多名学生;扬州工业职业学院开设漆器专业;工艺美术集团与扬州职业技术学院开设广陵琴班,有扬州市大专学生 300 人,中专 800 人;2014 年中国戏曲学院首次招收扬州扬剧班学员 17 名。

6　结论与展望

在效率至上的经济理性的主导下,缺乏社会广泛参与的乡村文化遗产保护面临的困境将会更加显著[15]。文化遗产的保护不仅仅是保护遗产的物质性,更是要保护遗产的精神性,让社会整体对于文化遗产有自我认同,实现文化遗产保护的内生机制,而不是仅仅寄托于市场开发。乡村的文化遗产与城市文化遗产同等重要,在各种乡村政策利好的大环境下,乡村文化遗产的保护要避免急功近利,避免文化遗产沦为经济还原导向下的圈钱工具。

参 考 文 献

[1] 杨辰,周俭.乡村文化遗产保护开发的历程、方法与实践——基于中法经验的比较[J].城市规划学刊,2016(6):109-116.

[2] 丁华.非物质文化遗产保护、传承与发展的成功研究[J].科学中国人,2014(3):2-2.

[3] 王齐."村镇型"文物保护单位保护规划编制问题研究[D].天津:天津大学,2017.

[4] 汪欣.非物质文化遗产与遗产旅游研究[J].人文天下,2016(7):54-62.

[5] 林佳,张凤梧.文物建筑保护的基础——建国初期文物勘查及保护单位制度的建立及其意义浅析[J].建筑学报,2012(s2):49-52.

[6] 贾云飞.乡村文化遗产保护的三大困境[J].人民论坛,2017(8):136-137.

[7] 常健.论经济理性、社会理性与政治理性的和谐[J].南开学报(哲学社会科学版),2007(5):75-81.

[8] 程振翼.从权力展示到经济理性——由景泰蓝保护折射出的文化遗产政策误区[J].文化研究,2015(2):255-267.

[9] 梁飞.经济理性的限度及其扬弃[J].齐鲁学刊,2013(3):81-85.

[10] 边宝莲,王晶.健全历史文化名城名镇名村保护监管体系[J].城市发展研究,2013,20(2):141-143.

[11] 吕舟.中国1949年以来关于保护文物建筑的法规回顾[J].建筑史论文集,2003(1):152-162+276-277.

[12] 张杰,庞骏.古村落历史建筑产权悖论的多维解析——以浙江省古村落保护规划为例[J].规划师,2008(5):56-60.

[13] 肖建莉.历史文化名城制度30年背景下城市文化遗产管理的回顾与展望[J].城市规划学刊,2012(5):111-118.

[14] 赵成.现代学徒制下非物质文化遗产的传承探索[J].教学管理与教育研究,2016,1(8):20-21.

[15] 杨明.非物质文化遗产保护的现实处境与对策研究[J].法律科学(西北政法大学学报),2015,33(5):135-147.

五、小城镇与乡村的建设和治理

乡村振兴战略下小城镇的"惑"与"道"

——江苏省的实践与思考[*]

齐立博

（江苏省城镇与乡村规划设计院）

【摘要】 乡村振兴上升为国家战略，乡村"热"映衬了小城镇发展的"冷"。本文分析了小城镇遇冷的原因：等级化管理忽略了小城镇，农村人口进城不进镇，小城镇变"城"遭遇瓶颈。乡村振兴战略凸显了小城镇发展之"惑"：小城镇发展传统路径迷失，乡村和小城镇资源配置能力出现倒置，小城镇在空间规划体系中日益边缘化。基于江苏省实践，本文提出了乡村振兴战略下小城镇发展之"道"：区域空间格局中，小城镇规模集聚和特色发展叠合，或承担城市功能的外溢和补充，或成为乡村社区的一种形态；顺势而为，借助乡村振兴提升小城镇在人口、土地和资本争夺中的话语权；直面国家空间规划体系重构中镇村一体的关系，从全域、分区和特色构建小城镇规划基本架构。

【关键词】 乡村振兴 小城镇 "惑"与"道" 江苏省

1 引言

小城镇发展动力的基本要素是资源、区位和政策[1]，全球化背景下，随

---

* 本文原载于《小城镇建设》2019年1期（总第356期）。
本文获"2018年首届全国小城镇研究论文竞赛"三等奖。

着现代通讯技术和交通网络的完善,生产和消费水平的日益升级,巨大的区域经济发展水平差异,直接决定了小城镇发展环境和动力的巨大差异,小城镇发展呈现明显的地区和类型的差异[2,3],小城镇内部已经产生了巨大的分化。截至 2016 年末,我国共有建制镇 20 883 个,除去纳入城市、县城统计的城关镇外,我国小城镇数量约为 1.81 万个,常住人口 1.62 亿,占全国城镇人口约 20.5%[4]。

从 2005 年党的十六届五中全会提出"社会主义新农村"建设开始,国家对乡村地区的发展越来越重视,"新农村""美好乡村""美丽乡村""最美乡村""特色田园乡村"概念等层出不穷,唯独绕开了小城镇[5]。虽然 2015 年之后"特色小镇"成为热点,但从国家发改委等 4 部委发布的《关于规范推进特色小镇和特色小城镇建设的若干意见》可见,特色小镇与特色小城镇是完全不同的两个概念①。直到十九大提出乡村振兴战略,乡村热度达到顶点,映衬了小城镇的冷遇。

2　分化：镇村热冷不均

乡村"热"和小城镇"冷"有其内在的逻辑诱因,这与两者在国家战略中的地位和作用有一定关联。

2.1　乡村振兴为什么热

乡村振兴上升到国家战略,是国家城镇化发展到一定阶段后系统解决"三农"问题的必由之路和必然选择。

2.1.1　乡村振兴是解决"三农"问题的必由之路

农民、农业、农村问题始终是党和国家高度重视的问题,连续多年的中央 1 号文件均直面"三农"问题。乡村振兴战略是党的十九大作出的重大战略部署,列出了目标和时间表,是全局性、系统性解决"三农"问题的必由之路。

---

① 特色小镇是在几平方公里土地上集聚特色产业、生产生活生态空间相融合、不同于行政建制镇和产业园区的创新创业平台。特色小城镇是拥有几十平方公里以上土地和一定人口经济规模、特色产业鲜明的行政建制镇。

2.1.2　乡村振兴是城镇化过程中的必然选择

乡村振兴是我国城镇化水平超过 50％以后（2017 年全国城镇化率 58.5％,江苏省城镇化率 68.8％）做出的重大战略选择。

经过多年的工业化和城镇化进程,农村为城镇化提供了必要的劳动力和农产品,为城镇化做出了巨大的贡献。在城镇化进程进入中后期,国家有能力也有责任反哺乡村,直面乡村衰落问题,实施乡村振兴战略。

2.1.3　乡村振兴是解决乡村这一基本"面"的问题

从空间尺度和覆盖面来看,如果广大的乡村地区是"面",那么小城镇就是依附这一面域的"点"。乡村振兴正是着眼于乡村这一基本面,提高农民收入、改善农村人居环境,全面系统地解决乡村发展问题。

2.2　小城镇所受到的冷遇

处于城市和乡村之间的小城镇,一方面与城市资源竞争中处于下风,另一方面承担城乡之间"蓄水池"作用有限。

2.2.1　等级管理忽略小城镇

基于我国等级化的城市管理体制,城市划分为直辖市、地级市和县级市。上一层级城市通过行政的方式调动资源,过多地把资源集中在大城市、特大城市,推动了大城市、特大城市发展,反而忽略了小城镇的发展[6]。

小城镇延续了等级化管理的模式。当前管理体制下,国家长期实行城市和镇分治,镇分为县城和其他镇,县城作为一种特殊类型的镇统一管理,但与其他小城镇完全处于不同的层级,资源支配能力不可相提并论,大量的财政资金、土地资源投向县城,小城镇的发展空间进一步受到压抑。

2016 年,我国 500 万以上人口城市有 16 个(其中 1 000 万以上人口的城市 6 个),建成区常住人口 1.65 亿人,而同期全国 1.81 万个小城镇建成区常住人口仅为 1.62 亿人,1 544 个县城建成区人口仅为 1.45 亿人①。

2.2.2　农村人口进城不进镇

费孝通先生提出的小城镇"蓄水池"的概念表明,理想的城镇化路径是,

---

① 2016 年,全国共有县城 1 544 个,常住人口 1.45 亿,占全国城镇人口约 18.4％;城市 657 个,直辖市 4 个,地级市 293 个,县级市 360 个,常住人口 4.83 亿,占全国城镇人口约 61.1％。

农村人口一部分进入城市,实现异地城镇化,另一部分则进入小城镇,实现本地城镇化。

根据江苏省的实践,大量农村人口进入城市,但受制于房价、就业、社保等高门槛,难以真正落户大城市,而成为游荡于城乡之间的"候鸟";另一方面,小城镇与县城相比,在公共服务和人居环境方面处于明显劣势,现代交通和通信技术又助长了"离土不离乡",大量的乡村人口从事非农产业,但并不会离开乡村到小城镇居住,县城是农村人口进城的第二选择。

2.2.3 政策下乡进村不过镇

为减少管理环节,避免小城镇对涉农政策执行偏差和资金的截留,当前中央等各级涉农资金和政策直接进村而不经过小城镇。

对于传统农业服务型的小城镇来说,国家取消农业税直接导致镇级层面可用财力的大幅减少。国家有关"三农"扶持的政策也明确是直接落地农村,各项扶贫和补助资金直接进入农民账户,小城镇自身的资金支配能力难以得到有效的提升。

3 "惑":乡村振兴凸显了小城镇发展面临的困境

乡村振兴是党的十九大确定的长期国家战略,随着乡村投入的逐步加大,小城镇资源配置能力进一步弱化,小城镇传统发展路径面临巨大的困惑。

3.1 乡村振兴下小城镇传统发展路径迷失

在乡村振兴的新语境中,小城镇追逐工业化,一拥而上搞旅游,致力于"做大做强",这些传统的发展路径面临挑战。

3.1.1 工业化的惯性和产业转型的迟滞性

乡村振兴的核心是发展农业,发展路径相对清晰。大城市有科技创新的基础和强大的资本运作能力,可以做到创新驱动和产业转型,然而小城镇呢?

基于长期工业化主导下城镇化发展路径依赖,在当前行政考核机制下,江苏省小城镇普遍存在工业化路径惯性。江苏省土地开发强度达到21%,

居全国各省(区)之首,接近土地开发强度的"天花板",苏南地区几乎没有新增建设用地指标。然而,历史原因导致小城镇工业用地比例偏高,但受宏观经济环境影响,大量工业企业经营状况并不理想。产业转型背景下,小城镇资本运作能力限制,大量的闲置工业用地难以盘活周期偏长,存量土地闲置和新增土地供给不足长期困扰小城镇。

3.1.2 资源特色价值的理想与现实落差

小城镇资源禀赋和发展条件千差万别,《国家新型城镇化规划(2014—2020年)》明确指出,"有重点地发展小城镇,促进大中小城市和小城镇协调发展"。国家通过一系列小城镇荣誉称号评选倡导小城镇走特色发展道路:国家七部委联合公布全国重点镇名录,住建部和国家旅游局组织评选全国特色景观旅游名镇,住建部和国家文物局组织评选中国历史文化名镇,环保部组织评选全国环境优美乡镇。

现实情况是,尽管区域发展经济环境和资源条件各不相同,但凡有一定自然山水资源和历史文化资源的小城镇,无一例外定位于旅游小城镇。虽然旅游产业发展是国家和地方政府着力发展的产业,即便具备良好的资源条件,在全域旅游格局中小城镇旅游发展用地布局缺乏必要的空间安排,此外旅游发展所需要的社会资本和管理能力也制约了小城镇发展。

3.1.3 做大做强意愿和服务农村能力的差距

在以GDP为主导的小城镇考核机制引导下,小城镇普遍存在"做大做强"的发展冲动,进而带来盲目追求工业化和规模扩张的倾向,但小城镇基本的为农服务能力却长期欠账。

虽然部分小城镇规模已经是小城市的规模,镇区高楼林立,早已不是传统小城镇面貌和格局,但仍按照小城镇进行管理,管理人员和能力、土地资源配置、财税政策等均难以适应小城镇实际发展的需求。要想实现从小城镇向"城市"的转变,仍面临巨大瓶颈。扩权强镇是为经济发达小城镇松绑的重要举措,希望通过行政管理体制改革赋予小城镇更多的发展自主权,各地也进行了普遍的探索,浙江温州甚至提出"镇级市"概念。

从江苏省小城镇发展实践来看,小城镇向城市转变的根本,并不是要一味做大规模,而应着眼于小城镇环境品质和服务能力的提升,但当前传统的考核管理机制一时难以适应小城镇发展思路的转变。大量小城镇应当承担的服务农村地区的能力受到了忽略，小城镇基本公共服务能力短板突出，与农村地区人口结构和服务需求之间的矛盾突出。

3.2 乡村和小城镇资源配置能力倒置的尴尬

随着乡村投入的不断加大，在高水平城镇化和经济发达地区，乡村在人口、资源和资本吸引等方面能力甚至出现反超小城镇的情况。

3.2.1 人口回村不进镇

乡村振兴的核心是人。在乡村振兴的政策感召下，以农业为主导的一二三产融合发展加速，乡村地区在吸引人才方面甚至比小城镇更有优势。如在特大城市郊区或城镇化高水平发展地区部分乡村，临近大城市的特殊区位条件和优美的自然生态环境，加上便利的交通和通讯网络，乡村吸引了大量创业人员，大量民宿、乡村旅游点、创客基地等吸引人才直接进入农村，而并不会进入小城镇。

3.2.2 美丽村庄和小城镇衰落的尴尬

乡村振兴背景下，各级政府高度重视乡村建设，以"美丽村庄"建设为主导的乡村建设如火如荼，村庄面貌迅速改善，甚至诞生了一批明星村。在村庄环境整治、美丽乡村建设等工作的基础上，江苏省首先在国内发布《江苏省特色田园乡村建设行动计划》，提出了建设"生态优、村庄美、产业特、农民富、集体强、乡风好"的特色田园乡村。

值得一提的是，目前江苏省小城镇多数经历了撤乡并镇，一个小城镇往往由几个乡镇合并而成。合并之后，由于财力有限，小城镇往往重点发展主镇区，被撤并镇区往往处于被遗忘的角落，公共服务水平偏低、城镇建设风貌衰败等问题日益突出。

3.2.3 资本运作和管理能力的落差

资金缺乏一直是困扰小城镇建设的重要因素。在大量资金支持下，部分村庄在土地、政策、资金等方面短时间内获得了极大的提升。与之相对应的，限于土地资本运作能力，大量的存量土地沉淀。相当部分小城镇则面临建设资金投入、土地资源配置供给不足，大量的集体建设土地难以获得必要的资本支持。

乡村治理以村民自治为基础,并不主张行政管理的过多干涉;小城镇则完全不同,作为基层政府,行政管理和社会服务职能繁杂,管理能力难以适应需要。由于财政支持有限,小城镇庞杂的管理和服务需求,与长期低水平的管理能力和人才供给之间的矛盾日益凸显。

3.3 小城镇在空间规划体系中的边缘化危险

随着国家机构改革调整逐步到位,国家—省—市县三级空间规划体系面临重构。尤其是乡村振兴战略的实施,小城镇则进一步面临边缘化的危险。

3.3.1 大量小城镇其实就是大农村

大量的小城镇没有经历工业化的历程,小城镇无法提供必要的就业岗位,人口大量外流,小城镇仅仅承担基本的为农服务和公共管理职能。

由于缺乏必要的城镇建设资金和建设管理,大量小城镇建设活动以农民自发建设为主,小城镇与周边农村并无多大区别。

3.3.2 "以镇带村"传统镇村体系受到挑战

在乡村振兴背景下,空间规划体系面临重构,小城镇的"点"应融入乡村发展的"面"。传统的以镇带村的镇村体系,由于照搬城镇体系做法,孤立地看待乡村建设,缺乏对农业空间的关注而面临挑战。

随着新一代通信技术和电子商务的影响日益深入,大量的"淘宝村"出现。据研究,2020年全国将拥有5 500个"淘宝村",带来300万个就业岗位[7]。村庄通过互联网直接纳入全国乃至全球生产消费网络,传统的"以镇带村"空间组织结构受到挑战。

3.3.3 小城镇"千镇一面"的问题日益突出

乡村的发展强调与乡土文化的融合,乡村的风貌应体现地域文化特色,乡村要像乡村。小城镇则经受着所谓"现代化"观念的冲击,高楼、宽路、大公园等做法照搬城市,小城镇传统风貌和尺度的丧失,直接导致小城镇"千镇一面"的尴尬。

3.4 小结:回顾与展望

回顾改革开放后小城镇发展之路,到今天面临发展的困惑,其根本是小城镇在国家快速城镇化的历史进程中,照搬城市的传统发展道路已经行不通,在面临乡村振兴战略冲击时又准备不足。

3.4.1 小城镇之"惑"的历史原因

长期模仿大城市的发展模式,是小城镇传统发展路径迷失的重要原因。工业化带动城镇化是大城市规模集聚的主要动因,1998年房地产改革和2001年加入世贸组织之后,房地产和开发区成为城市规模快速扩张的背后推手。小城镇吸引外资困难,在工业和房地产招商中受到土地、资金和人才等制约,在政府考核机制引导下,模仿大城市的道路走的很难。

县城与其他小城镇的资源争夺,是小城镇资源配置能力滞后的主要原因。在我国的管理体制中,县城是纳入小城镇管理体系的。但实际上,县城具有其他小城镇所不具备的公共资源配置能力,在县域内处于绝对核心地位。在快速城镇化进程中,有限的资源向县城集中,势必导致小城镇资源配置能力的滞后。

小城镇规划标准滞后且难以适应区域差异,是小城镇在空间规划体系重构中面临边缘化的历史原因。改革开放后,小城镇规划标准长期缺失,直到《中华人民共和国城乡规划法》出台前的2007年才发布第一个《镇规划标准》,并实施至今。随着城乡融合发展,这一全国性的标准中用地分类等内容难以适应城乡一体化和空间规划"一张图"的改革需求。

3.4.2 小城镇必须面对的发展趋势

国家快速城镇化和区域一体化的趋势。当前,我国尚处于快速城镇化的进程中,以长三角、珠三角、京津冀等为代表的城市群将成为未来城镇化的主力,轨道交通和信息技术将加速区域一体化进程。小城镇应抓住快速城镇化和区域一体化的趋势,找准定位,借力发展。

乡村振兴战略持续发力的趋势。改革开放40年,是乡村振兴战略元年,是未来30年国家长期坚持的战略。小城镇应迅速调整与乡村互动发展的关系,借助乡村振兴战略,从产业、土地、资本等方面提高自身的资源配置能力。

国家空间规划重构的趋势。随着国家机构改革逐步到位,国土空间规划体系重构成为大势所趋。国家、省、市、县、乡镇5级空间规划体系中,小城镇是最基层的空间单元,应在战略传导、底线管控、发展引领和服务乡村等方面发挥更重要的作用。

4 "道":乡村振兴战略下小城镇发展的路径

国家空间规划体系重构的背景下,基于乡村振兴战略,小城镇发展战略要有长远眼光[8],需要重新界定镇村关系,谋划小城镇发展新路径。

4.1 角色转变:区域空间格局小城镇的定位

小城镇发展的困惑源于其城乡之间发展定位的迷失,因此解惑之道的首要是,应明确小城镇在区域空间格局中的定位[9]。

4.1.1 承担城市功能外溢和补充

扬子江城市群是长三角城市群的重要组成部分①,集聚了江苏省特大城市、大城市,城镇化程度高,城镇密度高,现代化交通网络发达。

城镇密集地区小城镇,尤其是大城市郊区的小城镇,通过以轨道交通为主导的现代交通体系,拉近了与大城市的时空距离,直接承担城市功能的外溢和补充。

高度城镇化地区人员和资本的流动非常频繁,很多小城镇承担了大量的区域产业功能。上海地铁已经延伸到昆山,工作在上海、居住在昆山成为现实。

4.1.2 规模集聚和特色发展叠合

小城镇的发展一直存在两种并行的诉求:规模集聚和特色发展。具体来讲,就是重点镇和特色镇,但两者发展路径往往叠合。

重点镇是国家和省集中力量发展的一部分小城镇。县域面积广阔,受制于经济发展水平和交通条件,除县城之外,在距离县城一定距离集中培育中心城镇,提供必要的公共服务,起到辐射带动周边一般小城镇发展的作用。

特色镇是一个宽泛的概念,产业特色镇、历史文化古镇、旅游小城镇等

---

① 2017年,江苏省委省政府出台《关于加快建设扬子江城市群的意见》,聚焦江苏沿江南京、苏州、无锡、常州、镇江、南通、泰州、扬州8市,构建"1.5小时高铁交通圈",打造整体联动、分工有序、集聚高效的网格化城市群。

都属于此类,主要是希望利用既有的资源禀赋,走出小城镇发展的特色道路。当前热点"特色小镇"关注政策、运营与经营,是小城镇特色发展的重要机遇。

4.1.3　成为乡村社区的一种形态

一般农业地区小城镇主要为农业服务,与乡村功能和风貌边界日益模糊,逐渐成为乡村社区的一种形态。从乡村社区构建的角度,重点完善小城镇基本公共服务功能,提供必要的生活休闲场所,为乡村社区网络搭建服务平台。

大量被撤并乡镇属于这种类型,乡镇建设重点转移直接导致被撤并乡镇城镇建设的停滞,带来公共服务功能的弱化。江苏省《关于贯彻落实乡村振兴战略的实施意见》明确指出,被撤并乡镇的发展和功能提升是乡村振兴工作重要组成部分。

4.2　顺势而为:借助乡村振兴战略的提升资源配置能力

乡村振兴势不可逆,小城镇应主动借助乡村振兴大战略,着力提升自身资源配置能力。

4.2.1　乡村振兴吸引人口回流

乡村振兴的根本是乡村产业,人口回流的诱因是乡村能提供具有吸引力和竞争力的就业岗位。江苏省句容市依靠紧邻南京的区位优势,基于山水资源基础,重点从农业农村现代化做文章,吸引了大量人才到农村创业。

小城镇应主动借助乡村振兴力量,为返乡创业人员提供必要的居住、生活条件,解除子女教育、社会保障、养老等后顾之忧。

4.2.2　集体土地存量空间的利用

集体所有土地是乡村和小城镇地区的主要土地产权形态,据调查镇区内建设用地中集体土地占比在70%以上[10]。从江苏省的实践来看,除必要的宅基地之外,小城镇大量的集体土地是以工业用地形式存在的。

国土资源部、住房城乡建设部印发《利用集体建设用地建设租赁住房试点方案》,集体土地制度改革逐步深入,经营性功能面临破冰。如江苏省宜兴市西渚镇,原养猪场用地功能置换为休闲农庄,乡镇企业转型发展乡村农家乐、民宿,矿坑复垦成为乡村旅游和自驾游基地。

4.2.3　市场机制下多元资本的引入

政府财政长期支持乡村和小城镇建设。除直接支持重点中心镇和特色镇发展外,江苏省开展全省范围镇村布局规划[11],将全省18万个自然村划分为重点村、特色村和一般村。通过村庄环境整治和人居环境改善行动计划,政府财政资金直接支持农村生活污水处理等项目,大大改善了乡村和小城镇人居环境。

社会资本进入乡村和小城镇,正是瞄准了乡村和小城镇特色资源的市场价值,乡村旅游、古镇旅游等已经成为江苏省旅游产品的特色品牌。

同时,苏南地区探索了乡村振兴的路径[12]。部分村庄集体经济发达,村庄本身就是具有强大经济实力的集团公司。如江苏常熟市蒋巷村,工业支撑了村庄集体经济的主体,又通过多元化的经营,发展休闲农业和乡村旅游,塑造了村庄形象和品牌。

4.3　镇村一体：空间规划体系重构的基本面

当前正处于国家空间规划体系变革的关键时期,中央和国家机构改革框架已经明晰,省级和地方改革也明确了时间表,北京、上海、广州等城市总体规划陆续出台,空间规划改革已经全面展开。

空间规划体系中,"三区三线"等核心内容基本已经形成共识。但是,小城镇在空间规划体系中何去何从?

4.3.1　全域：镇村空间管控一体化

当前小城镇总体规划的主要依据是《镇规划标准》(GB 50188—2007),延续了城市总体规划的做法,分为镇区和镇域两个规划层次,重镇区而轻镇域。

从江苏省的实践来看,相当部分小城镇经历过快速工业化的洗礼,镇域范围内存在大量分散的工业用地,小城镇呈现出居住用地比例明显偏高,人均用地指标明显偏高,人均建设用地远超国家法定指标的情况。镇域镇区分离的传统小城镇规划模式受到挑战。

在当前空间规划体系重构的转型期,划分城镇、农业、生态三类空间,城镇开发边界应纳入县域空间规划体系。基于江苏省小城镇发展的实践,镇域"一张图"规划已经成为常见的做法。与之相应,小城镇规划国家和地方标准应与时俱进,择机进行修订[13]。

4.3.2 分区:镇村空间功能的细化

传统小城镇规划重城镇轻乡村,乡村振兴战略下,小城镇规划要重视乡村、镇村并重,"回归田园"将成为小城镇规划的基本方向[14]。在县域空间规划体系基础上,镇域层面要深化尺度和表达内容,尤其是在涉及旅游发展、乡村发展、特定廊道(高速公路沿线地区)等提出明确的分区发展要求。

规划要从"增量"思维转向"增量""存量"并重。从江苏省小城镇发展实践来看,苏南、苏中、苏北小城镇发展路径差异巨大,小城镇存量工业用地的利用,已经成为苏南相当部分小城镇必须面对和解决的问题。

4.3.3 特色:乡土文化的特色营造

特色发展是小城镇的基本方向。小城镇和乡村特色发展的核心要素是乡土文化,而不是追大求洋。基于江苏省小城镇发展的实践,《小城镇空间特色塑造指南》明确提出了小城镇空间特色塑造的 6 项核心内容,"传承地域文化脉络"是其中之一[15]。

文化为魂,产业为形,资本的推手助力小城镇地域文化品牌塑造,是小城镇文化创新的重要路径。传统乡土文化的传承和发展,镇村风貌是物质空间表象,乡土材料和现代建筑技术和融合,是镇村特色营造的基本原则。

注重小城镇的在地性规划,应充分尊重本地居民的诉求、本地产业的转型诉求,要理性植入一些"外来"功能,应注重镇村联动研究在地性设计策略。

5 结论与讨论

小城镇,大战略。经历改革开放 40 年之后,小城镇不得不面对"乡村振兴"这一大战略,论"道"解"惑"。

5.1 结论

基于江苏省实践,乡村振兴战略下小城镇发展面临被"城""乡"边缘化之"惑",国家空间规划重构语境下,小城镇发展必须借助乡村振兴之"道":适应角色转变,从城市、乡村融合发展潮流中探索自身发展道路;从发展动力机制角度,顺势而为,借助乡村振兴战略提升小城镇资源配置能力,吸引人口回流、挖掘利用集体土地和引入多元资本;从空间规划体系角度,承接并延伸县域空间规划体系,构建全域、分区和特色发展三位一体的镇域空间规划技术体系。

5.2 讨论

国家空间规划体系中,国家—省—市(县)具有完整的事权,构成空间规划体系3个层级。小城镇则不同,地方差异巨大,且无独立的事权,建议授权各省级政府在国家空间规划体系的基础上灵活制订适应地方发展的小城镇规划标准。

参 考 文 献

[1] 游宏滔,王士兰,汤铭潭.不同地区、类型小城镇发展的动力机制初探[J].小城镇建设,2008(1):13-17,37. doi:10.3969/j.issn.1002-8439.2008.01.003.

[2] 朱东风.江苏小城镇人口发展的时空分异[J].城市规划,2009(12):59-65,81.

[3] 罗震东,何鹤鸣.全球城市区域中的小城镇发展特征与趋势研究——以长江三角洲为例[J].城市规划,2013(1):9-16

[4] 住房和城乡建设部.2016年全国城乡建设统计公报[Z].2017.

[5] 张立.特色小镇政策、特征及延伸意义[J].城乡规划,2017(6):22-32.

[6] 城市规划学刊编辑部.小城镇之路在何方?——新型城镇化背景下的小城镇发展学术笔谈会[J].城市规划学刊,2017(2):1-9.

[7] 阿里研究院.淘宝村:乡村振兴的先行者——中国淘宝村研究报告[Z].2017.

[8] 李兵弟,郭龙彪,徐素君,等.走新型城镇化道路,给小城镇十五年发展培育期[J].城市规划,2014,38(3):9-13.

[9] 陈博文,彭震伟.供给侧改革下小城镇特色化发展的内涵与路径再探——基于长三角地区第一批中国特色小镇的实证[J].城市规划学刊,2018(1):73-82.

[10] 赵晖,等.说清小城镇——全国121个小城镇详细调查[M].北京:中国建筑工业出版社,2017.

[11] 闾海,许珊珊,张飞.新型城镇化背景下江苏省镇村布局规划的实践探索与思考——以高邮市为例[J].小城镇建设,2015(2):35-40. doi:10.3969/j.issn.1002-8439.2015.02.006.

［12］赵毅,张飞,李瑞勤.快速城镇化地区乡村振兴路径探析——以江苏苏南地区为例[J].城市规划学刊,2018(2)：98-105.

［13］齐立博.试论小城镇规划的困境和出路——兼论《镇规划标准》实施建议[J].小城镇建设,2015(1)：37-40. doi：10.3969/j.issn.1002-8439.2015.01.010.

［14］齐立博.回归田园——基于江苏省如皋市搬经镇总体规划的思考[J].小城镇建设,2017(8)：30-33. doi：10.3969/j.issn.1002-8439.2017.08.004.

［15］中国城市规划学会.小城镇空间特色塑造指南(T/UPSC001—2018)[S]. 2018.

成都市地震灾区乡村发展范式研究*

李彦群　乔　晶
（华中科技大学建筑与城市规划学院）

【摘要】　基于四川省成都市汶川地震灾区乡村发展的跟踪调查发现：十年来成都市震区乡村经历了从过渡安置到恢复重建，再到发展振兴的三阶段发展历程。在分阶段发展政策引导下，震区乡村整体表现出规划驱动项目建设、善治保障乡村治理的新型发展范式。作为乡村发展的工具包，震后乡村规划成为推动乡村项目落地实施的驱动器与合法性来源。而震后救援中基层政府所积累的社会信任与居民互助型社会支持网络，在推动震区乡村走向自治与共治交互治理模式的同时，也奠定了乡村规划与项目建设的情感基础。这种乡村发展范式也为我国乡村振兴战略的实施提供重要启示：实施乡村振兴战略必须要规避传统路径依赖，科学编制乡村规划，充分发挥乡村规划实施驱动效能；同时构建基层政府高信任度与社会网络高联结度的乡村治理体系，以实现乡村科学健康发展。

【关键词】　乡村规划　地震灾区　发展范式　成都市

美国哲学家托马斯·库恩（Thomas Kuhn）在《科学革命的结构》一书中提出著名的"范式理论（Paradigm Theory）"，认为范式是一个共同体成员所共享的信仰、价值、理论、技术方法等的集合[1]。并应用到社会经济发展领域提出"发展范式理论"，即围绕发展问题形成的统一认知，以及在此支配下

---

　*　本文原载于《小城镇建设》2019年7期（总第362期）。
　本文获"2018年首届全国小城镇研究论文竞赛"鼓励奖。

确定的发展目标、路径与政策的统称[2]。"发展范式理论"将乡村视为一个"共同体",乡村发展范式则是乡村社会成员(共同体成员)对于乡村政治制度、社会治理、经济发展的目标准则与行为模式的集体共识。这种共识集中表现在乡村规划与乡村治理两个层面。

新中国成立以来,我国乡村发展历经集体主义、国家主义、市场主义三种发展范式[3],分别对应城乡分隔、重城轻乡、城乡统筹三段历史发展分期。在稳定的社会经济结构下,基本实现乡村规划与乡村治理范式的稳定延续。然而,新世纪中央及地方政府陆续开展的新农村、美丽乡村、传统村落、特色小镇等系列乡村建设试验,在推动基层乡村经济社会发展的同时,也透露出既有的乡村发展范式危机:传统路径依赖下的乡村收缩与农村分化问题[4]。当下乡村采用传统的治理模式与规划手段推动乡村发展成为思维惯性[5]。如何消解当前发展范式下的乡村制度、建设、治理等方面的发展危机成为新时代我国乡村振兴战略实施的核心问题。乡村发展面临既有范式转换的时代发展需求。

而与传统乡村长时态固定范式不同,成都市汶川地震灾区乡村(以下简称"震区乡村")在地震负效应影响下,出现了社会结构断裂、社会网路崩塌等结构性突变,传统发展范式在外力作用下发生根本性转变。但是在灾后重建至今的发展过程中,震区乡村依托良好的基层政府信任基础与社会关系支持网络,在规划驱动乡村项目落地的发展范式下,仅用十年时间便实现了从毁灭到振兴的巨变。这种非正常范式转换后形成的新型乡村发展范式既消解了地震所带来的负效应,也消解了传统乡村发展范式的内生危机。因此,深入研究成都市震区乡村发展范式,剖析其内部作用机制或许能为其他地区乡村消解发展范式危机、谋求发展范式适应性转换、实现乡村振兴发展提供重要的路径参考与经验借鉴。本文在综合梳理成都市震区乡村发展阶段与范式结构的基础上,总结震区乡村发展范式及其作用原理,进而讨论其对乡村振兴战略下我国乡村发展范式转换的重要启示。

1 "救援—重建—振兴"：成都市震区乡村发展分阶段解读

　　大地震发生后,各级政府迅速组织各方救援力量对震区乡村开展一系列支援行为,推动震区乡村历经毁灭到重生的巨变。在阶段性政策与规划的作用下,震区乡村总体历经过渡性安置、恢复重建、发展振兴三个发展分期。

1.1　过渡安置阶段(2008 年)

　　临时转移安置是政府响应灾害的一种过渡性应急管理机制,是妥善安排受灾群众生活、维护社会秩序的重要环节,对科学处理灾害事件、将损失和影响降到最低程度起重要作用[6]。地震发生伊始,中央及地方政府便迅速组织救援力量赶赴灾区进行挖掘式抢救。至 2008 年 7 月底,在应急安置规划、地震灾区过渡安置区规划等安置规划[①]指导下,成都市共建成集中安置点 1 543 个,过渡安置房(活动板房)198 576 套,紧急转移安置受灾群众109 万人[②],为受灾群体提供临时性住所,并提供生活物品的均等分配与医疗服务的有效供给。在此基础上,基层政府及社会力量同震区乡村居民之间逐渐积累起良好的社会信任与支持网络,为后续乡村建设奠定了情感基础。

1.2　恢复重建阶段(2009 年)

　　过渡性安置不能满足受灾群体永久居住需求,也无法保障长时性的公共服务及生活资料供给。综合评估震后次生灾害风险,确保地质安全前提下实施震后家园的恢复重建成为应急救援后的紧迫工作[7]。在具体实施过程中,震区乡村重建坚持规划先行,在规划的指导下有计划、分步骤地推进[8]。2008 年 11 月,成都市在国务院"1＋10"重建规划体系[③]基础上,结合

---

　　① 安置规划:由各地市救援团队在地质风险评估基础上,结合地区地形环境、受灾特征等编制的专门针对受灾地区人民临时性住房规划和建设的指导规划。
　　② 数据来源:成都市统计公众信息网。
　　③ 国家"1＋10"重建规划体系:《汶川地震灾后恢复重建总体规划》(国发〔2008〕31 号)及城乡住房专项规划、城镇体系专项规划、农村建设专项规划、基础设施专项规划、公共服务专项规划、生产力布局专项规划、市场服务体系专项规划、生态修复专项规划、土地利用专项规划、精神家园重建专项规划。

成都市具体受灾特征组织编制"1+6"恢复重建规划①,指导成都市震区乡村恢复重建工程实施,推动乡村社区空间、社会网络及治理体系多维重构(表1)。

表1 恢复重建阶段成都市震区乡村社区空间、社会网络及治理体系重构内容

重构维度	重构内容
乡村社区空间	采用原址重建、统规统建、统规自建、异地安置、开发联建等多种重建模式,并完成乡村社区公共服务供给与相关设施配套
乡村社会网络	临时救援安置阶段建立的互助型社会关系支持网络得以延续,在市场化经济行为参与下,推动着乡村社会关系向互助型理性化新业缘社会关系转变
乡村治理体系	基于居民的主体作用、自主性特征及基层政府的社会信任形成公众高参与、政府高信任治理体系

资料来源:根据参考文献[9-10]改绘。

1.3 发展振兴阶段(2010年至今)

历经三年恢复重建,成都市震区乡村实现社会经济生产的正常化运营。如何在后重建时代实现城乡统筹可持续发展成为震区乡村发展的重要议题。早在2003年,成都市便推出城乡一体化与"三个集中"②的统筹发展策略,逐步推动全局城乡统筹协调发展。同步于灾后重建工作的全面推进,成都市进一步优化城乡统筹模式,结合震区实际特征实施差异化发展策略,从而实现震区乡村的发展振兴。

综合来看,震区乡村大体经历了两个发展振兴阶段。其中,第一个阶段是以《世界现代田园城市规划》及《成都市国家现代农业示范区建设规划》实施为标志的"产村相融"发展阶段,强调乡村产业的重要性,提出乡村规划与建设应注意乡村产业的植入和培育,避免出现产业"空心化"现象。第二个阶段则是2013年以后的"小组微生"阶段。采用"一线一品""林盘经济""集中成片连线"等原则实现产村融合、镇村统筹发展(表2)。

---

① 成都市"1+6"恢复重建规划内容:《成都市(极重灾区和重灾区)汶川地震灾后恢复重建总体实施规划》,以及城乡住房重建专题、基础设施重建专题、公共设施重建专题、生产设施重建专题、城镇体系重建专题、生态体系重建专题。

② 三个集中:工业向集中发展区集中、土地向适度规模化集中、农民向集中居住区集中。

表2　成都市震区乡村分阶段发展振兴模式及核心内容

发展阶段	发展模式	核心内容
第一阶段 "产村相融"阶段	现代田园城市	"九化共举"①的现代乡村田园生态旅游产业
	新农村建设	新型农村社区建设,按照"1+N"模式配套相关设施,完善乡村社区生产生活服务供给
第二阶段 "小组微生"阶段	一线一品	针对每条乡村发展示范线,结合自身资源特色,打造品牌产业
	川西林盘经济	保护和更新以林盘为典型的传统民居和院落,发展林盘特色农家乐等乡村生态旅游产业
	小组微生	"小规模聚居、组团式布局、微田园风光、生态化建设"的新农村综合体
	集中成片连线	镇村统筹,区域整合形成产业集群,团块化、组团化发展

资料来源：根据参考文献[12]改绘。

2　成都市震区乡村发展范式：规划与善治

源自乡村发展规律的本原逻辑,不同时期乡村会随着空间形态、产业发展、社会治理等组织形式的差异,呈现出不同的发展范式。地震灾害带来的社会经济结构性突变,导致震区乡村传统发展范式的断裂,在一系列乡村发展政策、规划及项目的实施下,震区乡村转换为一种新型发展范式：乡村规划与善治。

2.1　乡村规划：乡村发展的工具包

首先,是坚持规划驱动项目建设的乡村发展模式。作为政府实施乡村建设与管理的政策工具,乡村规划成为震区乡村既有发展问题的集中响应,也是震区乡村恢复重建战略的三维空间映射,成为指引震区乡村社会、经济、空间发展的工具包。

2.1.1　非正规分化下的规划响应

对于震区乡村而言,地震所造成的乡村社会、经济及空间结构性突变实

---

① "九化共举"：布局组团化、产业高端化、建设集约化、功能复合化、空间人性化、环境田园化、风貌多样化、交通网络化、配套标准化。

际上是一次非正规分化的表达结果。基于此所编制的乡村规划,尤其是前期安置社区的选址与布局规划,实质上是对乡村非正规分化下所出现的各类发展问题的一次空间响应。在这种响应下,通过对乡村空间资源再选择与再分配,从而消解地震强负效应所带来的乡村发展危机。

2.1.2 乡村规划驱动乡村项目建设

针对乡村发展问题的规划响应往往采用项目制的形式付诸实施。以乡村项目为核心的乡村规划成为推动震区乡村发展的工具包,也为震区乡村项目的实施提供了合法性来源。地震发生后,成都市各级人民政府组织编制了不同类型乡村规划以指导震区乡村分阶段发展。包括应急安置规划、"1+6"重建规划及城乡统筹发展规划等(图1)。在规划指引下,震区乡村组织推进安置社区、新型农村社区、新农村综合体、产村单元等多种项目建设,完成农业生产设施、农村基础设施、农业产业等类型项目1817个,以及各类安置社区项目近300个(表3)。规划驱动的乡村项目不仅是实施乡村公共服务供给的重要载体,也是乡村实现产业功能转型及产业空间布局的重要依据,是震区乡村高速发展的重要作用机制。

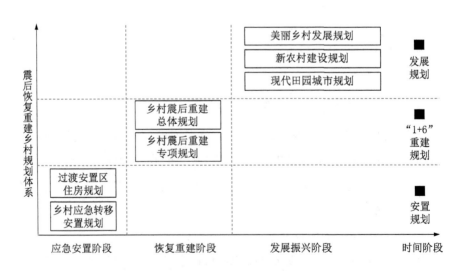

图1 成都市震区乡村恢复重建规划体系

表 3　成都市震区乡村规划与项目

规划类型	项目类型	项目特征
应急转移安置规划	临时安置住房建设	短时性的临时转移安置场所,无配套
过渡安置区住房规划	安置社区建设项目	采用统规统建、统规自建、原址重建、城乡联建等多种模式,完成永久性安置社区建设
乡村震后重建"1＋6"规划	乡村基本功能恢复重建项目	对乡村三生功能的恢复重建,包括乡村公共空间、公共设施、基础设施、生产设施、生态体系修复等内容
现代田园城市规划	乡村新型社区与生态旅游项目	依托自然生态资源,以乡村生态旅游产业项目推动川西林盘、特色场镇建设
新农村建设规划	新农村综合体项目	采用"小规模、组团式、生态、微田园"模式推进新村综合体建设
美丽乡村发展规划	产村单元项目建设	采用集中连片成线、产村相融模式推进产村单元建设,并配套相应设施

资料来源：根据参考文献[11-12]及相关规划改绘。

2.2　乡村善治：自治与共治的交互

乡村项目的成功实施离不开基层社会成员的共同参与,这也是规划与项目驱动下的乡村治理走向善治的关键机制[14]。对于成都市震区乡村而言,凭借着基层政府在恢复重建时期所获得的高信任基础与社会公众的自发参与机制,其乡村治理范式表现出自治与共治交互式参与的善治模式。

2.2.1　自治：居民主体行为能力最大化

其中自治机制在于乡村居民的主体行为能力最大化,即将居民作为乡村核心社会成员的主体能动性转化为乡村发展与治理中的超行为能力。在地震发生后,乡村受灾居民自觉参与灾后恢复重建中的住房建设之中。而后主动参与到重建规划编制与决策、项目立项及选址、具体实施建设等过程,并基于自身体验不断做出反馈意见,推动规划修改完善。如彭州市小鱼洞镇,居民在参与新村改造、美丽乡村建设等乡村公共项目时能够主动承担项目分工,表现出高参与特征,实现自身主体行为能力最大化发挥。

2.2.2　共治：基层政府信任下全社会动员

除乡村居民外,村集体、乡村企业(市场)、基层政府,以及参与治理过程的乡村规划师在乡村治理中都发挥着重要的作用。在多元主体交互共治模式下,全社会成员共同参与乡村治理,从而实现治理绩效最大化。对于震区乡村而言,基层政府在救灾安置过程中建立起来的高信任度决定了其在乡村治理中话语权的主导地位。在此基础上,乡村居民对于基层政府所选定的全社会成员普遍信任,从而在各自治理领域共同参与乡村治理进程(图2)。在全社会动员下,乡村社会成员各自发挥着重要的治理效能,推动震区乡村走向自治与共治交互的"善治范式"。

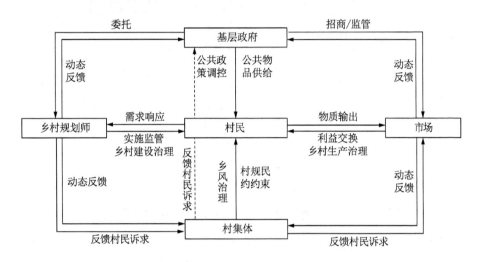

图2 成都市震区乡村"善治"范式作用机制

2.3 乡村规划与善治的互动机制

　　成都市震区乡村依据乡村生长肌理与居民意愿编制理性规划,在良好的社会支持网络基础上,充分发挥基层自治与社会共治的善治优势,加快了乡村规划与项目的落地,形成独具特色的震区乡村发展范式。在这种范式下,2017 年成都市震区乡村居民人均可支配收入 18 605 元,部分发展乡村旅游的震区乡村,如彭州市小鱼洞镇、新兴镇,人均可支配收入超 30 000 元,远高于全国其他地区水平。

　　这种成功源自于乡村规划与善治的健康互动机制:一方面,乡村规划能够科学指导不同项目在乡村的空间统筹,实现公共物品供给及物质基础建设。其多条目内容为乡村产业发展、生态保护及设施建设做出明确指引。另一方面,灾后重建以来政府的高绩效表现提升了基层政府的居民信任度,赋予了政府主导的乡村规划和项目建设在乡村空间落地的"合法性"权益,也增强了地方政府动员乡镇基层政府及企业、农民、社会组织等非政府部门的主体行为能力[15]，保障了乡村规划驱动下乡村项目落地实施的可行性，提升规划建设的可实施性[16]。

3 对我国乡村振兴战略实施的启示：乡村发展范式转换

审视成都市震区乡村发展经验发现，乡村规划驱动下的项目落地对于乡村产业发展与人居环境建设具有显著效果，全社会成员参与下的乡村善治则奠定了"乡风文明"与"治理有效"的技术框架，并为乡村规划的实施提供了社会情感支撑(图3)。党的十九大报告提出的乡村振兴战略，其振兴目标便聚焦于经济发展、空间建设与社会治理三个核心维度。基于此，成都市震区乡村发展范式或能成为乡村振兴战略实施下乡村发展的一种"理想模样"①。

3.1 传统乡村发展范式面临的问题：规划缺位与治理失效

伴随着城镇化的快速发展，各类乡村发展战略在推动基层乡村经济社会发展的同时，也暴露出既有的乡村发展范式危机。我国广大乡村仍然面临着基础设施不足、产业发展落后、社会治理薄弱等问题，严重阻碍了我国乡村振兴进程。综合来看，主要问题可以归因为规划缺位与治理失效两大板块。

3.1.1 规划缺位下的乡村建设无序

一方面，现阶段我国仍有超过53%的乡村地区未编制乡村规划，乡村项目开发与落地实施完全由基层政府和居民自由决定，导致乡村违规搭建、无序开发的现象频发。另一方面，在部分已编有乡村规划的地区，或因规划不符合乡村实际而缺乏实用性，或因基层政府监管不严而实施错位，或因规划同居民需求不一而缺乏可行性，都未能充分发挥乡村规划对于乡村发展的驱动效能，从而导致乡村规划职能缺位。

---

① 出自2014年9月《四川省新农村建设示范片推进工作领导小组办公室简报》中《城镇化进程中村庄的命运与守望——对四川成都、眉山、雅安三市调查报告》一文："四川省所提出的'小组微生''一线一品''三建四改'等建设理念或许就是今后我国乡村发展的'理想模样'"。

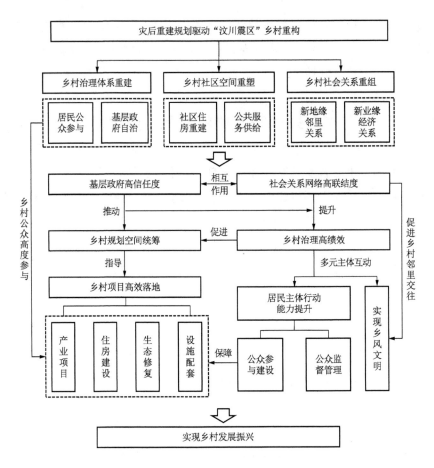

图3 成都市震区乡村发展范式的振兴机制

3.1.2 治理失效下的社会成员离散

作为一个共同体,乡村社会治理是一个全社会成员集体参与的公共行为,是乡村内部社会秩序与外部社会成员的合力作用[17]。然而,囿于乡村政府体制暗箱、行政闭环[18],乡村建设过程出现居民权利剥夺,诉求失语等问题,导致基层政府(管理者)、规划师(规划者)、乡村居民(建设者)等呈现离散型关系特征,相互之间缺少信任。然而对于乡村内部社会网络而言,乡村市场"货币化""经济化"的发展趋向在推动乡村社会关系理性转变的同时[9],也容易诱发村民竞争、打架斗殴等乡风恶化现象。同时,乡村"村改居"进程打破了传统乡村空间格局,"集中上楼"与"单元住房"模式下乡村居民公共交往空间缺失[19],从而出现垂直高差中的交往困境及外部公共空间的缺失等问题[20]。在经济利益纠纷和社会公共交往限制下,乡村社会关系网络嬗变,社会联结度弱化。

3.2 发挥乡村规划实施驱动效能:理性规划与项目落地

基于此,参照成都市震区乡村发展经验,新时代乡村振兴首先应充分发挥乡村规划的实施驱动效能。作为指导乡村各项公共资源配置与空间合理布局的龙头,乡村规划在乡村住房建设、产业发展、设施布局及项目实施过程中表现出强驱动效能,并推动乡村实现产业明确、空间合理、设施完善、建设有序的乡村振兴。

3.2.1 理性编制乡村规划

首先需要理性编制乡村规划。在乡村自然生长过程中存在发展型、扩张型、收缩型等自然分化现象,这是物质发展过程中的必然结果。乡村振兴应该顺应这种乡村自然分化规律,理性选择有活化价值的增长型、发展型乡村,因地制宜编制乡村规划,确保乡村规划可实施性、可操作性与长期性,避免应乡村自然消亡或迁并造成乡村规划浪费[21]。

3.2.2 规划驱动产业发展

成都市震区乡村"产业园＋新农村聚居点"的产村单元实践经验揭示了乡村产业空间规划对于指导乡村产业发展的重要意义。为此,在乡村规划编制过程中,应强化乡村产业发展规划内容,科学布局乡村产业空间,驱动乡村产业项目落地。具体来说,应从全域空间层面落实乡村三次产业空间布局,优化三生空间,并完善三次产业所需相关设施配套建设。在此基础上,积极承接都市产业转移,引导乡村企业集聚发展,从而推动乡村产业项目落地,增加乡村财政收入。

3.3 构建乡村治理双重保障体系:基层政府高信任度＋社会网络高联结度

此外,成都市震区乡村发展范式表明,无论是基层政府对乡村建设的纵向管理,还是乡村居民内部的社会网络,都深刻影响着乡村规划的编制、实施、管理等系列过程。因此,乡村振兴必须建立在乡村善治的高效社会治理体系之上。

3.3.1 加强公众参与,完善服务供给,提升基层政府信任度,实现多元主体互动

基层民主是我国民主制度的重要根基,官民信任是乡村社会发展的根本保障。乡村治理的大方向应该是乡政村治[22],根据《城乡规划法》第十八条规定,乡村规划要"尊重村民意愿",乡村规划理应成为推动基层民主自治的重要工具。从震区乡村发展模式中发现,高程度公众参与和基本公共服务均等化可以提升乡村基层政府信任度,这种纵向信任关系能够有效推动乡村居民参与社会决策过程,从而为上位规划和政策在乡村层面的空间落实提供了保障,也为乡村治理建构了良好的社会信任基础。因此,实现新时代乡村治理有效的关键在于搭建基层政府、乡村居民相互信任的主体关系。具体来说,应建立健全的民主参与制度,加强在乡村规划、建设、保护和管理等工作上的居民公众参与,同时完善公共服务配套建设,提升乡村公共服务水平。一方面可以提升基层政府信任度,另一方面可以充分发挥居民的主体行动能力,使不同的组织和相关者都能参与到乡村规划方案制定和乡村项目建设实施中[23],提高乡村规划政策的合法性和可操作性。

3.3.2 加强公共文化建设,邻里公共空间增进社会交往,提升社会关系联结度

保障乡村规划、建设及治理还应获得和谐稳定的社会关系网络的支持。震区乡村的发展经验深入解释了高联结度社会关系网络对乡村社区、产业、文化等内容的促进效用。因此,实施乡村振兴战略应依托乡村公共文明建设,建立统一文明认知标准,提升乡村居民文明认知,避免乡村理性化社会关系对乡村农耕文明及现代文明的侵蚀,从而传承乡村互助的优良乡风。同时,应加强乡村公共空间建设,如广场、运动场、巷道等,强化乡村居民公共交往意识,延续传统乡村高频率人际交往、高水平信息共享等特征,营造和谐开放的人际交往环境。以高标准的乡村文明认知、高频率的乡村公共交往构建高联结度的乡村社会关系网络,推动乡风文明建设。

4 结语

乡村规划与乡村治理一直以来都是乡村发展的重要议题。新时代乡村

振兴战略下,如何消解当前乡村发展的现实问题,处理好乡村规划与乡村治理的互动关联,规避传统乡村发展的路径依赖,实现乡村发展的范式转换成为时下重要议题。基于成都震区乡村发展范式经验揭示了乡村规划与善治的互动范式对于乡村振兴发展的积极效益,能够为其他地区提供重要的经验借鉴。当然,本文所讨论的成都市地震灾区乡村发展范式仅仅是我国广大乡村发展范式中的一种,对于不同地区乡村发展理应进行适应性范式调整与转换,从而推动全局乡村发展振兴。

参 考 文 献

[1] KUHN T S. The Structure of Scientific Revolutions[M]. Chicago：University of Chicago Press,2012.

[2] 房艳刚,刘继生.基于多功能理论的中国乡村发展多元化探讨——超越"现代化"发展范式[J].地理学报,2015,70(2)：257-270.

[3] 韦少雄.我国乡村治理研究的共同体发展及其范式变迁——三个阶段的考察[J].云南行政学院学报,2018,20(2)：170-176.

[4] 赵民,陈晨.论农村人居空间的"精明收缩"导向和规划策略[J].城市规划,2015,39(7)：9-24.

[5] 文剑钢,文瀚梓.我国乡村治理与规划落地问题研究[J].现代城市研究,2015(4)：16-26.

[6] 邱建,曾帆.应急城乡规划管理理论模型及其应用——以地震灾后重建规划为例[J].规划师,2015,31(9)：26-32.

[7] 陈蓓蓓,李华燊,吴瑶.汶川地震灾后重建理论述评[J].城市发展研究,2011,18(3)：105-111.

[8] 穆虹.科学规划　重建家园[N].经济日报,2008-8-5(3).

[9] 李路路,李睿婕,赵延东.自然灾害与农村社会关系结构的变革——对汶川地震灾区一个村庄的个案研究[J].社会科学战线,2015(1)：190-200.

[10] 孙施文,邹涛.公众参与规划,推进灾后重建——基于都江堰灾后城市住房的重建过程[J].城市规划学刊,2010(3)：75-80.

[11] 汪越,刘健,薛昊天,等.基于土地产权创新的乡村规划实施探究——以成都市青杠树村为例[J].小城镇建设,2018,36(1)：26-32. doi：10.3969/j.issn.1002-8439.2018.01.004.

[12] 曾帆,邱建,蒋蓉. 成都市美丽乡村建设重点及规划实践研究[J]. 现代城市研究, 2017(1)：38-46.

[13] 范凌云,雷诚. 论我国乡村规划的合法实施策略——基于《城乡规划法》的探讨[J]. 规划师,2010,26(1)：5-9.

[14] 孙莹. 以"参与"促"善治"——治理视角下参与式乡村规划的影响效应研究[J]. 城市规划,2018,42(2)：70-77.

[15] 申明锐. 乡村项目与规划驱动下的乡村治理——基于南京江宁的实证[J]. 城市规划,2015,39(10)：83-90.

[16] 唐燕,赵文宁,顾朝林. 我国乡村治理体系的形成及其对乡村规划的启示[J]. 现代城市研究,2015(4)：2-7.

[17] 陆益龙. 乡村社会治理创新：现实基础、主要问题与实现路径[J]. 中共中央党校学报,2015,19(5)：101-108.

[18] 张君. 后精英政治、体制吸纳与农村治理危机[J]. 农业经济,2014(6)：8-10.

[19] Mark Granovetter. Economic Action and Social Structure：The Problem of Embeddedness[J]. American Journal of Sociology,1991(11)：481-510.

[20] 谷玉良,江立华. 空间视角下农村社会关系变迁研究——以山东省枣庄市 L 村"村改居"为例[J]. 人文地理,2015(4)：45-51.

[21] 杨贵庆. 乡村振兴视角下村庄规划工作的若干思考——《关于统筹推进村庄规划工作的意见》再读[J]. 小城镇建设,2019,37(4)：85-88. doi：10.3969/j.issn.1009-1483.2019.04.013.

[22] 张尚武,李京生,郭继青,等. 乡村规划与乡村治理[J]. 城市规划,2014,38(11)：23-29.

[23] 易鑫. 德国的乡村治理及其对于规划工作的启示[J]. 现代城市研究,2015(4)：41-47.

内蒙古特色小镇培育建设研究[*]

荣丽华　王彦开

（内蒙古工业大学建筑学院）

【摘要】　新型城镇化背景下特色小镇的培育建设工作,是新一轮城乡改革的抓手,反映着更深层次的城乡关系。本文以内蒙古 12 个国家级特色小镇为研究对象,从核心特色要素的培育入手,分析现阶段存在的主要问题,尝试探讨未来发展定位的基础上,总结内蒙古地区特色小镇培育经验。提出分区引导小镇发展;差异化整合利用特色资源;合理组织产业功能形态;加强完善顶层设计和提升旅游服务质量的特色发展路径,旨在对少数民族地区如何因地制宜推进特色小镇的培育建设工作提供可鉴经验。

【关键词】　内蒙古　特色小镇　培育　策略

1　引言

为了破解地方经济难题并推动产业与空间双升级,浙江省于 2015 年在国内首次提出了"培育特色小镇"的战略举措[1],为全国各地开展的新一轮城乡布局工作提供了可借鉴的浙江经验,但受限于不同地区的城镇发育水平,浙江模式的特色小镇较难在全国范围推广。因此,作为浙江特色小镇的

---

　*　基金项目:国家自然科学基金项目(51268039):内蒙古草原城镇公共设施适宜性规划模式研究;自治区高等学校科学技术研究项目(2017030241):基于地域观的内蒙古草原城镇空间形态与特色风貌研究。

衍生形态,以建制镇为发展平台的特色小镇培育成为不具备浙江条件的地区推进新型城镇化工作的重点。内蒙古地处边疆少数民族地区,村镇历史欠账较多,只有依托建制镇因地制宜的培育建设符合地区发展规律的特色小镇,才能更好适应新型城乡建设的发展需求。

2 内蒙古特色小镇培育建设概况

2.1 基本特征

内蒙古凭借独特的资源和产业优势,鲜明的地域特征,在国家先后公布的两批次共 403 个特色小镇中占 12 席(表 1)。区别于浙江"非城非镇非区"属性的特色小镇,内蒙古以区内建制镇中的重点镇作为培育对象,其中部分城镇还是国家级重点镇,这与国家提出的"优先发展重点镇"的政策相契合,并初步形成了国家级特色镇、国家级重点镇、区级特色镇、区级重点镇和集镇层级明确、梯度培育、联合发展的城镇体系格局[2]。

表 1 内蒙古特色小镇基本信息

特色小镇名称	辖区面积/km²	镇域人口/万人	所属城镇体系等级(自治区级)	是否为国家级重点镇	所属批次
赤峰市宁城县八里罕镇	374	5.5	重点镇、中心镇	是	第一批
通辽市科尔沁左翼中旗舍伯吐镇	653	5.2	重点镇、中心镇	是	第一批
呼伦贝尔额尔古纳市莫尔道嘎镇	4 160	2.6	重点镇	是	第一批
赤峰市敖汉旗下洼子镇	495	3.4	重点镇、中心镇	是	第二批
鄂尔多斯市东胜区罕台镇	563	1.8	重点镇	是	第二批
乌兰察布市凉城县岱海镇	368	7.9	重点镇、中心镇	是	第二批
鄂尔多斯市鄂托克前旗城川镇	761	2.4	重点镇	否	第二批
兴安盟阿尔山市白狼镇	7 210	0.3	重点镇	否	第二批
呼伦贝尔市扎兰屯柴河镇	5 688	0.8	重点镇	是	第二批
乌兰察布市察哈尔右翼后旗土牧尔台镇	560	3.9	重点镇、中心镇	是	第二批
通辽市开鲁县东风镇	271	2.0	重点镇	否	第二批
赤峰市林西县新城子镇	177	0.7	重点镇、中心镇	否	第二批

资料来源:根据全国第一批和第二批特色小镇申报材料整理绘制。

内蒙古特色小镇空间分布在以呼包鄂城市群为中心节点的中西部片区、赤通城市群腹地的东南片区和以呼伦贝尔市为中心的东北地区（图1）。这种片区性的集中分布也反映了区内资源富集程度、人口密度和地区发育程度的空间分异规律。

图1　内蒙古特色小镇空间分布图

2.2　核心特色要素培育发展现状

2.2.1　产业形态

内蒙古特色小镇的产业培育呈现出专业化、特色化和多元化的特征。在产业定位上，选择"人无我有、人有我优"的传统农、工业作为特色主导产业，加以旅游服务业为补充（表2）。旅游功能渗透催生的"特色产业＋旅游"双核驱动模式在丰富产业类型同时也促进了产业多元融合。例如，主打特色红干椒产业的通辽市开鲁县东风镇，通过"一产"的红干椒种植，"二产"对红干椒初级产品的加工包装，"三产"中利用红干椒种植业的生态农业旅

表 2　内蒙古特色小镇特色产业整合

特色小镇名称	主题形象	特色资源	特色产业	特色产业定位	特色产业类型
赤峰市宁城县八里罕镇	三泉古镇塞外酒香	温泉酿酒取材泉眼	白酒工业温泉旅游业	工业+旅游	工业驱动型旅游服务型
通辽市科尔沁左翼中旗舍伯吐镇	黄牛小镇	黄牛养殖	黄牛养殖交易加工业	现代农业+工业	农业成长型工业带动型
呼伦贝尔额尔古纳市莫尔道嘎镇	北国璞玉	原始森林	森林旅游业	旅游	旅游服务型
赤峰市敖汉旗下洼子镇	沙棘小镇	沙棘种植	沙棘产业	现代农业+旅游	农业成长型工业带动型
鄂尔多斯市东胜区罕台镇	纷纷时尚小镇	纷纷产业园	纷纷产业	工业+旅游	工业带动型
乌兰察布市凉城县岱海镇	康养小镇药酒休闲小镇	养生温泉药酒生产	旅游业药酒工业	旅游+工业	旅游服务型工业带动型
鄂尔多斯市鄂托克前旗城川镇	魅力红色小镇	"红色"旅游资源	红色文化旅游产业	旅游	历史文化型旅游服务型
兴安盟阿尔山市白狼镇	林俗小镇	特色旅游景观	特色景观旅游业	旅游	旅游服务型
呼伦贝尔市扎兰屯市柴河镇	特色月亮童话小镇	特色旅游景观童话月亮文化	特色景观旅游业	旅游	旅游服务型
乌兰察布市察哈尔右翼后旗土牧尔台镇	皮毛绒小镇	农商集散重点镇，畜牧业养殖加工	养殖业、皮毛绒肉加工业	现代农业+工业	工业带动型农业成长型
通辽市开鲁县东风镇	中国红干椒小镇	完整的红干椒种植、销售和加工研发的产业链条	红干椒产业	现代农业现代工业	农业成长型工业成长型
赤峰市林西县新城子镇	林果小镇	林果种植旅游资源	林果产业	现代农业+旅游	农业成长型工业带动型

资料来源：根据全国第一批和第二批特色小镇申报材料总结绘制。

游观光以及加工生产线的工业观光，实现了红干椒泛产业的上中下游延伸与有效融合（图2）。而以"特而强"标准作为统计口径，特色产业类型表现为以下四类：农业成长型（畜牧业和种植业）、工业带动型、旅游服务型和历史文化型（图3）。

图2　通辽市东风镇红干椒农业观光
图片来源：全国第二批特色小镇申报材料。

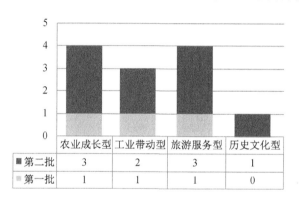

	农业成长型	工业带动型	旅游服务型	历史文化型
■ 第二批	3	2	3	1
□ 第一批	1	1	1	0

图3　内蒙古特色小镇类型数量对比

在产业环境塑造方面，各镇对优势明显的特色产业提供了良好的成长环境和生存空间。支持产业成长的企业及业务部门实力较强，以地方的重点和龙头企业为主体。例如，通辽市舍伯吐黄牛小镇，采取了以促进农牧民增收为主线，通过政策及红利引导、龙头企业带动、科学技术支撑并配套管理服务，为黄牛产业营造了有利的发展环境，也完成了对周边剩余劳动力的吸纳，产业贡献效果显著。

2.2.2　资源禀赋

强大的资源禀赋优势是内蒙古特色小镇发展的又一核心要素，并以旅游服务为代表的资源产业化，作为要素在资源型产业结构下的特色表征。核心要素的特色培育主要有以下几方面：一是针对特色自然和人文资源的文旅服务开发。例如,呼伦贝尔市莫尔道嘎镇境内有保存完整的原始森林,结合当地文化开展对森林旅游的多层次开发,化特色为优势(图4)。二是针对在地化生长的农牧产品的产业升级。例如,赤峰市敖汉旗下洼子镇,利用当地盛产的沙棘产品,通过互联网平台打造了集沙棘种植、采集、加工生产和营销的一体化运营模式,走出了一条乡土农业的特色化道路。三是针对交通区位优势的功能服务延伸。以通辽市舍伯吐黄牛小镇为例,利用国道、县道、铁路在辖区内融会贯通的交通优势,发展相应的商贸物流,实现了一站式的黄牛产销(图5)。

图 4 呼伦贝尔市莫尔道嘎镇 **图 5 通辽市舍伯吐"黄牛镇"**
图片来源:全国第一批特色小镇申报材料。   图片来源:全国第一批特色小镇申报材料。

2.2.3 地域特色

内蒙古极强的地域性造就了多维度的地域特色。除特色资源外,草原、游牧、农耕和藏传佛教汇聚的文化包容性、多民族兼容的乡土生活方式、因庙而建城镇的民情风貌都作为特色生产力的要素构成,贯穿于特色小镇培育的全过程。

2.3 培育建设中的主要问题

内蒙古特色小镇培育建设过程中也存在一些问题,主要表现在以下几方面:

一是特色小镇发育度低,规模效益差。受开放程度的影响,有些城镇发育水平低,仍处于补短板的起步阶段,高端要素集聚水平和规模效应较差。

二是特色资源缺乏整合,开发利用效率低。缺乏资源统筹意识,开发利用缺少系统性,碎片化严重。

三是特色产业等级低,绩效差。创新不足和资源同构导致城镇发展过于依赖传统产业,特色产业投入产出效益及品牌效应低,招商引资难,发展后劲不足。

四是缺乏规划引导与政策支持。长期的自发建设致使顶层设计的指导性缺失,土地、财政和指标补偿等政策支持有待完善落实。

五是草原民族文化元素融合度不够。对文化认知和特色内涵把握不到位致使城镇特色缺失,城镇职能雷同。这也是历史文化型小镇数量较为稀缺的原因。

3 内蒙古特色小镇未来发展定位

鉴于内蒙古作为祖国北疆"生态屏障"的战略定位,评估核心要素特色化水平,并在统筹功能构成、产镇发展、空间层级、地域优势和城乡关系的城镇发育指标基础上,笔者尝试对内蒙古特色小镇做出未来发展定位。其具体培育工作应依托建制镇进行,在数量上宜精不宜多,类型上宜丰富不宜单一,充分结合地域特征和地区发展需求,确定合理发展方向。对城镇发育基础较好且转型升级有空间发展前景的,应优先培育现代农、工业型特色小镇,有条件的要引导发展农业服务业和新兴工业;对交通区位优势明显且辐射带动效果强的,应优先培育商贸物流型小镇;对具备得天独厚的资源要素禀赋的,应优先培育文旅型特色小镇,并扩展至涵盖休闲娱乐和体验度假的高级文旅类型[3]。

3.1 "三生"融合的多功能型"特色社区"

以人的需求为基本导向,以民族共同繁荣为根本原则,以地区特色发展为首要目标,完善特色小镇基础设施建设,努力营造以生产、生活、生态功能为主体,集旅游、文化和商贸等参与功能为一体的综合型服务社区,塑造美丽宜居的城镇形态。重点处理特色小镇引发的多方要素集聚及其与本土要素相互结合催生的新生空间需求,并赋予精准的功能定位和组织模式。

3.2 地域特色产业培育与融合的先行区

内蒙古作为欠发达地区,产业基础相对薄弱。因此要遵循地方生产发展规律,立足于长期依赖第一、第二产业的现状,强化产业支撑的同时谋求转型升级,提升附加值,打造以特色产业为主导的多元产业集聚网。积极探索产业发展新导向,培育风能、太阳能等清洁能源和新型农牧业为代表的地域性产业并以特色化发展来对接城镇建设,建构以区内多元化和差异化产业开发为小镇发展引擎的产业融合先行区。

3.3 省域城镇体系战略节点和新兴增长极

内蒙古地域狭长,空间分异大,区内整体联系程度不够,均衡发展受限,只依靠现有增长极难以带动全域发展。在内蒙古近年来全力打造"一核多中心、一带多轴线"的城镇空间结构背景下[4],利用特色小镇对区域空间结构优化的积极作用,引导其成为省域空间体系结构上的战略节点,完善特色小镇与中心镇、重点镇和集镇梯度协同发展的区域城镇体系。另外,覆盖中心城镇的同时与美丽乡村建设对接,促进城乡积极要素有效流通,实现城市、小镇和农村的协调发展。

3.4 生态导向下民族特色和草原风情旅游目的地

考虑到内蒙古在资源和文化方面强大的旅游要素供给能力,并结合旅游消费时代对旅游功能的市场需求,应重点培育旅游导向型特色小镇。在减少生态足迹的前提下依托特色小镇进行片区旅游目的地建设,打造多样化、特色化、地域化的文化旅游休闲中心,提升城镇旅游功能,构建生态导向下融合蒙元文化及草原风情的旅游型特色小镇。有条件的要围绕特色小镇空间载体构建片区旅游服务中心和旅游商贸集散地,塑造地域新型旅游空间环境,以旅游产品贸易拉动人群消费,振兴实体经济。

3.5 少数民族地区加速城乡一体的空间引擎

内蒙古地处欠发达的边疆少数民族地区,人口城镇化较低的内蒙古特色小镇发挥着城乡结合部的作用,承担了连接城乡的重要功能,是推进乡村振兴的载体。因此要将特色小镇培育作为新一轮城镇化建设综合改革视角下边疆少数民族地区促进民族团结融合的突破口,低人口密度区集聚收纳人口的平台,协调区域整体发展和深化城乡改革示范地。以特色小镇促进城乡各族人口多元化双向流动,实现就地城镇化和服务均等化,加快以城带乡的城乡一体化进程[5]。

4　内蒙古特色小镇培育建设的现实路径

发育程度及开放水平等城镇综合发展指标的差距决定了内蒙古特色小镇的培育工作不能简单复制浙江模式(表3),要立足地域性,强化问题导向,遵循生态低碳、区域协同、民族团结、产业带动、产城融合、文化提升和集约高效的总体发展策略,营造"产、城、人、文"全面同步的有机融合小镇。

表3　内蒙古与浙江模式的特色小镇培育发展指标对比

指标		"浙江模式"特色小镇	内蒙古特色小镇
空间形态		"非镇非区",产业和空间双升级的"功能"型概念镇	一定土地和人口规模的建制镇
提出背景		经济转型、供给侧改革	新型城镇化、乡村振兴
城镇发育水平		城镇体系结构完整、发育充分	城镇化水平低、城镇联系弱
产业	定位	七大战略新兴产业	传统产业及升级
	演进阶段	民营经济发达、专业化水平高	低端产能过剩、专业化程度低
	等级	产业链条完整、带动效果明显	产业链条不完整、低端
创建方式		培育创建制、优胜劣汰	申报审核命名制
基础服务		高质量的服务配置	基础设施短板突出
建设标准		3A级景区及以上标准	完成对人口和经济要素的集聚
功能内涵		"三生"融合、配套完善	满足生产生活功能需要
运作模式		企业主体、政府引导、市场运作	政府集中管理、企业入驻率及投资水平低
政策支撑		明确的土地、资金、政策扶持	扶持政策力度低、落地效果差
面积要求		规划面积3平方公里 建设面积1平方公里	整个建制镇镇区
创新水平		创新力强、创新平台多、创新人才集聚	创新力弱、对创新要素的吸引力不足
文化建设		公共文化服务设施健全、文化带动效果明显	文化多元但挖掘利用不充分、文化功能被忽略

4.1　分区引导小镇发展

内蒙古特色小镇首先要夯实个镇基础,补发展短板,逐渐完善公共服务促人口和高端要素集聚。在宏观层面以区域协同策略为导向,将特色小镇划分为三大片区(图6),构建以组团为基本单元的片区协同联动发展格局,以各种信息流和交通网络保证城镇之间积极要素的自由流动,实现多镇联合培育,资源循环可达,区域分工协作,功能互补发展,共享规模效益。并按照"一核引领、中心带动,节点支撑、轴带推进,分区引导、集聚发展"的自治区总体发展思路[6,7],优化城镇体系结构和县域空间布局,分区引导片区特色城镇群建设,培育片区型空间增长极,明确城镇群总体定位和具体职能,确立特色发展方向,提高区域生产服务水平(表4)。

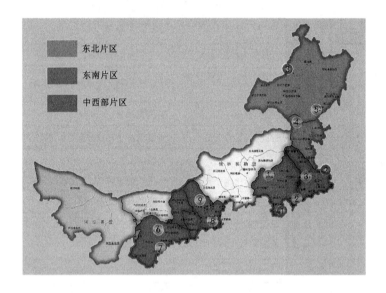

图6 内蒙古特色小镇分区

表4 各特色片区发展导向

片区名称	所含特色小镇名称	各镇代表性特色要素	特色整合	片区发展导向	片区特色城镇群定位
东北片区	呼伦贝尔市莫尔道嘎镇	原始森林	特色自然景观资源	低端向高端过渡的旅游产品和服务供给	以资源型产业结构为主导的旅游服务型增长极
	呼伦贝尔市柴河镇	自然景观			
	兴安盟白狼镇	自然景观			
东南片区	赤峰市八里罕镇	康养旅游	农业发展旅游资源	"现代农业＋旅游"	现代农业体系为导向的农业发展型增长极
	赤峰市新城子镇	林果种植			
	赤峰市下洼子镇	沙棘种植			
	通辽市东风镇	红干椒种植			
	通辽市舍伯吐小镇	黄牛养殖			

（续表）

片区名称	所含特色小镇名称	各镇代表性特色要素	特色整合	片区发展导向	片区特色城镇群定位
中西部片区	乌兰察布市岱海镇	康养旅游	工业生产旅游资源	"现代工业＋旅游"	现代工业体系为导向的工业依托型增长极
	乌兰察布市土牧尔台镇	皮毛绒肉加工			
	鄂尔多斯市城川镇	红色旅游			
	鄂尔多斯市罕台镇	绒纺产业园			

4.2 差异化整合利用特色资源

依据地方资源开发标准，建立小镇特色资源专业开发管理市场，实施对资源要素的系统性分类整合，匹配基于市场需求的特色资源供给和开发利用策略，探索本土资源的最优利用形式（表5）。对不同城镇的同质资源要挖掘异质性，进行差别化定位和错位化开发，通过资源统筹、生产要素最优分配、市场需求共享、优势利好互补、多方产销协作的机制，实现资源利用效益最大化。

表5　内蒙古特色小镇资源要素及开发利用整合

资源分类					特色资源要素	开发利用策略	开发利用形式
自然资源	休闲观光				山、河、林、沙地、火山、草原、牧场等自然风光	户外游览观光旅游为主的旅游产品和服务开发	露营基地 湿地公园 户外运动 旅游项目
	体验度假				温泉		
	其他				草场、赛马场		
人文资源	物质要素	建筑街区系统	各级品牌称号或各级文物保护单位	国家级	国家级风景名胜区、国家级生态镇		风情体验 旅游观光 参观教育
				自治区级	省级风景名胜区、自治区级自然保护区和地质公园		
				市县及以下级	户外露营基地、户外运动基地、写生基地、市级自然保护区		
			民族或历史建筑		寺庙	城镇名片 城镇形象 居民生活社区 旅游开发	城镇出入口 地标 文化中心 主题餐厅 "蒙家乐" 社区服务中心
			传统聚落或民居		蒙古包		
			传统街区街巷		有		

（续表）

资源分类				特色资源要素	开发利用策略	开发利用形式
物质要素	环境景观小品要素系统	特色构筑物	古河道	有	构建居民日常生活及重要节日活动演出场所	文化活动广场居民活动中心演艺广场
			古井古树	有		
			其他	蒙元文化符号、历史印记		
		历史性场所空间		古战场、红色遗址、将军陵墓	保护利用	文化教育考古参观
	其他			蒙药、蒙医	招商推广	蒙药产业园民族产业
人文资源	非物质要素	传统习俗		祭敖包、那达慕大会、献哈达、蒙古族婚礼、庙会	吸引人口拉动消费	旅游接待
		传统技艺工艺		雕刻、家庭作坊	保护传承	手工艺园
		民间曲艺		马头琴、蒙古族歌曲、呼麦、蒙古族舞蹈	举办各种文艺活动	民族风情民族艺术活动交流
		民族语言		蒙语、蒙汉兼通	推广传播	民族语言文化培训学习基地
		民族服饰		蒙古袍	服装展览	民族服饰文化节
		历史文化		藏传佛教、宗教文化、蒙古族历史文化、藏族文化	传播发扬	民族文化走廊教育交流基地
		历史人物		成吉思汗、忽必烈、嘎达梅林	融合旅游发展	旅游主体文化墙
		风味饮食		奶豆腐、烤全羊、牛羊肉、手把肉、马奶酒、奶食品、山野菜、饮食文化	旅游接待	饮食文化节
		历史事件(战役)或民间故事		康熙西征、草原英雄小姐妹	铭记历史传播发扬	学习纪念地

4.3 合理组织产业功能形态

不是任何产业都适合作为特色小镇的主导产业,因此要深入研究现有产业的功能形态。在产业选择上要立足于城镇和产业的发展现状,厘清产业功能,遵循产业地方发展规律,因地制宜选择特色产业,并明确产业定位,做好产业规划。在产业培育方面,既要基于传统的一产和二产,又要建立面向现代的特色产业体系提升产业层级。重点推动传统农业向草原现代特色农业转型,确保农牧产品供应的同时,建立以农业旅游和农业服务为主的现代农业多功能产业支撑体系,带动特色经济作物和农产品向规模化、特色化、集约化发展[8];推动传统工业向现代工业转向,升级工业劳动和管理手段,确保工业组织生产的集中化、协作化和专业化,有条件的应探索新兴工业的发展路径。在产业布局上,依据不同产业门类分类布局产业功能,避免产业同质和产品雷同,促进产业融合和产镇融合。在产业发展绩效方面,要细分评价领域,重点依据产业规模效益、产业体系结构、产业功能价值和产业发展潜力等指标综合权衡产业发展水平[9],将特色产业品牌做大做强。

4.4 加强完善顶层设计

特色小镇的功能定位、用地空间布局以及特色建构都应相互融合进行,单一的规划策划类型都无法较好适应小镇的规划编制工作。因此要抓住城镇特色导向,布局结合自下而上的社区自组织,涵盖总体城市设计、核心区城市设计、战略规划和特色地段创意设计等专项的一体化城镇设计来满足规划运作需要[10],确保特色配套落地,并实现对城镇增长边界、总体格局、空间形态、镇容镇貌的整体把控(图7、图8)。做好培育

图 7　乌兰察布市岱海镇城镇风貌
图片来源:全国第二批特色小镇申报材料。

图 8　通辽市舍伯吐镇城镇空间形态
图片来源:全国第一批特色小镇申报材料。

引导工作,注重培育的过程性、有机性、合理性和内生性,避免直接干预的同时强化政策支撑保障,统筹管理水平和自治能力,提高社会企业投资热情。

4.5 提升旅游服务质量

利用资源优势,坚持走生态旅游的特色路线,做好旅游公共服务体系建设,提高城镇文旅功能和旅游服务供给质量。加紧地域文化与旅游服务的对接,通过举办符合旅游消费者需求的民族文化产品艺术展、城镇特色形象艺术展、那达慕大会、草原风情音乐节、篝火节、地域特色产品购物节,策划植入多主题文化墙展示的旅游精品线路等旅游产品开发方式[11],并布局蒙元体验式住宿、特色购物、娱乐美食等业态,作为旅游主体功能区核心功能的补充,以推动基础文旅供应向度假体验的参与性旅游功能过渡。考虑到内蒙古的气候特征,还要重点把握"四季旅游"的开发方式,通过开展冬季草原摄影节、滑雪节、冬季捕捞节、冰雪骆驼节等文旅创意活动,传承地域传统文化,做可持续的文旅品牌。

5 内蒙古特色小镇培育建设模式创新

特色小镇"工程"是城乡转型的必然趋势,内蒙古特色小镇建设要在做好培育引导工作的同时从以下几方面创新发展模式:

一是要实施多元开发策略,创新开发建设模式。采用特色产业引导(IOD)、地域文化引导(COD)和生态景观引导(EOD)相结合的 I. C. E 开发策略(图 9)。通过开发模式的创新,带动相关土地开发和更新,优化现有城镇格局,重新配置新需求下的空间资源,实现空间再生产和城镇承载作用最大化。

二是要依赖政府和政策,创新运作模式。内蒙古所处的发展阶段导致其民营和社会资本力量较弱,很难实现由市场对各项要素的直接配置。因此要以政府力量主导并推进政策引导,平稳过渡运作模式。政府集中整合人、地、钱等要素,并统一安排立项审批、资源调配、规划设计、开发建设、招商推广和运维管理等工作。随着供给规模和市场力量的扩大,自治能力的增强,再通过政策积极引进社会力量,逐渐向多元主体的共建共享转型。

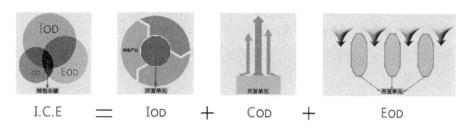

图9 特色小镇培育发展模式创新

　　三是要优胜劣汰,创新评价及管理模式。特色小镇建设成效影响到新型城乡关系,要从申报审批到推广给予宽进严出、奖优罚劣的严格要求,以规范其培育建设行为。建立审批合格准入制、近期建设成果审核制和创建淘汰制等制度,并设立阶段性验收标准,实施特色小镇建成绩效的评估考核。借鉴浙江评价模式,对于规划落实较好的特色小镇要给予指标、土地、财政和政策的奖励支持;对于建设方向出现错误的小镇,要责令其限期整改,特别严重的要禁止其建设并取消特色小镇创建资格,以防套现政策红利、盲目跟风和商业化开发等本末倒置的行为出现,以促进特色小镇的良性健康成长[12,13]。

6 结语

　　特色小镇源于政策推动和市场需求,是新型城镇化和全面建成小康社会背景下城镇化发展新阶段的产物。与发达地区特色小镇的培育方式不同,受限于自身发展阶段的内蒙古地区,应依托建制镇而开展特色小镇培育工作,在遵循地方发展规律的基础上充分挖掘自身优势和地域特色,因地制宜的选择合理路径来实现小镇特色化发展,以深化城乡关系,协调地区全面转型。

参考文献

[1]赵佩佩,丁元.浙江省特色小镇创建及其规划设计特点剖析[J].规划师,2016(12):
　　57-62.

［2］华芳,陆建城.杭州特色小镇群体特征研究[J].城市规划学刊,2017(3)：78-84.

［3］杨文平,徐海波.宁夏特色小城镇建设模式研究[J].城乡建设,2018(03)：60-63.

［4］荣丽华.内蒙古锡盟南部区域中心城市空间发展研究[D].西安：西安建筑科技大学,2015：8-10.

［5］彭震伟.小城镇发展与实施乡村振兴战略[J].城乡规划,2018(01)：11-16.

［6］内蒙古自治区住房和城乡建设厅.内蒙古自治区城镇体系规划（2015—2030）[Z].2016.

［7］内蒙古自治区人民政府.内蒙古自治区人民政府关于印发自治区"十三五"新型城镇化规划的通知[Z].2016.

［8］白云,范玉洁.新型城镇化视野下特色小镇建设研究——以玉溪市大营街为例[J].玉溪师范学院学报,2016(09)：63-68.

［9］刘义成.高端产业发展质量评价指标体系构建[J].兰州学刊,2009(06)：78-82.

［10］林辰辉,孙晓敏,刘昆轶.旅游型小城镇特色建构的路径探讨——以天台县白鹤镇规划为例[J].城市规划学刊,2012(S1)：223-227.

［11］郭永久.特色小镇建设为文化旅游产业发展添动力[J].人民论坛,2017(27)：136-137.

［12］黄卫剑,汤培源,吴骏毅,等.创建制——供给侧改革在浙江省特色小镇建设中的实践[J].小城镇建设,2016(03)：31-33.

［13］罗翔,沈洁.供给侧结构性改革视角下特色小镇规划建设思路与对策[J].规划师,2017(06)：38-43.

环境提升目标下的小城镇道路交通整治策略研究

——以海宁市小城镇规划实践为例

刘天竹

（上海同济城市规划设计研究院有限公司）

【摘要】 乡村振兴战略下的小城镇应成为重要的服务节点与示范样板,小城镇的环境提升从地方性和区域性层面兼具必要性,其中道路交通是环境提升的核心问题。本文首先论述了道路交通作为交通载体、作为串接城镇生活的路径、作为公共设施的骨架对于环境品质提升的多维重要性。进而分析了小城镇由于其出行方式的特殊性、空间与资金的局限性以及管理上的滞后性,对整治规划提出的特定诉求。最后以浙江省海宁市小城镇环境综合整治规划实践为基础,从系统上的空间梳理与分类分级、细节上的道路综合设计、形成导则式指引的成果体系三方面提出了环境提升目标下的小城镇道路交通整治规划思路与设计策略,并可借鉴应用于其他地区小城镇环境提升的道路交通规划设计。

【关键词】 小城镇 道路交通 环境整治 整治规划

党的十九大报告中提出,我国社会主要矛盾已经转化为人民日益增长的美好生活需要和不平衡不充分的发展之间的矛盾,这种矛盾在小城镇地区体现得尤为显著。随着城乡一体化发展,城镇居民生活水平日渐提升,小城镇卫生环境落后、管理失序、景观风貌混乱等问题对居民日常生活造成了实际困扰,也形成了大家心目中小城镇"脏乱差"的形象标签。乡村振兴战略下的小城镇,作为连接城乡区域的节点和作为乡村地域中心而带动乡村发展的社会综合体[1]，应当成为重要的服务节点与示范样板，小城镇的环境提升从地方性和区域性层面兼具必要性。其中，作为城镇的主要公共空间、居民生活的主要联系路径的道路，与城镇环境品质密切相关，如何对小城镇的道路交通进行整治提升是环境品质提升中最为关键的一环。但小城镇不同于大城市，其出行特征有其独特性，且常常面临着建成环境复杂、资金有限等现实问题与诉求。2017年，浙江省率先提出了全覆盖的"小城镇环境综合整治规划"，并以3年为期落实行动，以期对小城镇环境进行快速可见的提升，其中着重于道路交通改善的"道乱占、车乱开、摊乱摆"是整治的核心组成。本文以此规划实践为契机，着重讨论以下问题：环境提升导向下，小城镇道路交通的整治提升有何必要性？小城镇的道路交通整治有何特殊性和具体诉求？对此应当如何进行规划应对？

1 道路交通与小城镇环境品质的多维关系

小城镇的环境品质涉及与居民生活的便利性和舒适度直接相关的各个方面，包括了环境卫生、城镇秩序、乡容镇貌等层面[2]。环境品质与空间直接相关，因此将道路从空间维度拆解为路面部分、街道立面部分以及空中和地下的部分，从以下三个角度论述道路交通与小城镇环境品质的多维关系。

1.1 作为交通载体的道路：安全与效率

作为交通出行的载体，道路是城镇居民生活生产中必不可少的部分。从城镇产业的交通需求来看，道路交通及其组织直接关乎客货通行的效率。从城镇生活的车行交通需求来看，其路网结构、道路组织、静态交通组织与行车停车的通畅度直接相关。而乡野环绕、尺度宜人的小城镇中，步行、自行车骑行等慢行交通的品质也尤为重要，良好的慢行交通组织能保障行人的安全性，提升绿色出行的比例，整体提升城镇环境质量。且综合来看，在有限的小城镇空间中，客货交通、慢行与快速交通的关系也与居民生活的品质息息相关。

1.2　串接城镇生活的道路：界面与形象

小城镇不同于许多大城市中超大小区、大型商业综合体的内向型空间模式，其常有小街区、密路网、沿街布置商业的空间特征，道路就是城镇最重要的公共生活空间。如此，道路联系了城镇入口门户与内部空间，其两侧的建筑界面与道路本身共同构成了生活街道。道路的性质与分级关系到城镇景观的特色塑造；道路横断面的设计，尤其是非机动车道与人行道的设计关系到商业空间的风貌；道路的停车组织、绿化种植则直接涉及城镇风貌形象。

1.3　作为公共设施骨架的道路：景观与风貌

城镇主要的电力电信、雨污管网、环卫等功能所需的基础设施，城镇公园节点与广场等开敞空间，城镇的绿化遮阴系统，均以道路为载体，道路即是小城镇公共设施的骨架。因此，小城镇常见的景观风貌问题有：架空线路混乱、雨污水横流、垃圾堆积、配电箱侵占人行道等都集中体现在道路空间。道路空间的设计也因此不仅仅是道路交通的问题，其对于上述设施的安排对于城镇景观风貌至关重要。

2　小城镇中道路交通整治的特点与重点

基于上述各方面小城镇道路交通与环境品质的相关性可见，在环境提升的诉求下，道路交通的整治是关键问题。这一整治需要基于现有问题、居民出行特征，结合可利用空间进行调整，并结合长效管理进行设计。相较于大城市，小城镇居民出行目的与出行方式的特殊性、小城镇空间发展的局限性以及管理上的滞后性，都对整治规划提出了特定的要求。

2.1　出行目的地的集中性与出行方式的多样性

从出行目的来看，小城镇最主要的出行目的是通勤、上学、购物，对应的交通路径与目的地主要为：生活-产业园区之间的主要道路、学校周边、菜场。由于这些路径集中，且出行高峰接近，这些道路与节点的交通拥堵问题最为严重，如表1所示。

表 1　小城镇出行目的与核心交通拥堵点分布特征

出行目的	核心目的地	道路交通问题	高峰使用时间
通勤	产业园区	道路拥堵	7:00—8:30,17:00—18:00
上学	学校(涉及到儿童接送的小学、幼儿园)	节点道路拥堵、停车位不够	7:00—7:30,16:00—17:30
购物	菜场	节点道路拥堵、停车位不够	6:30—8:30,17:00—18:00

同时,上述的出行目的决定了交通工具的多样性。为满足 1～2 km 到达本地工业园区就业的出行以及 10～30 km 到达所在县市城区购物娱乐、会亲访友的出行[3],小城镇生活出行以自行车、电动自行车、摩托车为主,小汽车为辅;生产方面,由于小城镇产业与生活一体的特征,三轮车、机动农用车、货车等均有通行需求。在这一前提下,道路断面设计不满足混行需求、道路管理上客货混行,如图 1 所示,对道路通行和周边居民生活带来了负面影响。

图 1　海宁市盐官镇道路现状——多种交通工具混行
图片来源:《海宁市盐官镇小城镇环境综合整治规划》。

2.2　出行习惯与交通管理的滞后性

从监管的体系到居民的生活习惯,小城镇都与大城市有所不同。由于形成了路边垂直停车、随意停车等习惯,以及交通管理上一刀切地禁止停车

等方式,造成了主要道路垂直停车,导致交通性道路动静交通互相干扰;次
要道路车辆随意停放侵占人行空间;造成人车混行、支路车辆稀少但全线禁
止停车,导致使用效率极低等问题,如表2所示。

表2 小城镇各级道路的常见问题

道路等级	核心问题	现状照片示意
主要道路	机动车垂直停车,行停互相干扰	
次要道路	机动车停车占用人行道,人行空间被挤占,导致人车混行	
支路	车辆少,但全线禁停,道路空间资源浪费	

资料来源:《海宁市盐官镇小城镇环境综合整治规划》。

2.3 空间与资金的局限性

近年来随着小汽车保有量的增加,小城镇停车、行车诉求日益增长,由于小城镇的城镇化进程跟不上工业化进程,从道路系统、道路空间到交通组织都存在了空间配套上的滞后,出现了道路性质不明确、道路断面功能不分、路权分配不合理、技术标准低等问题[4]。与此同时,历史上的小城镇基于自发建设行为形成,其建成空间常过于密集,现代化生活所需的道路停车空间、消防车道空间等诉求得不到满足。在空间有诉求的背景下,多数小城镇由于行政等级的制约,缺乏广泛的资金筹措渠道[5],简单地通过拆迁建筑腾出空间不具备普遍的可操作性。此外,由于产权关系复杂,公私地块之间有时没有空间上的边界,对道路空间的界定在规划整治中有一定的难度。

3 小城镇道路交通整治的规划思路与设计策略

结合浙江省海宁市多个镇的规划实践,本文从系统上、细节上和成果形式上提出对道路交通进行系统组织优化、断面功能重新划分、形成导则式的成果等主要策略,以综合地实现近期的环境整治提升和长效的建设与管理引导。

3.1 系统上的空间梳理与分类分级

正是由于空间上的局限性,往往不能针对单个节点解决问题,首先需要基于总体的城镇功能与空间进行合理的系统组织,从而进行系统性的指引,并对应疏解特定节点的交通拥堵。

3.1.1 系统上的道路分类分级,优化交通结构、引导城镇风貌建设

首先基于总体的城镇格局,进行系统上的道路分级,以此引导具体道路的交通设计。如图2即针对现状主干路负荷过大的问题,结合上位规划,将该道路进行分流,在优化道路网络等级秩序后对应进行速度管控。其次,小城镇道路是城镇生活设施的骨架,对道路承担的功能进行分类,界定道路的交通、货运、公共服务、居住服务、休闲等主体功能如图3所示,从而引导具体

的道路、街道景观设计。如图4、图5分别为基于道路性质分类的滨水休闲类道路的断面设计和公共服务为主、交通功能为主的道路断面设计,前者强调亲水功能而设置了滨水步道,并将停车设置于另一侧;后者强调公共生活功能,机非分行,塑造沿街慢行空间。

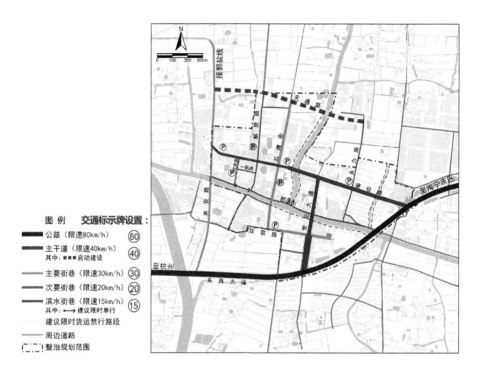

图2　海宁市盐官镇道路等级规划图

图片来源:《海宁市盐官镇小城镇环境综合整治规划》。

3.1.2　系统上的交通组织优化,合理分流、强化管理

针对小城镇客货交通混杂的现状,通过货运限行、局部单行等交通组织,合理分流客货交通。结合小城镇的功能分区,规划限制白天不允许货运交通穿行生活区,避免货车占用城镇生活空间,并造成环境污染。同时,基于小城镇缺少系统的交通管控现状,增设各类相关的标志牌,进行行车引导与管理(图6)。此外,还可结合公交、自行车交通的引入进行机动车交通疏解。

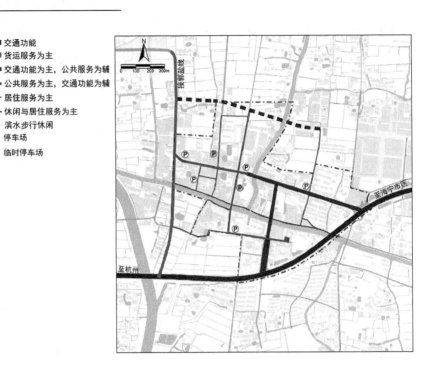

图3　海宁市盐官镇道路性质规划图

图片来源：《海宁市盐官镇小城镇环境综合整治规划》。

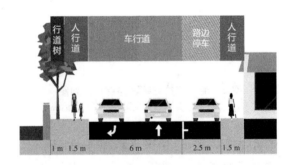

图4　滨水休闲类道路的断面设计

3.1.3　系统上梳理可用空间，分流停车、疏解堵点

　　针对小城镇停车空间严重不足，侵占了道路通行空间的现状问题，通过产权边界的梳理，利用废弃的、可改造利用的小微空间作为停车场地，分解重要交通节点的停车需求，疏解其对重要道路和节点空间的占用。图7即针对城镇主要的拥堵路段和拥堵点（小学、幼儿园），将道路沿线的垂直停车调

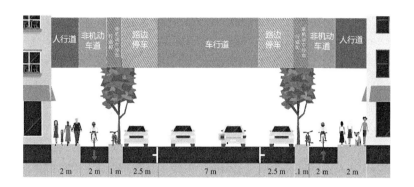

图5 公共服务为主、交通功能为主道路的断面设计
图片来源:《海宁市盐官镇小城镇环境综合整治规划》。

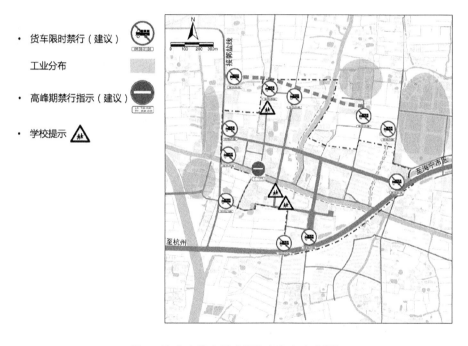

图6 海宁市盐官镇交通组织标识规划图
图片来源:《海宁市盐官镇小城镇环境综合整治规划》。

整为平行停车,并将由此减少的车位结合小学和幼儿园早晚接送的停车,转移到周边废弃场地改造的小微停车场地,提升重要地段的交通。这一小微改造行为成本低、可逆性高,远期可重新调整利用为其他功能,可操作性高、容易近期见效。

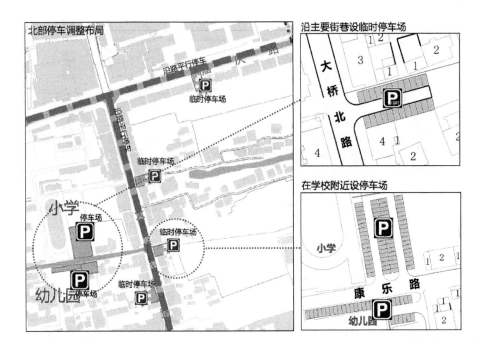

图7 海宁市斜桥镇重要地段停车规划图
图片来源:《海宁市斜桥镇小城镇环境综合整治规划》。

3.2 精细化的道路综合设计

在系统建构后,对于既有的重要路段和节点,应当进行有针对性的提升。此处提出精细化的设计,即针对拓展空间有限和资金有限的问题,进行不涉及或少涉及私有财产的改动,在公共边界内进行规划设计。所谓综合设计,即针对前述的道路、风貌、城镇界面一体化的问题,以道路空间为切入点,综合道路与消防、道路与建成环境的关系、道路与城镇景观的关系、道路与设施走线的关系进行整体设计,以点带面、以微见著地解决问题。

3.2.1 各级道路断面功能提升:红线内的设计

基于道路的通行性功能以及小城镇非机动车出行占比高的情况,对道路断面进行设计,通过功能重新分配、空间明确限定,综合解决行车、停车、人行、非机动车行车的问题。如表3所示,应对交通性主干路停车占用人行道,造成步行环境恶劣的问题,规划划分明确的机动车停车、非机动车停车、以及步行空间,同时结合小城镇出行特征,设置大量的非机动车停车位,并以绿化种植和非机动车停车为空间划分进行限定,阻止机动车占用步行空间的行为。应对服务性主干路沿路垂直停车,严重影响道路通行的问题,规划布置花池,从空间上阻止非机动车停放于人行道。应对次干路道路随意停车、人行道不足的问题,通过划分沿路停车空间调配出人行空间。应对支路空间未得有效利用问题,通过完善停车位划分和人行道建设,提供有秩序的服务型道路空间。

表3 海宁市盐官镇各类等级道路的断面现状与规划对比

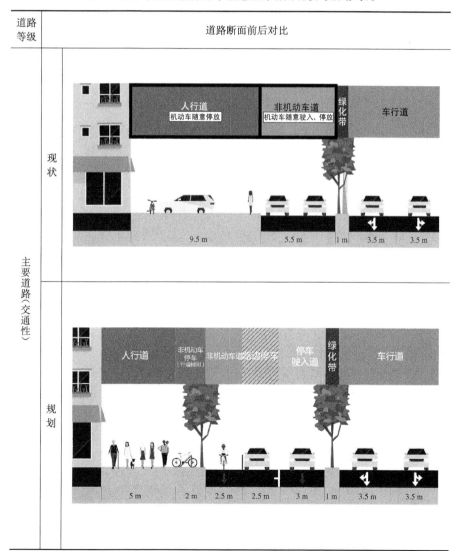

（续表）

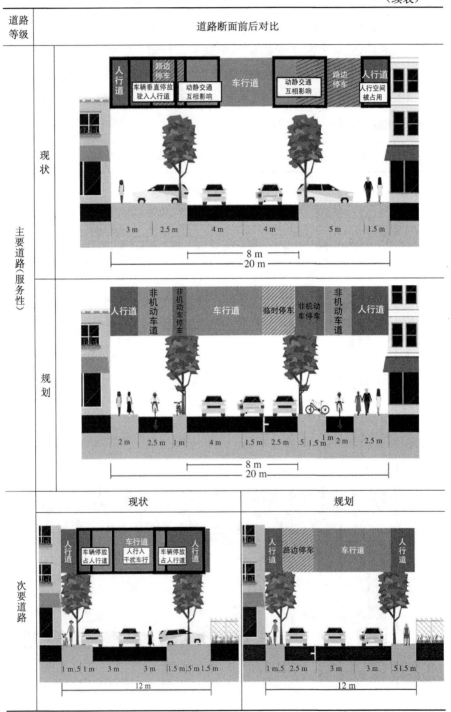

（续表）

道路等级	道路断面前后对比	
	现状	规划
支路	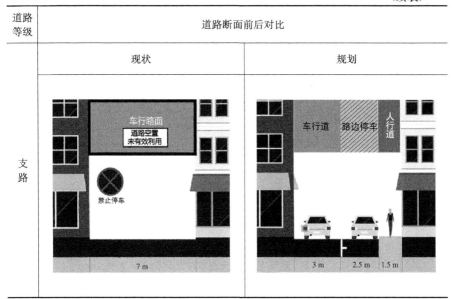	
	7 m	3 m / 2.5 m / 1.5 m

资料来源：《海宁市盐官镇小城镇环境综合整治规划》。

3.2.2 新增道路的选线：结合现状建筑梳理的设计

对于需要新增道路的城镇区段，由于建成区密集，不可避免地涉及建筑拆除，在此情况下规划需综合考虑建筑拆除的可行性进行空间选址，尽可能少地对建成环境进行调整。如图 8 即基于建筑密集的老镇区缺乏安全所需消防通道的现状，规划通过建筑梳理，避开传统建筑和难以拆除的建筑，尽可能少地拆除，且选择拆除公共的老旧建筑（公房、供销社房屋等）来梳理消防通道，如图 7 所示。同时结合周边有效空间增设停车场地和公共绿地，为城镇生活新增公共空间。

3.2.3 道路环境的提升：综合设施与风貌的设计

由于道路本身作为城镇设施与风貌的载体，道路设计的本身不可避免与其相关的设施与空间设计。这主要涉及三个方面：线性道路的街道界面、线性道路的沿线基础设施、道路节点的形象风貌。如表 4 所示为盐官镇、斜桥镇道路节点环境提升的现状与规划对比。对于街道界面，结合道路断面设计人行道和非机动车道空间，基于此对沿街的商铺外摆、广告空间和绿化空间，整体优化街道界面。对于基础设施，主要道路的管线设施可以优先入

图8 海宁市斜桥镇现状建筑评价图
图片来源:《海宁市斜桥镇小城镇环境综合整治规划》。

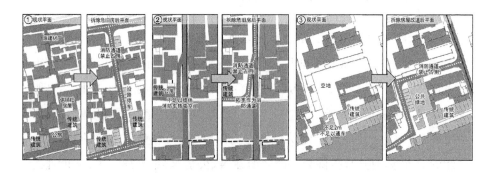

图9 海宁市斜桥镇新增消防通道图
图片来源:《海宁市斜桥镇小城镇环境综合整治规划》。

地,次要道路的设施及建筑相关的电表箱等,结合进行隐蔽式工程遮挡,提升界面形象。对于主要的道路节点,一方面结合交通方向,利用现有空地进行景观种植和标志物的建设,一方面对现状交通设施进行整合和优化,例如综合设置标志牌、增设红绿灯等。

表4 海宁市盐官镇、斜桥镇道路节点环境现状与规划图对比

道路等级	道路环境整治前后对比	
	现状	规划
街道界面和广告提升		
	现状	规划
沿街走线和基础设施提升		
	现状	规划
道路门户节点环境提升		

资料来源:《海宁市斜桥镇小城镇环境综合整治规划》。

3.3 形成导则式指引的成果体系

考虑到环境提升的近期建设需求,小城镇近期只能选择最典型、最关键的道路进行整治。而通过类型化设计形成导则式的成果,引导建设的扩展,则可以指导政府在近期示范性项目的基础上进行远期的全覆盖建设。表5

即基于道路的分类分级,将示范段道路作为基准形成交通提升的导则,结合城镇发展和资金款项进度,管理人员可基于此进行全覆盖的建设。

表5　海宁市斜桥镇道路街巷交通提升导则图

道路街巷交通提升			
现状		引导建议	
交通性道路		机动车未能按划线区域停放,随意占用人行道现象严重		针对人行道空间较宽的道路断面,现有停车划分区域的基础上,通过增加花坛、分隔栏等障碍物,以及停车区铺装的变化,进一步限定停车区域。有条件可划分为非机动车道和机动车平行停车带。
居住服务街巷		道路沿线停车需求较大,现有停车空间缺乏引导,存在车辆随意停放以及停车位不足的问题		对街道空间进行梳理,利用人行道较宽的路面设置沿线停车带,解决机动车与非机动车的停车需求
滨河街巷		道路沿线存在停车需求,现有停车空间缺乏限定管控,机动车随意停放,并影响滨河景观		对街道空间进行梳理,结合沿街道路条件划定停车区域。提升滨河景观的开放度

资料来源:《海宁市斜桥镇小城镇环境综合整治规划》。

4　结语

作为乡村振兴战略中不可或缺的一环,小城镇的形象与环境品质有助于其建立示范性和成为区域服务节点。提到小城镇环境整治与提升,大多数规划着眼的是表面的卫生环境和街道界面形象,忽视了作为上述要素载体的、直接关乎城镇运行效率与居民生存环境的道路交通。本文结合小城

镇交通出行的特殊性和空间与资金的局限性,提出了应通过系统性的交通
组织和精细化的节点设计,结合导则性的成果的规划思路与设计策略,在公
共空间内进行设计,综合地实现近期的环境整治提升和长效的建设与管理
引导。这一思路与具体策略可对于其他地区的小城镇道路交通整治规划提
供一定的借鉴。

在具体的城镇管理过程中,还会遇到更多的难题,例如小城镇居民对于
单行、限行等管理方式不能适应,城镇反复的整治建设行为会给居民造成负
面印象等等,这些有待通过长期的整体居民的交通行为引导及管理模式的
设计来实现。

参 考 文 献

[1] 彭震伟.小城镇发展与实施乡村振兴战略[J].城乡规划,2018(01):11-16.

[2] 杨晓光,赵华勤,江勇.《浙江省小城镇环境综合整治技术导则》编制思路研究[J].小
城镇建设,2018(02):11-15.

[3] 夏晶晶.基于出行特征的小城镇人性化交通空间优化对策[C]//中国城市规划学
会、东莞市人民政府.持续发展理性规划——2017中国城市规划年会论文集(19小
城镇规划).中国城市规划学会、东莞市人民政府:2017:11.

[4] 杨建军.城市修补视角下小城镇道路交通优化探索——以义乌市佛堂镇为例[C]//
中国城市规划学会、东莞市人民政府.持续发展理性规划——2017中国城市规划年
会论文集(06城市交通规划).中国城市规划学会、东莞市人民政府,2017:12.

[5] 于立,彭建东.中国小城镇发展和管理中的现存问题及对策探讨[J].国际城市规划,
2014,29(01):62-67.

后　记

中国城市规划学会小城镇规划学术委员会于 1988 年成立,至 2018 年正好 30 周年。30 周年的年会工作自然要与以往有所不同,要总结小城镇研究 30 年的进展,并把握未来的研究方向。显然,本次武汉年会基本不辱使命。

本次年会结合国家乡村振兴战略,选择"乡村振兴战略下的小城镇"为主题,契合了当下的社会发展需求,并首次与学委会会刊《小城镇建设》杂志联合组织了首届小城镇研究论文竞赛,取得了良好的反响。本次由于会场规模所限,不得不提前终止了会议的报名。本书所收录的 26 篇论文是经过国内小城镇领域专家的严格审查,在该年会征文投稿的 199 篇论文中遴选出来的具有较高学术质量的优秀论文,其中 17 篇为首届全国小城镇研究论文竞赛获奖论文,在此向各位作者表示祝贺。

本书的出版得到了同济大学建筑与城市规划学院、《小城镇建设》编辑部、华中科技大学建筑与城市规划学院、同济大学出版社的大力支持,谨表谢忱。特别感谢《小城镇建设》编辑部张爱华主任、赵燕岚女士等对本书出版所做的辛劳工作,没有你们,本书无法按时出版。

读者针对本论文集有任何建议,可以直接发送邮件至学委会邮箱 town@planning. org. cn.

关于小城镇研究的学术前沿,读者可以扫描关注小城镇规划学委会公众号。